병원에 간 과학자

병원에 간 과학자

초판 1쇄 발행 2025년 11월 25일

지은이 | 김병민
펴낸이 | 조미현

책임편집 | 박이랑
디자인 | 디스커버
마케팅 | 이예원, 공태희
제작 | 이현

펴낸곳 | 현암사
등록 | 1951년 12월 24일 (제10-126호)
주소 | 04029 서울시 마포구 동교로12안길 35
전화 | 02-365-5051 | **팩스** 02-313-2729
전자우편 | editor@hyeonamsa.com
홈페이지 | www.hyeonamsa.com

ISBN 978-89-323-2456-2 03400

책값은 뒤표지에 있습니다. 잘못된 책은 바꾸어 드립니다.

병원에 간 과학자

김병민 지음

삶과 죽음 사이에서 만난 과학의 발견들

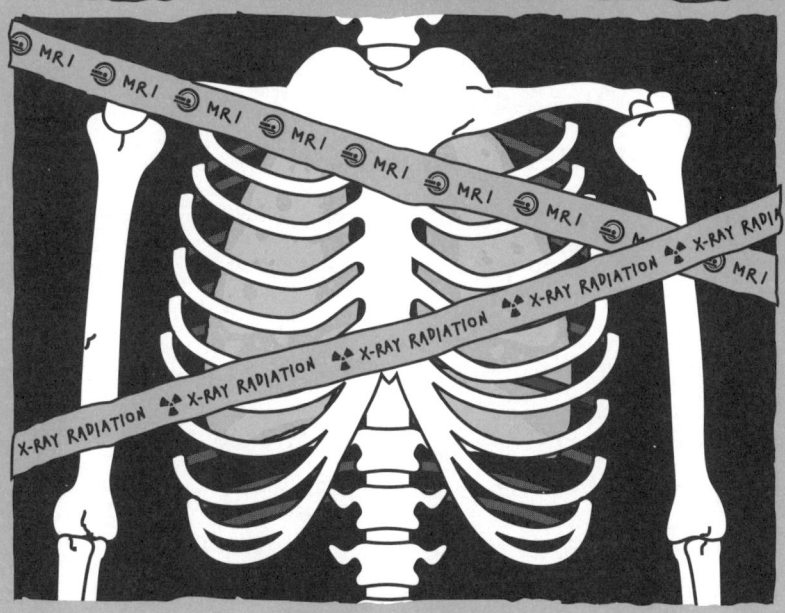

현암사

머리말

 2023년 12월 31일 밤 세브란스 암센터 21병동 휴게실, 수술 후 회복을 위해 병동 복도를 열 바퀴나 돌고 쉬고 있었다. 무럭무럭 자라고 있던 장기가 적출되고 꿰맨 복부는 여전히 욱신거렸다. 몇 시간 후면 묵직한 이야기가 과거 시제로 박제될 것이었다. 자연은 새해라는 이름으로 살아 있는 모든 이에게 공평하게 시간을 분배할 것이며 나 역시 그 수혜에서 예외는 아니었다. '몇 시간 후면 2년차 암 환우인가?' 나는 걱정스러운 표정을 짓는 아내에게 애써 농을 던졌다. 아내는 흔히 말하는 두 번째 삶이라며 화답하고 새벽에 새해 일출을 보자고 했다. 일출이라… 아내가 말한 일출이 내게 어떤 의미인지 알기 때문이었을 거다. 침묵이 흘렀다.
 나와 아내는 한동안 말없이 창밖을 무심한 듯 바라보고 있었다. 며칠 동안 내린 폭설은 그저 세상을 아름답게 덮고 있었다. 늘 그렇듯 도심 야경은 어둠 속에서 더욱 화려했다. 세상은 꺼져가는 생명들이 이곳에 모여 있다는 것에 아랑곳하지 않고 빛을 자랑하고 있었다. 창밖의 불빛은 점점 커지고 나는 점점 작아졌다. 자연에 버림받은 몸뚱이처럼 느껴지자 지독한 쓸쓸함이 스치며 소름이 돋고 살갗의 털들이 일어섰다. 무엇이든 하지 않으면 안 될 것 같은 생각이 들면서도 무엇을 해야 할지 몰랐다. 무기력과 조급함이 동시에 급습했다. 두 번째 삶을 살아야 하는 나는 달라져야 하는 게 당연했다. 보편적으로 다들 그러하지 않은가. 우습게 들리겠지만, 당시 나를 지배한 감정은 복종이었다. 나에게 자연은 일종의 종교가 되어 있었다. 과학과 의학을 신앙처럼 여겨야 했다. 오만하지 않고 겸손하게 대하고 숭배하고 복종해야 했다.

과학은 자연과 인간을 탐구하는 복잡하고 거대한 학문임에도, 그 끄트머리를 붙잡고 살아가는 사람은 길들여지고 익숙한 부분만으로 전체를 알고 있다고 착각하는 실수를 쉽게 저지른다. 그런 착각이 자신만은 예외일지 모른다는 비현실적 낙관을 자라게 했고 스스로 자신을 지킬 수 있다는 교만을 키우고 있었다. 더 큰 범위에서 보면 생태학적 오만이었다.

공평하지는 않으나 공정했다. 질병은 모든 이에게 같은 모습으로 다가오지 않지만, 누구에게도 예외는 없었다. 모든 생명은 자연 앞에 겸손해야 했지만 그러하지 못했다. 광활한 우주, 창백한 푸른 점에 불과한 행성에서 살고 있는 수많은 생명체 중 인간이 우월한 종임은 분명 맞다. 하지만 그렇다고 자연은 특별히 인간에게 확률적 특혜를 주지 않는다. 자연은 인간 역시 재료의 일부로 삼고 법칙에 따라 공정하게 세상은 작동하고 있었다. 질병 역시 자연의 한 부분이다. 인간의 입장에서는 공평하지 않은 모습처럼 보이지만 자연의 입장에서는 꽤 공정한 현상이다.

내가 틀렸다는 것을 알게 된 건 지난한 시간을 담보한 배움의 결과도 아니었다. 그저 순간의 깨달음이었고 예고조차 없이 찾아왔다. 기실, 자연을 포함한 세상의 변화 역시 늘 그런 태도로 다가왔다. 2023년, 공교롭게도 인공지능이 세상의 모든 리거시를 뒤흔들고 있던 시절이었다. 인간의 지식과 지능, 모든 생명체 중 가장 월등하다고 착각한 인간적 가치를 붕괴하는 데에는 수준 이상의 인공지능 모델이 아니어도 충분했다. 애써 축적했던 인간의 지식이 인공지능에 간섭되고, 우월하고 고유하다고 생각한 인간만이 지닌 가치에서 어떤 균열 같은 것이 감지되고 있었다. 몇몇 분야에서 파괴적인 붕괴가 일어난 뒤에야 소중한 무언가를 잃게 될 조짐을 알아차리던 시기였다. 누구도 예상하지 못한 일이었고 어느 날 갑자기 찾아왔다. 같은 시기에 나에게도 그런 비슷한 파괴가 일어났다. 2023년 12월 4일 오전 9시 45분, 건강검진센터에서 걸려온 전화 한 통. 머릿속에서 나를 지탱하고 있던 실이 툭하고 끊어지는 소리가 들렸다. 인간은 늘 그랬다. 잃고 나서야 그것이 소중하다는 걸 깨닫는다.

　서늘한 수술대는 내게는 일종의 재단이었다. 과학은 내 몸에 암이 자라고 있다는 것을 알아냈고, 의학은 내 몸에서 장기 하나를 우주의 재물로 바치고 나서야, 나를 다시 자연인으로 세상에 돌려보냈다. 길지 않은 나의 삶 전체에서 손에 꼽을 만한 묵직한 이야기였다.

　자정이 가까워 오자, 환자와 보호자가 하나 둘 모여들었고 휴게실은 북적이기 시작했다. 이들에게도 이 시간은 특별할 것이다. 아니, 어느 때보다 그러했을 것이다. 자정은 무사했다는 증거였고 살 수 있다는 시간의 마디였다. 그 마디를 병실 침상에 누워 의미 없이 흘려보내고 싶지 않았을 것이다. 아내는 휴게실에서 나가겠냐는 표정을 내게 보냈다. 깨진 적막도 그렇지만, 행여 누군가 말이라도 걸어오면 귀찮을 일이기 때문이다. 암이라는 게 워낙 종류도 많고 케이스도 다양해 어느 하나도 같은 모습이 없다. 하지만 암 환자들을 관통하는 공통적인 감정선 같은 게 있다. 동지애나 연대감일까? 그 감정선의 확인은 공감을 지나 위로와 안심으로 이어진다. 그러다 보니 생면부지에게도 쉽게 자신의 경계를 허물기도 하고 상대의 영역을 침범하기도 한다. 그렇다고 무례하게 느껴지지는 않는다. 기본적으로 연민 같은 감정이 깔려 있기 때문이다. 낯가림이 워낙 심한 나는 자리를 뜨려 했다가 조금 더 있기로 했다. 이어폰을 끼고 휴대폰을 보고 있으면, 굳이 방해받지 않을 것이다. 아니, 사실 이들 사이에 오고가는 대화들이 궁금했던 게 맞다. 포기하지 않은 이들의 이야기, 버겁게 지탱하며 살아가는 이야기, 암이라는 문을 지나온 쓸쓸한 이야기, 걱정과 우려 속에 섞여 있는 근거 없는 자신감과 격려, 애써 안심하는 불안한 표정이 소리에 섞여 있었다. 나 역시 이 쓸쓸한 언어들 속에서 위로를 받으려 했던 것 같다.

  어디든 자신보다 앞선 사람들이 있는 법이다. 환자들 사이에도 이런 서열은 보인다. 딱히 표식이 있는 게 아니지만, 경험한 이가 뿜어내는 미묘한 여유가 얼굴과 말에 묻어난다. 경험담은 이제 막 전투를 치르려는 신병에게 들리는 무용담이다. 누구나 한 분야에서 오래 머물다보면 직관이나 감각으로 오류나 균열을 감지하게 된다. 과학은 더욱 그렇다. 여느 학문보다 인과관계나 사실관계가 명확하기 때문이다. CT는 레이저라는 이야기, X선 검사보다 MRI가 방사선으로 더 위험하다는 이야기, 왜곡된 이야기는 점점 살이

붙어 풍성해진다. 유튜브에서 봤다며 병을 고치러 왔다가 마약성 진통제 중독이나 방사선 피폭으로 없던 병도 얻어가는 건 아니냐고 투덜대는 환자와 선생님들이 어련히 알아서 하실 거라며 애써 다독이는 보호자가 옥신각신한다. 모든 이에게 지식이 공평하게 열린 시대라 하지만, 찾아낸 정보와 지식을 조립해 이해하고 자신의 삶에 대입하는 것이 어떤 이들에게는 불편하고 어두운 지대일 것이다. 특히 과학으로 이해되는 의학은 더욱 그러할 것이다. 마치 병원에서 자신을 대상으로 벌어지는 모든 행위들이 창밖에 펼쳐진 저 어둠 속과 같을 지도 모르는 일이다. 밤 풍경 속에서 그저 몇 가닥의 빛을 모아 골목을 헤아리고 있으리라. 빛이 존재하나 부재였고 어둠이었다.

어둠, 이 말이 서술하는 풍경을 모르는 이가 있을까. 하지만 절대적 어둠은 없는 법이다. 애초에 존재하지 않은 어둠 역시 인간 감각의 한계를 표시한 언어일 뿐일지 모른다. 어둠은 절대적이지도 않고 빛의 부재도 아니었다. 빛은 어디든 있으나 우리가 보지 못하는 것이다. 결국 우리가 부르는 어둠은 그저 보이지 않는 사각지대였고 알지 못하는 무지의 또 다른 이름이다.

자신의 삶 중에 가장 파괴적인 선고를 안고 낯선 곳의 문을 열고 들어서는 순간, 분명 두려움 속에서도 희망을 품었을 것이다. 동시에 낯선 환경과 치료 과정에 몸을 실으면 때로는 차갑고, 때로는 뜨겁고, 때로는 요란하거나 소란스럽고, 또 고통스럽게 다가온다. 익숙해지기까지 시간이 걸리기도 하지만, 사실 대부분은 모든 과정이 끝날 때까지도 익숙해지지 않는다. 그나마 과학과 의학을 어느 정도 알고 있다는 나에게도 혼란스러운 과정이었다. 애써 붙잡고 있던 희망과 의지는 의심과 불안과 확신 없는 정보와 접촉하며 흐려지기도 했다. 어느 날은 지독하게 우울했다. 단테의 『신곡』 '지옥편'에 있던 문구가 암센터 입구에 적혀 있는 것 같이 절망적이기도 했다. Lasciate ogne speranza, voi ch'intrate.(이곳에 들어오는 자, 모든 희망을 버릴지어다)

두렵지만 않다면, 분명 더 단단하게 자신을 지킬 것이다. 두려움은 감정이지만, 극복할 수 있는 대상이다. 두려움은 무지에서 오는 법이니까. 대부분의 의료 행위에 대해 근원적인 지식만 있다면 두려움이 덜하지 않을까. 아니 오히려 그 과정을 열린 마음으로 받아들일 수 있을 것 같았다. 갑자기 내가 가장 잘할 수 있는 것을 하면 되겠다는 생각이 스쳤다. 글이었다. 글쟁이니까 언젠가 이 시간의 일들을 글로 써야겠다고 생각했다. 하지만, 여느 신앙인의 간증처럼 투병기, 혹은 투암기를 쓰는 것은 마뜩잖았다. 몸도 마음도 아프기만 한 글은 남기기 싫었다. 이런 글의 효험은 독자보다 더 아프고 불행해야 하는 법이다. 그래야 읽는 이가 희망이 생긴다. 파괴적인 싸움판이 되는 글은 싫었다. 그렇다고 죽음을 초월하는 태도도 싫었고, 마치 전투를 벌이려는 듯한 비장한 글도 싫었다. 겸허하게 항복하거나 굴복하는 태도 역시 싫었다. 나의 선택은 결국 과학이었다. 우주는 어둡지만 신비하다. 그 우주를 닮은 몸을 대상으로 벌어지는 의학을 과학의 언어로 해석해 보면 어떨까 하는 생각이 들었다. 두려움이 자라는 사각지대를 사라지게 할 유일한 대상은 자신의 몸이었고, 그 몸에서 일어나는 사건들이었다. 몸과 질병에 대해 가장 정확하게 풀어갈 수 있는 담론은 과학이 유일했다.

슬기로운 병원 생활을 위해 최소한 알아야 할 의학적 지식은 의대생처럼 외운다고 될 일이 아니다. 그렇다고 거대한 규모의 의학적 지식을 전부 알 필요도 없다. 진단과 치료라는 이름으로 환자의 몸을 통과하는 수많은 행위와 과정들은 다른 모습을 지니고 있어도 공통적으로 관통하는 맥이 있다. 그리고 대부분 과학의 언어로 설명된다. 이유는 간단하다. 근대부터 발달한 과학 기술은 산업뿐만 아니라 의학과 제약 분야를 획기적으로 변화시켰다. 동시에 우리의 일상 역시 극적인 변화가 찾아왔다. 가령 19세기만 해도 인간의 평균 수명은 50세 이하였다. 이 말은 오해를 불러일으킬 수 있겠다. 잘못하면 지금 인간의 수명이 늘어난 것처럼 느껴질 수 있으니까. 기실 인간의 수명은 늘지도 줄지도 않았다. 제대로 산다면 말이다. 단지 지금 우리가 과거보다 훨씬 더 오래 사는 이유는 과학의 발전이 가져온 진단 기술과 의약품, 백신, 그리고 첨단 의료장비로 치료와 예방을 하고 있기 때문이다. 수명이 늘어난 게 아니라 과학 기술로 죽음을 늦춰 생존 시간을 늘린 셈이다. 암 역시 마찬가지다. 암 환자가 점점 늘어나는 것처럼 보이지만, 과학 기술의 발전으로 생존시간이 늘었고 진단 역시 수치 상승에 기여를 한 부분도 있다. 암은 우리가 다세포 생물이 되기로 결정했을 때 지불한 대가이다. 말 그대로 우리의 숙명인 셈이다. 과학으로 보면 정복의 대상이 아닌 공생의 대상이다. 의학은 인체를 대상으로 하는 과학이다.

정식으로 배운 바가 없는 의학이라는 분야가 책을 통과하는 게 사실이다. 하지만 촘촘하게 채워진 내러티브를 완성할 수 있는 건 과학이라는 학문 때문이다. 특히 물리와 화학은 생명 활동을 이해하는 모든 설명의 바탕에 존재한다. 적어도 과학자의 시선을 가진 환자로서, 엄밀한 경험에 대한 기록이며 과학 지식이 의학의 일부와 연결된 연구 기록이고 관찰이다. 의학을 과학이라는 돋보기로 관찰한 연구노트라고 해 두자. 그 기록이 이제 막 미지의 영역에 발을 들이고 두려워하는 누군가에게 도움이 되길 바란다. 적어도 자신의 몸을 대상으로 벌어지는 일들이 과학이라는 언어로 암묵지에서 명백한 형식지로 꺼내질 수 있다면, 조금 더 단단한 마음으로 자신을 지켜내는 데 도움이 될 수 있을 거란 바람이다. 결국 아는 만큼 보이고, 보이는 것만큼 슬기롭게 자신의 몸을 대할 수 있지 않은가. 물론 이조차 모르고 건강하게 살면 더 다행한 일이다. 모두가 그러하길 바라나, 행여 누군가 그러하지 못한 상황에 놓인다면, 이 책이 두렵기만 한 당신의 소중한 시간의 일부를 지혜와 희망으로 채워주길 바란다.

목차

머리말 4

시작하기에 앞서 14

Chapter 1 변하지 않는 것 27

Chapter 2 손바닥 위의 죽음 73

Chapter 3 작은 것의 위대함 101

Chapter 4 고요 속의 소리 129

Chapter 5 죽음과 생명 사이 171

Chapter 6 고통에서의 해방 211

Chapter 7 산소의 역설 277

Chapter 8 모호함의 경계 309

참고 문헌 348

시작하기에 앞서

케이스^{Case}, 사전적 의미로는 특정한 사람이나 상황, 또는 일에 관련된 '사례' 혹은 '경우'이다. 우리나라의 의학은 서양에서 건너왔다는 이유로 외래어를 많이 사용하는데, 병원 의료진이 유독 많이 사용하는 용어가 바로 이 '케이스' 아닐까 싶다. 질병의 종류나 정도, 그리고 환자가 처한 상황에 따라 치료 대상은 다양한 케이스로 분류된다. 케이스가 특정되면 관련된 의학적 지식이 동원되고 가장 안정적이고 적합한 치료 방법을 찾게 된다. 인간의 몸은 물론 질병에도 아직까지 미지의 영역이 남아 있으니 사실 케이스는 모두 나열할 수도 없을 정도로 많을 것이다.

이 책은 질병의 케이스에 따라 환자인 당사자 혹은 보호자가 알아야 할 의학적 지식을 다루지 않는다. 그렇게 할 수도 없거니와, 설령 그렇게 된다면, 아마 이 책은 환자가 읽어야 할 책이 아닌, 의대생이나 읽을 법한 벽돌 같은 의학 전문 학술서가 될 것이다. 게다가 단 몇 권으로 끝날 분량도 아닐 것이다. 방대한 지식을 수집한다 해도, 그런 지식 아카이브는 요즘 같은 인공지능 시대에 그 소용에 대해 고민스러울 수밖에 없다. 궁금하면 인공지능 모델에 물어보면 된다. 현존하는 모든 지식에 누구나 쉽게 접근할 수 있는 시대가 아닌가. 결론적으로 이 책은 의학 서적도 아닐 뿐더러, 아카이브도 아니다. 앞서 머리말에서 밝힌 것처럼 자의든 타의든 의학의 영역에 근접하게 된 누군가를 위한 과학 교양서이다. 그렇다면 왜 의학을 배경으로 두고 과학을 꺼냈을까.

"하나를 보면 열을 안다."는 말이 있다. 『논어』'공야장편'에 나오는 말로 사자성어로는 문일지십聞一知十이다. 간혹 이 말은 부정적 맥락으로도 사용된다. 상대방의 단점을 확대해석하는 경우처럼 단편적 판단으로 전체를 부정하는 맥락을 정당화하는 데 쓰이기도 한다. 하지만 원래 의미는 하나를 듣고 열을 미루어 아는 총명함을 의미한다. 『논어』에서 공자의 총명한 제자인 안회를 두고 한 말이다. 나는 이 말의 방점을 기본이 잘 갖춰진다면 전체를 이해할 수 있는 능력인 통찰력Insight에 두고 싶다. 이 책이 그랬으면 한다. 물론 나의 치기 어린 욕심일 것이다. 하지만 적어도 나의 경우에는 이 방식이 유효했다. 중요한 근본적 지식들이 결합되고 연결되며 전혀 다른 세상이 열리는 희열이 있었다.

세상에는 변하지 않는 것들이 있다. 겉보기에는 복잡하기만 한 세상이지만, 완벽하고 흠이라곤 찾아 볼 수 없는 아름다운 규칙이 그 내부에서 작동한다. 길 위의 돌멩이나 풀 한포기는 마모된다. 밤하늘의 별은 모습을 상실한다. 인간을 비롯한 생명체의 세포는 손상되고 노화한다. 그리고 다른 시간으로 모두 소멸한다. 사실, 소멸한 듯 보이지만 다시 작은 세계로 귀환하는 게 맞다. 더 근원적인 세상, 그러니까 이 세계 가장 깊은 곳에 존재하는 작은 세계이다. 그리고 다시 세상을 채운다. 원자나 전자와 같은 입자, 광자와 힘이 존재하는 작은 세상에는 변함없는 우아한 법칙이 작동한다. 우리는 그 세상과 존재들을 직접 눈으로 본 적이 없다. 시각적으로 표현하기도 어렵다. 가령 원자 모형이라고 그려진 것이 아무리 사실적이라 해도 그저 그림일 뿐이다. 결국 인간의 언어로 이해하고 수학의 언어로 표현한 것이 최선이며, 이 방식으로 탐구하고 이해하는 학문이 과학이다.

우리는 이런 변하지 않는 진실, 혹은 존재를 '기본'이나 '근본', 영어로는 '펀더멘털'이라 부른다. 모든 펀더멘털은 결국 연결돼 있고 이를 쫓아가다보면 그 끝에서, 우리가 알고 있던 세상과 다른, 새로운 세상을 만나기도 한다. 과학이 어려운 학문이기도 하지만 우아한 이유가 바로 이것이다. 인간의 몸 역시 자연의 일부이고 의학과 질병은 이런 세계 위에서 건설된 또 다른 세계의 내러티브인 셈이다. 나무들 사이에서도 숲 전체를 볼 수 있는 유일한 창구가 바로 펀더멘털을 다루는 과학이다.

이 책의 첫 장은 펀더멘털(本質, Fundamental)이다. 의학을 다루려는 출발선에서, 엉뚱하게 물리학에서나 다뤄지는 '빛Light'을 꺼낸 이유이기도 하다. 인류 문명에서 빛은 소금과 짝을 이루며 문명에 필수적 물질로 비유된다. 너무나 당연했고 마땅했던 존재는 늘 대가를 치른다. 어느 누가 이 존재에 매번 감사하며 살겠는가. 우리는 이런 존재를 대부분 기억하지 않고 지낸다. 의학에서도 마찬가지다. 빛은 진단에서 치료까지 다양한 얼굴과 속성으로 환자 곁에 머무르면서도 의학과는 그다지 연관이 없는 존재처럼 여겨진다. 내게는 가장 근본이면서도 변하지 않는 어떤 것, 문일지십을 완성할 그 첫 번째가 빛이었다. 빛의 정체가 인류에게 모습을 드러내지 않았다면, 우리는 여전히 17세기 문명에 머물러 있었을 것이다. 지금까지도 병을 치료하기 위해 사형수의 목줄에 묻은 땀 성분을 찾았을지 모른다. 물리학자 리처드 파인만이 지구 멸망의 순간 남겨진 후손에게 남길 단 한 가지의 지식을 꼽으라면 '원자'라고 했던 것처럼, 나에게 같은 질문이 던져진다면 나는 주저 없이 '빛의 정체'를 꺼낼 것이다. 인류 문명은 빛의 정체를 알게 되기 전과 후로 나뉠 정도로 빛의 본질을 인류가 알게 된 사건의 영향은 막대하다. 우주에 가득한 빛의 본질을 이해하고 그 가치를 인류의 영역으로 가져와 문명에 박제한 순간, 인류의 역사가 달라졌다. 빛은 보이는 것이 전부가 아니었던 것이다.

사실 방사선, 혹은 라디오나 무선 통신의 전파처럼 전기장과 자기장이 에너지를 지닌 채 진동하며 존재하는 모든 파동을 빛이라는 용어로 일괄하기에는 쉽게 동의하기 힘들었다. 빛을 유일하게 관찰하는 감각기관은 눈이 아닌가. 인간의 눈으로 보이는 '가시광'이라는 상식 속에서 빛의 정의는 깊이 뿌리내렸고, 보편적으로 빛은 이 범위에서만 허락되었다. 그러니 인류의 지식 안에서 빛은 색의 모습으로 통용되는 것이 자연스러운 일이다. 하지만 예전은 맞고 지금은 틀렸다. 이기적 발상이었다. 비가시광선과 가시광선의 차이는 물리의 기준이 아닌 생물학적 기준에 불과하다. 우리 인류가 이 광대한 빛의 스펙트럼 중 단 0.0035% 영역만을 직접 볼 수 있다는 사실에 무력감이 들 수도 있지만, 우주적 겸손함을 교훈으로 얻는다. 인류가 나머지 빛을 감지하지 못한 이유는 간단하다. 생명체의 일부로 생존과 번식에 이익이 없기 때문이다. 더 넓은 범위를 감지했다면 더 유리했을까? 그렇지 않을 것이다. 새로운 감각을 확장하기 위해서는 대가가 따른다. 감각 기관은 더 많은 에너지를 써야 할 것이다. 굳이 자원을 소모하면서까지 확장할 이유가 없었다는 게 맞을 것이다. 자연은 인간에게 나머지를 비밀로 감춰도 인간의 생존은 충분했다. 그런데도 인류는 다른 자원, 즉 호기심이라는 능력과 지능이라는 독특함으로 우주의 비밀을 알아챈 것이다. 빛은 단지 어둠을 밝히는 수단만이 아닌, 마치 자물통에 감춰진 비밀처럼 인류가 알지 못하는 미지의 모습을 열었던 열쇠이기도 하다. 생물학의 범위와 중첩되는 의학이나 약학 역시 예외는 아니다. 과학으로 인해 희미하고 모호한 모습들이 뚜렷해진 것이다.

단, 다소 불편한 우주의 진실 하나를 받아들여야 하는 장벽이 있다. 이 우주가 설계될 때 결정된 단 하나의 변하지 않는 상수이다. 질량이 존재하는 한 다가설 수 없는 한계선이다. 그 불편한 진실을 받아들인다면, 세상을 바라보는 당신의 눈은 달라질 것이다. 그렇다고 걱정할 것 없다. 이미 당신은 앞선 거인들의 어깨에 올라 타 있으니까. 당신은 이미 아인슈타인보다 더 많이 알고 있지 않은가.

2장은 관찰(觀察, Observation)이다. 관찰은 측정(測定, measurement)과 더불어 과학을 끌고 가는 동력이자 그 족적 자체가 역사라고 해도 틀리지 않다. 아는 만큼 보이기도 하지만, 보이는 만큼 알기 때문이다. 가령 1밀리미터 눈금이 표시된 자가 주어진다면 더 작은 마이크로미터 크기는 그저 어림잡아 가늠할 수밖에 없다. 마이크로미터 크기를 측정할 수 있는 버니어 캘리퍼스 Vernier Callipers라는 정밀 자가 나오고 나서야, 가늠했던 세계가 숫자로 변하며 누구나 그 크기를 알게 됐다. 하지만 이 도구 역시 한계가 존재한다. 통상 20마이크로미터 미만의 크기는 여전히 짐작에 맡겨야 한다. 물론 지금의 이야기가 아니다. 지금은 달처럼 먼 거리에서 머리카락 굵기를 측정할 정도로 정밀해졌다. 인류는 과학 기술로 점점 더 작게, 혹은 자세히, 점점 더 크거나 멀리 측정하고 관찰한다. 관찰 대상이 선명해질수록 가정했던 가설이 증명되고 이론으로 정립됐다. 과학은 비밀로 가득한 세상에 인간의 언어인 기호와 숫자로 우아한 규칙을 남겼다. 그리고 더 깊은 세상에 도전한다.

관찰은 단지 스케일 문제만은 아니다. 17세기 후반 이전에는 신체를 파괴하거나 해부하지 않고 인체 내부를 관찰한다는 것 자체가 인간의 영역이 아니었다. 살아 있는 생명체를 대상으로 신체 내부를 들여다 볼 수 있게 된 사건은 어쩌면 차원을 넘어가는 일일 것이다. 살아 있는 인간의 뼈를 관찰한 사건은 과학계의 세렌디피티로 포장되지만, 자연이 슬쩍 드러낸 차원의 힌트를 알아차린 건 우연만이 아니었다. 그리고 비밀을 인간의 영역으로 옮겨 박제한 것 역시 과학 기술이 아니었으면 불가능했다. 과학 기술이라고 표현한 이유는 이 승리가 단지 물리학의 전리품이 아니기 때문이다. 물론 자연의 가장 깊은 자리에는 물리학이 존재한다. 그 지식을 토대로 화학, 생물학, 의학, 그리고 공학이 건설돼 있다. 하지만 과학 기술에서 분야별 학문은 인류가 분류한 지적 공간이자 서열일 뿐이다. 엄밀하게 자연은 이런 학문의 분류에 전혀 관심이 없다. 분야별로 세밀하게 나누고 특정 대상에 집중하는 것은 단지 인간이 자연을 이해하기 유리했기 때문이다. 나는 이를 인간이 가진 지능적 한계라 말하고 싶다. 물론 그 한계가 무색하게 학문의 경계를 넘나드는 사람도 더러 있지만, 대부분 평생 한 분야를 깊이 내려가도 그 실체에 도달하지 못하는 경우가 대부분이다.

과학 분야 전체의 집단 지식, 즉 지식의 적분 결과를 인간 생명체를 대상으로 발현한 학문이 의학이 아닐까 싶다. 그래서 현대 의학의 모습은 과학 기술과 공학의 총합과 닮아 있다. 쉽게 말하면 물리 화학과 같은 기초 과학은 물론 광학과 반도체, 인공지능 같은 첨단 과학 기술 역시 현대 의학 건설의 주역인 셈이다. 인간의 지능적 한계를 넘어선 인공지능이 의약학과 생명공학 영역에 가장 유용하게 활약 중인 건 그럴 만한 이유가 있어서다. 최근 인류는 또 다른 차원의 경계를 넘어서고 있는 중이다.

3장에서 미지(未知, Unknown)를 만난다. 우리는 하얀 도화지처럼 이 세상에 나타났다. 사실 미지는 모든 인류에게 공평하고 공정한 출발점이다. 누구나 미지를 만나지만 관심 없이 그대로 두면 무지가 되고 호기심을 가지고 접근하면 다른 세계를 여는 문이 된다. 학창시절 수학 시간, 방정식을 처음 만나며 접했던 미지의 존재는 x였다. 이보다 낮은 수준의 산수 과목에서 만났던 물음의 기호는 □였다. 산수는 어떤 답을 채워 넣어야 등식이 성립되는지에 대한 해답을 요구했다. 그래서 문제는 늘 '정답은?'으로 끝난다. 그런데 x는 달랐다. 방정식에서 x는 어떤 해답을 얻기 위한 동력처럼 느껴졌다. 답을 정의할 수 없는, 알 수 없는 원리이자 자연의 재료처럼 느껴졌다. 모든 가능성을 가진 존재가 개체로 드러나게 하는 근원적인 힘이었다. 비밀을 간직한 미지는 호기심을 가진 인류에게 항상 작은 실마리를 엿보였다. 실마리는 단서가 되어 또 다른 미지의 x를 만들고 그렇게 수많은 미지의 x가 연결된 그 끝에 지금의 과학과 의학이 존재한다.

뢴트겐이 발견한 빛을 x선이라 부른 것은 과학사에서 가장 위대한 작명일 것이다. 과학과 의학을 포함한 인류사 역시 이 x선의 출현 이전과 이후로 나눌 정도로 서사적이다. 과학의 시작을 고대, 혹은 연금술의 시작에 둘 수도 있고 근대의 시작인 15세기에 둘 수도 있다. 그런데 x선의 출현 이후로 그 시작을 옮긴다고 해도 무리가 아니다. 그만큼 새로운 세계를 열었던 위대한 사건이다. 누구나 알고 있을 것 같지만, 그 정체와 위대함에 대해 많은 부분을 모르고 있다. 존재가 소중한 건 인간이 바라보기 때문이라고 했다. x선은 우리가 이전에 볼 수 없었던 세계를 볼 수 있게 해주었다. 그렇게 보이지 않던 세계가 보이게 되면서, 우리는 그 존재의 소중함을 새롭게 깨닫게 되었다. 과학의 가장 큰 선물은 인간이 얼마나 존엄한 존재인지 깨닫게 해준 것이다.

 4장의 입체는 차원(次元, Dimension)을 의미한다. 과학은 차원을 극복하는 학문이다. 더 깊고 작게, 더 멀고 크게 세상을 확장하며 흐릿하고 모호하던 광경에 윤곽과 선명함을 선사한다. 나는 이 부분에서 가장 간단하고도 명징한 사례로 온도를 든다. 온도의 정체를 명확하게 알기 전에는 뜨겁고 차다는 감각에 의지할 수밖에 없다. 온도라는 정의가 없다면 어떻게 될까. 가령 적도 부근의 두 지역 중 어느 쪽이 더 더운지에 대해 결론을 지을 수 있을까? 아마 인류가 멸종할 때까지 논쟁은 계속되었을 것이다. 영원히 수렴되지 못할 논쟁을 과학에서 정의와 단위로 불식시킨 것이다. 이렇게 차원의 극복은 인류를 더 높은 차원의 세상에 살게 한다. x선의 등장으로 새로운 세상이 열렸다. 인체를 투영한 것은 분명 차원을 넘은 사건이다. 하지만 여전히 인류는 달의 앞면만 보듯 한 면만 볼 수 있었다. 지구에서 본 둥근 달은 그저 원$_{Circle}$이었지 구$_{Sphere}$가 아니었다. CT와 MRI와 같은 과학 기술의 등장은 우주로 사람을 보내 달이 둥글다는 것을 관찰한 것처럼 영화 〈이너스페이스〉(인류를 축소하고 작은 캡슐에 넣어 인체를 탐험할 수 있게 한 할리우드 영화)를 실제로 구현한, 그러니까 2차원 세상을 3차원으로 옮긴 사건이다. 물론 아직 극복해야 할 차원은 더 남았다. 해상도와 시간의 차원이다. 사실 이 책을 쓰는 동안에도 차원에 대한 도전이 이어지고 있었다. 최근 스페인 과학자들이 최초로 인간 배아가 자궁에 착상하는 과정을 3D로 촬영했다. 착상은 수정된 난자(배아)가 자궁 내막에 부착되는 과정을 말하는데, 지금까지의 예측과 달리 내막에 붙기만 한 것이 아니라 자궁 내막 안으로 깊숙이 들어가는 것으로 관찰된 것이다. 내막 안으로 들어간 인간 배아는 어머니의 혈관과 연결되는 조직을 만들기 시작했다. 이것은 단순히 미지에 대한 궁금증이 해소되는 광경이 아니다. 관찰의 차원을 넘는 과학 기술로 불임 치료가 획기적으로 개선될 것이기 때문이다. 실제로 유산의 60%가 착상 실패로 일어난다. 불임의 개선은 인류 탄생의 수량적 증가에 대한 기대를 위해서가 아니다. 진정으로 아이를 낳고 싶어하는 이들의 행복을 증대하는 사건이고, 생명체의 가장 기본적인 본성이자 의무인 번식을 안전한 영역으로 옮기는, 숭고하며 고귀한 일이다.

지금까지 의학에서 과학 기술이 진단과 예방의 목적으로 활용됐다면 5장의 치료(治療, Therapy)는 질병을 대상으로 벌어지는 능동적인 모든 복구 행위에 과학 기술이 활용되는 사례를 설명한다. 서두에도 설명했지만, 책 한 권에 치료의 과학에 대한 모든 것을 담을 수 없다. 이유는 모든 의학적 치료 과정에 동원되는 기술, 그 자체가 과학이기 때문이다. 이 장에서 내가 선택한 과학적 대상은 죽음과 생명 사이 현재 인류에게 가장 모호한 지대에 놓인 질병, 혹자는 질병이 아닌 노화의 일부라고도 말하는 암Cancer이다. 그렇다고 이 책에서 암의 종류와 형태와 치료 등의 의학적 정보를 다루지는 않는다. 암이 무엇이고 어떻게 암을 치료하느냐가 아니라 생명체와 물질을 구성하는 가장 작은 단위의 원자와 분자라는 창을 통해 암을 과학적으로 바라본다. 흔히 방사선, 흡연, 음주, 식습관, 화학 물질 등 물리 화학적 요인으로 암의 발생과 그 기작이 알려지지만, 사실 모든 도화선에 존재하는 과학적 현상은 한 곳으로 수렴된다. 여기에서 아이러니하고 불편한 진실을 다시 한 번 맞이하게 된다. 우리가 살아가는 데 필수적인 물과 산소가 우리를 죽음으로 안내하는 운송 장치Vehicle인 셈이기 때문이다. 물과 산소 사이의 분자 세계에서 벌어지는 상상할 수 없는 위대한 일들과 빛과 물질이 벌이는 과학 이야기가 바로 우리가 가장 두려워하고 어려워하는 암의 본질이다. 치료 역시 빛과 물질의 상호작용임을 이해하게 된다. 이 본질만 알고 있어도 암의 발병과 치료는 감기에 걸려 감기약을 먹는 것보다 더 친근하게 다가올지도 모르겠다.

    질병의 두려움은 그 끝에 죽음이 있기 때문이기도 하지만, 과정에서 거쳐야 하는 고통 때문이기도 하다. 내가 의대에 가게 된다면 주저 없이 마취과를 선택하겠다는 생각이 들 정도로 통증 조절은 치료 이상으로 의학에서 중요한 영역이다. 통증을 다루는 영역은 환자의 자존감을 비롯한 삶의 질은 물론, 모든 의료행위를 완성하는 숨은 공신이다. 아니 엄밀히 말하면 과학의 승리라고도 할 수 있다. 6장의 고통(苦痛, Pain)은 이런 의미에서 인류 역사를 관통한 통증과 이를 극복하기 위한 과학 이야기를 다루었다. 통증은 불편하지만 중요한 생체 신호다. 그것은 우리에게 문제가 있음을 알리고, 더 큰 손상을 방지하기 위한 자연의 경고 시스템이다. 그러나 치료가 불가피한 상처나 만성 통증과 같이 더 이상 보호 기능을 하지 않는 통증은 삶의 질을 심각하게 저하시킨다. 미래의 진통제 연구는 통증의 특정 경로만을 차단하여 부작용을 최소화하는 방향으로 나아가고 있다. 유전체학과 분자 생물학의 발전은 개인 맞춤형 통증 관리의 가능성을 열어주고 있다. 통증에 직접 개입하는 진통제와 달리 마취는 다른 메커니즘을 가진다.

본질적으로 환자를 고통에서 분리시키는 것이 마취의 주된 역할이다. 만약 통증을 질병의 범주에 넣는다면, 마취는 페인 클리닉 Pain Clinic이라는 광범위한 의학 치료의 일부분이다. 하지만 여기서 주목할 점은 마취가 고통의 근원을 직접 제거하지 않는다는 역설이다. 그것은 일종의 약물 중독 상태를 유도하여 통증 인식 자체를 차단하는 것이다. 엄밀히 말하면 제거가 아닌 망각이다. 망각은 인간이 생존을 위해 발달시킨 독특한 적응 메커니즘이다. 삶은 본질적으로 고통스럽다. 인류는 이 견디기 힘든 실존적 고통으로부터 도피하기 위해 종교를 발명했고, 영속적인 평화를 약속하는 사후세계를 창조했다. "다 잊고 힘내"라는 위로의 말은 우리 모두가 고통스러운 기억으로부터 벗어나길 원한다는 보편적 진실을 담고 있다. 그러나 자연적 망각이 쉽게 찾아오지 않는 인간에게, 고통을 화학적으로 차단하는 물질의 발견은 의학사에서 혁명과도 같았다.

생명과 관련해서 유독 흔하게 접할 수 있는 역설이 있다. 우리는 산소 없이 몇 분도 살 수 없으면서, 동시에 산소 때문에 서서히 죽어간다. 이 역설은 생명 자체의 숙명과 본질을 담고 있다. 우리는 모두 이 생명의 역설 속에 살고 있다. 산소는 생명을 주지만, 그 과정에서 우리를 서서히 산화시켜 죽음으로 옮긴다. 이 사실을 알면서도 우리는 숨을 쉰다. 그것이 생명이다. 누구나 잘 알고 있지만, 누구도 잘 알고 있지 못한 대상에 대해 배반(背反, Betray)이라는 관점에서 산소의 과학을 7장에서 다뤘다. 산소의 역설은 생명의 깊은 본질을 가르쳐준다. 우리는 존재하기 위해, 스스로를 파괴하는 것을 받아들여야 한다. 우리는 산소라는 바다에서 헤엄치는 물고기와 같다. 그것이 없으면 죽지만, 그것이 있기 때문에 늙고 결국 죽는다. 산소와 생명의 관계를 통해 겸손해질 필요가 있다. 이 역설을 이해하고 받아들이는 것은 단순히 과학적 지식의 문제가 아니라, 우리 존재의 본질에 대한 깊은 통찰을 제공한다. 생명이란 무엇인가? 아마도 그것은 필연적인 소멸을 알면서도 잠시 동안 빛나는 용기일 것이다. 그 찰나의 순간에 우리는 산소와 동행한다. 산소에 대한 과학은 단순히 의학이라는 한 분야에 대한 이해를 넘어 생명과 자연 전체를 이해하는 창문일 것이다.

겸손을 배운 이후 질병을 대하는 우리의 태도는 변할 것이다. 이 책에서는 암에 대한 대항과 정복의 의미로 의학과 과학이 내러티브로 흐르지만, 사실 암은 거부할 수 없고 공존할 수밖에 없는 우리 몸의 부분임이 숨어 있다. 날 때부터 정해진 운명, 말 그대로 숙명(宿命, Destiny)이다. 특히 암은 우리가 다세포 생물이 되기로 결정했을 때 지불한 대가인 셈이다. 다세포 생물의 세포는 개별 생존보다 조직과 개체의 생존을 우선시해야 하지만, 돌연변이가 축적되면 일부 세포가 이 협력 체계를 깨고 무한히 증식하려는 이기적인 행동을 보인다. 암은 진화의 불가피한 부산물이다. 과학의 발전은 단순한 답을 복잡한 질문으로 대체하는 동력으로 이뤄진다. 암에 대한 이해도 마찬가지다. 우리는 단순한 이분법에서 복잡한 생태학적 이해로 이동하고 있다. 이 여정에서 더 많은 질문을 가지게 될지 모르지만, 그 질문들은 이전보다 더 풍부하고 깊을 것이다. 이런 새로운 관점은 암 환자들에게 희망의 메시지를 전달한다. 암을 정복하거나 대항할 수 있는 힘을 얻어서가 아니다. 암이 더 이상 외부의 적이 아니라, 우리 몸이 적응하고 균형을 찾아가는 과정의 일부로 암과 공존해야 한다는 지혜를 얻게 하기 때문이다. 과학으로 의학을 바라본다는 것은 건강과 질병, 자아와 타자, 정상과 비정상 사이의 경계를 확인하는 것 이상의 힘을 가져다준다. 과학은 그 자체로 인간이자 자연을 탐구하는 학문이다.

Chapter 1.
변하지 않는 것

펀더멘털Fundamental
인공지능인 LLM과 AGI가
세상을 바꾼다고 한다.
하지만 세상이 어떻게 바뀌든,
변하지 않는 게 있다.
펀더멘털은 불변인 진리이자
인류가 놓지 말아야 할 지식이다.

1. 무척 불편한 진실, 빛

 한적한 도서관 쪽으로 향해 걷다가 볕이 잘 드는 교정 벤치에 앉았다. 바람 없는 늦가을 오전, 눈부신 햇살은 살갗을 뭉근하게 데우기 충분했다. 빛은 따갑게 충돌하는 작은 알갱이처럼 느껴졌다. 머리에서 파동으로 이해한 빛을 몸은 입자로 받아들이고 있었다. 마치 생명을 전하는 씨앗처럼 피부로 스며들었다. 눈 앞에 암센터가 높게 솟아 있었다. 나는 한 시간 전 태양 빛이 들어갈 틈 없이 폐쇄된 낯선 공간에서 다른 빛을 만났다. 하얗고 거대한 기계는 고약한 소리를 내고 있었다. 스피커에서는 잡음이 잔뜩 낀, 친절하지만 투박한 음성이 들렸다. 지시에 따라 숨을 참고 뱉기를 여러 번 반복한 후에야 고래 뱃속 같은 곳에서 벗어났다. 내가 몸을 꼼짝 못하는 동안 하얀 고래는 내게 빛을 뿜고 있었다고 한다. 마치 남의 일인양 말할 수 밖에 없는 건 그 '만남'을 특정할 수 있는 감각적 경험과 증거가 내겐 없기 때문이다. 방사선은 파괴라는 속성을 지닌 빛이지만 어쩌면 태양을 맞이하는 일보다 더 무심한 일일지 모르겠다.

현대 의학과 과학은 대부분 빛에 의존한다. 이것은 수술실이나 연구실을 밝히는 빛 그 이상의 의미이다. 그렇다고 문학처럼 '무지'와 '미지'를 상징하는 '어둠'의 상대적 비유도 아니다. 여기에서 말하는 빛은 태초부터 자연에서 존재하고 작동했던 어떤 것을 의미한다. 빛은 우주의 시작부터 지금까지 존재하고 있다. 그럼에도 그 정체는 꽤 오랜 시간 인류의 지성 안으로 들어오지 못했다. 본디 보이지 않고 만져지지도 않는 대상을 믿고 이해한다는 일은 신앙이나 신념만큼 어려운 일이다. 자연의 섭리를 파헤치려는 욕구는 빛의 성질과 정체를 두고 수많은 가설과 실험 그리고 논쟁을 낳았다. 그중 가장 큰 골치거리는 '속도Speed'였다. '과연 빛은 얼마나 빠를까?'라는 질문에 대한 인류의 대답은 그저 '무한대'였다. 빛 속도는 당시 인간이 측정할 수 있는 영역이 아니었다. 갈릴레이마저 측정에 실패하고 무한대라는 잠정 결론을 내렸지만, 사실 당시 빛 속도는 유한이든 무한이든 세상과 사물에 대한 원리를 이해하는 데 크게 방해되지 않았다. 단, 지상에 한해서였다. 지상에서는 빛만큼 빠른 건 어차피 찾을 수 없었으니까.

우주로 시선을 돌린 인류는 목성의 위성을 관측하던 중 어쩌면 빛 속도가 유한할지도 모른다는 의심을 한다. 빛 속도가 무한하다면 위성의 공전주기가 관찰자인 지구의 위치에 따라 차이가 없을 것이기 때문이다. 지상에서 통하던 지식이 천상에서는 맞지 않았다. 이후 천문학자를 비롯해 여러 분야 학자들이 유한한 빛 속도를 측정하게 된다. 속도를 구하는 건 그 방법이 어려운 것이지 이론이 어려운 게 아니다. 속도를 구하는 공식은 기본적 소양이어서 초등학교에서 배운다. 속도(v)는 물체가 이동한 시간(s) 동안 위치 변화량(s)으로 정의한다.

$$\text{Velocity}(v) = \text{Distance}(m) / \text{Time}(s)$$

속도는 과학에서 기본적인 물리량이다. 그리고 물체의 속도는 조건에 따라 달라지는 게 당연하다. 프로야구 투수의 송구 속도도 당일 선수의 컨디션에 따라 다르다. 그래서 물리 시험에서는 늘 속도를 구하는 문제가 대부분이다. 천문학자들은 본격적으로 빛의 속도를 구하기 시작했고, 측정도구도 다양하고 정밀해졌다. 학자들이 측정한 값들은 오차를 줄여가며 지금 우리가 알고 있는 특정한 값에 수렴되고 있었다. 하지만, 이 또한 측정의 한계라고 하는 의견도 있었다. 가령 온도계가 측정할 수 있는 한계가 있어 더 높은 온도는 알 수 없는 것처럼 말이다. 사실 이들도 왜 특정 값에 수렴되는지 의문을 지닌 채, 확신이 서지 않는 값을 향해 오차를 좁혀가고 있었다. 어떻게 측정하든 빛은 1초에 약 30만 킬로미터라는 값에 수렴되고 있었다. 받아들이기 불편한 부분은 빛에 대해서는 수식의 왼편인 속도값이 이미 정해졌다는 것이다. 그들도 알고 있었다. 자연에 있는 대부분 사물의 속도는 변하는 물리량이고 변하지 않는 상수Constant가 되는 경우는 거의 없다는 것을. 자신들이 측정하고자 하는 단 하나를 제외하고 말이다. 엉뚱하게도 빛 속도가 상수라는 사실은 천문학이 아닌 전자기학 분야에서 알게 된다. 그것도 실험 측정이나 관찰의 결과가 아닌 수학 문제 풀이처럼 책상 위에서 발견된다.

사고의 전환

거시적인 전자기장Electromagnetic Field은 네 개의 방정식으로 설명된다. 가우스Johann Carl Friedrich Gauss와 패러데이Michael Faraday, 앙페르André-Marie Ampère 등 전자기학 분야에서 잘 알려진 과학자들이 전기Electricity와 자기Magnet 그리고 그 장Field을 규명하며 정리한 방정식이다. 전자기 방정식을 모두 알 필요는 없지만 우리는 말랑한 뇌를 보유하던 시절 이 지식의 일부를 받아들였다. 실생활에 필요했기 때문이다. 앙페르 법칙은 학창 시절에 '오른손 법칙'으로 배웠을 것이다. 직선 전류에 의한 자기장의 방향을 결정하는 법칙으로 오른손의 엄지손가락이 전류의 방향을 향하게 할 때 나머지 네 손가락이 감아쥐는 방향으로 자기장이 흐른다는 의미다. 적어도 이 지식은 산업 문명의 기계가 작동하는 원리를 이해하는 데 유효했다. 당시 영국 수학자 맥스웰James Clerk Maxwell은 이 방정식들에서 해결되지 않는 문제점이 있다고 의심했다. 직선이든 원형 전선이든 기존 방정식이 적용되지만, 솔레노이드*에서는 자기장의 방향과 세기를 이 수식만으로는 설명할 수 없었다. 결국 맥스웰은 앙페르 법칙을 수정해 앙페르-맥스웰 법칙을 만들었고 벡터 해석학적으로도, 전자기학적으로도 모순이 없는 식으로 만들며 전자기 방정식을 1862년에 완성하게 된다. 물론 지금까지 빛에 관한 이야기는 어디에도 등장하지 않는다. 그들도 그때는 몰랐다. 그 연구가 결국 빛에 다다르게 된다는 것을.

과학을 공부하다 보면 수많은 상수가 등장한다. 마찬가지로 전기장과 자기장을 다루다 보면 기준이 되는 상수가 필요하다. 역학

---

* 주방 기구인 인덕션 내부 부품처럼 도선을 촘촘하게 원통형으로 말아 만든 기구

의 긴밀한 관계를 연결해 단순하게 만들려면 기준점이 있어야 하기 때문이다. 수정된 방정식에 추가한 항목 중 전기 상수(ε_0)Electric Constant와 자기 상수(μ_0)Magnetic Constant의 곱셈이 들어 있었다. 두 상수의 곱($\varepsilon_0\mu_0$) 역시 당연히 변하지 않는 상수이다. 그런데 이 값을 유심히 들여다 본 맥스웰은 이상한 점을 발견한다. 방정식에는 곱의 역수($1/\varepsilon_0\mu_0$)로 표현되며 익숙한 단위(m/s)가 들어 있었다. 바로 속도였다. 여기서의 속도라면 분명 전자기파의 속도였다. 그런데 그 속도 값이 심상찮아 보인 것이다. 그동안 천문학에서 측정한 빛 속도와 근사한 값이라는 것을 눈치챈 그는 '그렇다면, 빛도 일종의 전자기파가 아닐까?' 생각한다. 세상은 이 단순한 호기심으로 새로운 국면을 맞이한다. 전자기파의 존재를 수학적으로 증명하기에 이른 맥스웰은 빛 역시 전자기파라는 결론을 내린다. 그리고 그 속도는 초당 30만 킬로미터(정확하게는 299,792,458m/s)의 속도라는 것을 확인하며 빛의 속도와 정체를 동시에 밝힌다.

물론 위대한 발견이지만 엄밀하게 생각해보면 빛 속도가 유한한 것이 당시 인류에게 그리 달가운 사실은 아니었다. 이 사실을 받아들이기 쉽지 않기 때문이다. 당시까지 뉴턴Issac Newton이 그의 저서 『프린키피아Principia』(1687)에서 정의한 절대 시간과 절대 공간이 과학계에서 기준이 되며 모든 것들을 설명했던 시절이었다. 공간은 언제나 멈춰 있고, 시간은 어디서든 등속으로 흐른다는 것이다. 여기에는 바로 갈릴레이의 상대성 원리가 숨어 있다. 외부에서 힘이 작용하지 않으면 운동하는 물체는 계속 그 상태로 운동하려고 하고, 정지한 물체는 계속 정지해 있으려고 한다는 뉴턴의 1법칙, 즉 관성의 법칙이다.

사실 이 개념은 우리의 직관적인 상식과 맞아떨어진다. 모든 사물의 운동과 현상이 충분히 설명됐다. 단 한 가지만 빼놓고 말이다. 뉴턴의 시간과 공간 속에서 사물의 운동은 변해야 했다. 그런데 빛은 정지된 공간에서도, 달리는 차에서도, 언제 어디서든 같은 속도여야 했다. 심지어 빛과 가까운 속도로 진행하며 바라본 빛 역시 속도는 30만km/s 여야 했다. 빛은 전자기파이고 속도가 변하면 안되기 때문이다. 만약 빛 속도가 변하게 되면 전자기 방정식이 무너진다. 이 말은 달리는 열차 안에서 전자기파를 사용하는 휴대폰으로 통화가 불가능하다는 말이 된다. 그렇다고 빛 속도를 불변의 상수로 정하면 절대 공간과 시간을 설명할 수 없는 상황이 나타났다. 빛 속도는 절대 상수로 받아들이기 꽤 불편한 사실이었다. 하지만 우리가 받아들이기 불편할 뿐이다. 이것이 자연의 법칙이었고 우리 문명은 이 불편한 사실을 토대로 건설됐다.

더 깊은 이야기

무엇인가 사고의 틀을 깨지 않으면 두 이론이 존립할 수 없는 지경에 이르렀을 때 등장한 사람이 아인슈타인(Albert Einstein)이다. 그는 아이작 뉴턴의 절대 시공간을 부정했고 결국, 시공간을 연결한 시공간 연속체(Space-Time Continuum)를 주장했다. 쉽게 말하면, 시공간은 고정돼 있지 않고 서로 연결돼 있으며 늘어나거나 줄어든다는 개념이다. 그래도 이해가 쉽지 않으니 빛 속도에 가까이 진행하는 물체에서 나란히 달리는 빛을 바라본다는 예를 다시 살펴보자. 뉴턴의 절대 시공간에서는 빛 속도로 쫓아가고 있으니 나란히 달리는 빛이 정지한 것처럼 보일 것이다. 이런 사례는 도로에서 같은 속도로 나란히 진행하는 자동차처럼 흔히 볼 수 있는 광경이다. 각자의 운동 상태를 고려하여 서로의 속도를 더하거나 빼서 한 쪽의 입장에서 다른 쪽의 운동 속도를 구하는 방법은 갈릴레이의 속도 덧셈 공식이다. 고전 역학에서는 갈릴레이 불변성(Galilean Invariance), 즉 물리법칙들이 갈릴레이 변환에 대해 불변을 기반으로 다뤄진다.

하지만 아인슈타인은 물체가 빛의 속도에 가깝게 달리면 진행방향으로 거리가 줄어들고 시간이 급속도로 느려진다는 가설을 꺼냈다. 그렇게 되면 빛 속도에 가깝게 달리며 바라본 빛의 속도는 여전히 30만km/s의 속도로 보일 것이다. 아인슈타인은 결국 시간과 공간이 상대적이라는 개념을 꺼내 이론으로 완성했다. 그 이론을 증명하기 위해 꺼낸 카드가 절대적이며 불변인 '빛 속도'였다. 그래야만 맥스웰 전자기 방정식이 무너지지 않았다. 이 말은 맥스웰이 아니었다면 상대성 이론도 등장하지 않았다는 의미다. 아인슈타인의 특수상대성 이론에는 또 다른 중요한 의미가 담겨 있다. 빛보다 빠른 것은 존재하지 않는다는 사실이다. 정말 우주에는 빛보다 빠른 것은 없을까? 빛보다 빠른 것을 발견하지 못한 것은 아닐까? 아인슈타인의 결론은 '존재하지 않는다'이다. 만약 질량을 가진 어떤 물체가 광속에 가깝게 이동한다고 하면 그 물체의 질량이 급격하게 증가해 빛의 속도를 넘을 수 없다는 게 그의 답이다. 과학자들은 문장에 담겨진 정보를 다른 언어를 사용해 빠르게 전달하는 방법을 선호한다. 그 결과 나온 것이 바로 수학적 기호로 만들어진 방정식이고 그것의 일부를 우리는 $E=mc^2$으로 접한다.

질량과 에너지의 변환을 표현한 식은 누구나 알고 있지만, 정확하게 아는 사람은 많지 않다. 이 식의 성립에는 조건이 있다. 정지해 있는 물체 혹은 빛보다 훨씬 느린 물체에만 적용된다. 물리법칙을 포괄하려면 질량을 가진 물체가 운동을 할 경우까지도 고려해야 한다. 질량을 가진 물체의 상대적 운동량과 에너지 사이의 변환에는 상대론적 인자인 로렌츠 인자(γ)를 고려해야 한다. 고전역학에서 갈릴레이 불변성이 바탕이듯, 상대론적 역학에서는 로렌츠 불변성(Lorentz Invariance)을 요구한다. 당연히 두 분야에서 제시하는 물리법칙 및 물리량에는 차이가 있을 수밖에 없다. 로렌츠 인자는 두 역학 사이에는 긴밀한 관계를 연결한 것이다. 쉽게 말해 속도가 정지했을 때는 $E = mc^2$ 으로 나타내지만, 속도가 있을 때는 총에너지 $E = \gamma mc^2$가 되는 것이다. c 는 광속(Speed of light)이며 m은 정지 질량이고 γm은 상대 질량이다. 여기에서 로렌츠 인자 γ 은 아래와 같이 정의된다.

$$\gamma = \frac{1}{\sqrt{1 - \frac{v^2}{c^2}}}$$

결국 속도가 있을 때의 상대질량 γ m인 물체의 총에너지는 아래와 같다.

$$E = \gamma mc^2 = \frac{mc^2}{\sqrt{1 - \frac{v^2}{c^2}}}$$

이렇게 간단한 식이 얼마나 위대한 사실을 담고 있는지 살펴보자. 정지의 경우 속도(v)는 0이다. $v = 0$을 대입하면 결국 $E = mc^2$를 얻는다.

$$E = \frac{mc^2}{\sqrt{1-\frac{0}{c^2}}} = \frac{mc^2}{\sqrt{1-0}} = \frac{mc^2}{\sqrt{1}} = \frac{mc^2}{1} = mc^2$$

이 공식의 숨은 의미는 빛 속도(c)보다 빠른 속도(v)가 존재하지 않는 것을 나타낸다. 만약 어떤 물체의 속도가 빛보다 빠르다면 (v>c) 당연히 로렌츠 인자의 분모에 있는 루트(√) 내부의 v^2/c^2은 1보다 클 것이고 루트 내부는 음수가 된다. 제곱근은 음수가 될 수 없다. 그러므로 이런 수식은 성립하지 않는다. 그렇다면 속도가 빛 속도와 같은 물체는 존재할까? v=c 인 경우를 계산해 보자.

$$E = \frac{mc^2}{\sqrt{1-\frac{c^2}{c^2}}} = \frac{mc^2}{\sqrt{1-1}} = \frac{mc^2}{\sqrt{0}}$$

분수에서 분모가 0인 수는 정의할 수가 없다. 결국 빛과 같은 속도이거나 빛보다 빠른 속도의 물체는 존재하지 않는다는 의미를 지닌 우아한 수식이다. 결과적으로 로렌츠 인자 γ는 0과 1사이에 존재하게 된다. (0≤|v/c|≤1), 이 속도의 비가 작을수록 γ≈1이 되어 고전 역학의 갈릴레이 변환에 수렴한다. 상대론적 역학의 효과는 v가 c에 근접할수록 두드러진다는 사실을 알 수 있다. 정리해 보면 상대론적 역학은 물체의 속력이 진공에서의 광속에 비해 매우 작으면 물리량들이 고전 역학의 물리량들에 대응된다. 반면, 물체의 속력이 진공에서의 광속에 근접하면, 물리량들은 고전 역학에서 설명할 수 없는 부분을 채우게 된다. 우주의 시간과 공간, 그리고 물질과 운동은 이 불편한 규칙으로 설계돼 있다. 지금까지 인간의 지식과 언어로 이해한 우주의 법칙이다.

우주를 채우는 보이지 않는 사다리

19세기 중반, 영국 케임브리지 대학의 한 젊은 교수가 서재에서 미소를 지었다. 맥스웰은 몇 개의 방정식에 불과한 작업으로 수천 년간 인류를 괴롭혀 온 빛의 정체를 마침내 밝혀냈다는 것을 알아차렸다. 1865년에 출판된 맥스웰의 논문은 전기장과 자기장이 서로 수직으로 진동하며 파동의 형태로 공간을 여행하는 현상 즉, 전자기파가 바로 빛이라는 놀라운 사실을 증명했다. 맥스웰의 이론은 이후 1887년 하인리히 헤르츠Heinrich Hertz에 의해 실험적으로 확인되었다. 전자기파의 존재를 입증하는 이 발견은 단순한 과학적 호기심의 해소가 아니라, 인류 역사의 방향을 바꾸는 전환점이었다.

우리는 거인들의 어깨 위에서 그들이 흘린 지적 땀방울의 결실을 별다른 고민 없이 받아들인다. 빛이 초당 약 30만 킬로미터를 여행하는 전자기파라는 사실은 이제 교과서의 한 페이지를 차지하는 단순한 사실로 취급된다. 그러나 이 사실 하나가 없었다면, 아인슈타인의 상대성 이론은 탄생하지 못했을 것이고, 양자역학은 신의 영역에 머물렀을 것이며, 슈뢰딩거의 고양이는 물리학 역사에 출몰하지 않았을 것이다. 맥스웰이 사망한 해는 아인슈타인이 탄생한 해이다. 스웨덴의 물리학자 막스 플랑크Max Planck는 "과학은 장례식에서 장례식으로 진보한다."고 말했지만, 맥스웰의 발견은 오히려 무수한 지적 탄생의 산파 역할을 했다.

인간의 눈앞에 펼쳐진 세계는 전자기파라는 거대한 악보에서 단 몇 개의 음표만 선택적으로 들려주는 제한된 마디와 같다. 우리의 시각은 '가시광선'이라 불리는 극히 좁은 대역의 파장만을 감지하도록 진화했다. 이 범위는 약 380나노미터nm(보라색)에서 780나노미터(붉은색)에 이르는 스펙트럼의 작은 조각에 불과하다. 나노미터가 얼마나 작은지 이해하기 위해서는 상상력이 필요하다. 성인 머리카락 한 가닥의 굵기는 약 100,000나노미터이다. 이 미세한 머리카락을 10만 등분해야 겨우 1나노미터가 된다.

리처드 파인만 Richard Feynman 은 1959년 그의 유명한 강연 '아래에는 충분한 공간이 있다 There's Plenty of Room at the Bottom'에서 원자 세계의 미세함을 이렇게 설명했다. "만약 사과를 지구 크기로 확대한다면, 그 속의 원자는 원래 사과의 크기만큼 커질 것이다." 우리가 감지하는 가시광선의 파장도 이런 미시적 세계의 크기와 맞닿아 있다. 놀라운 사실은 이 가시광선이 전체 전자기 스펙트럼에서 차지하는 비율이 고작 0.0035% 정도에 불과하다는 점이다. 인간의 시각은 문자 그대로 우주의 '창문틈으로 들여다보는' 정도의 제한된 경험을 제공한다. 천문학자 칼 세이건 Carl Sagan 이 말했듯이 "우리는 우주의 안개 속에서 길을 잃은 아이들이다."

전자기 스펙트럼은 마치 거대한 피아노 건반처럼 다양한 파장으로 펼쳐져 있다. 가시광선 너머 긴 파장 쪽으로 가면 우선 적외선 Infrared 을 만난다. 1800년 윌리엄 허셜 William Herschel 은 프리즘을 통과한 태양 스펙트럼의 온도를 측정하다가 우연히 빨간색 너머에서 보이지 않는 열을 감지했다. 그는 자신의 발견을 이렇게 기록했다. "눈에 보이지 않는 열선이 존재하며, 이는 빛과 같이 굴절되지만 우리 눈으로는 볼 수 없다." 교정 벤치에 앉아 따스한 햇볕을 느낄 때, 실제로는 적외선 파장이 우리 몸의 분자들을 진동시켜 열을 발생시키는 것이다. 태양에서 방출되는 복사 에너지의 약 49%가 적외선 영역에 집중되어 있으며, 이 보이지 않는 에너지가 지구의 생명을

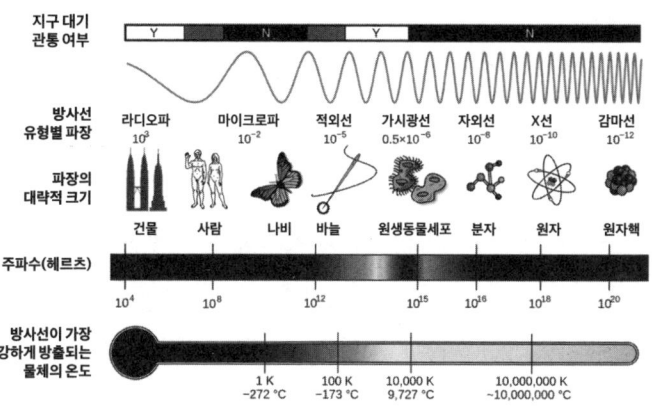

다양한 주파수 및 파장 범위에서 다양한 특성을 보여주는 전자기 스펙트럼 다이어그램

유지하는 데 결정적 역할을 한다.

적외선보다 더 긴 파장으로 가면 마이크로파와 라디오파를 만난다. 1888년 하인리히 헤르츠는 맥스웰의 이론을 실험적으로 증명하면서 라디오파를 발견했다. 그의 실험실에서 만들어낸 전자기파가 공간을 통해 전달되어 멀리 떨어진 곳의 수신기를 울릴 때, 그는 자신이 현대 무선통신의 기반을 놓고 있다는 사실을 알지 못했다. 헤르츠의 제자가 이 발견의 실용적 가치를 묻자 그는 그런 건 전혀 없고 그저 실험이라고 말했다. 역사는 종종 이런 순수한 호기심의 승리로 가득 차 있다. 가시광선보다 짧은 파장 쪽으로는 자외선, X선, 감마선의 세계가 펼쳐진다. 1801년 요한 빌헬름 리터 Johann Wilhelm Ritter는 염화은이 보라색 빛에서 더 빨리 검게 변한다는 사실에 주목하여 보라색 너머에 보이지 않는 빛이 있음을 발견했다. '화학선'이라 불린 자외선은 후에 생명체의 DNA에 영향을 미치는 것으로 밝혀졌다.

전자기 스펙트럼은 파장의 크기로 볼 때 놀라운 범위를 가지고 있다. 가장 긴 라디오파는 수킬로미터에 이르고, 가장 짧은 감마선은 피코미터pm(10^{-12}미터) 단위까지 내려간다. 이는 무려 10^{15}(1000조)배의 차이다. 같은 비율로 비교하자면, 개미와 태양계 크기의 차이와 맞먹는다. 인류가 이 광대한 스펙트럼 중 단 0.0035%만을 직접 볼 수 있다는 사실은 우주적 겸손함을 가르쳐 준다. 도시의 불빛 때문에 은하수를 볼 수 없게 된 현대인들에게, 영국의 천문학자 아서 에딩턴Arthur Eddington은 우리는 깊은 바다에서 이제 막 고개를 내민 생명체처럼 우주의 심연을 이해하기 시작했을 뿐이라고 말했다.

마이크로오븐이 2.45기가헤르츠GHz의 전자기파로 물 분자를 진동시켜 음식을 데울 때나, 휴대전화가 전자기파로 소리와 이미지를 순간적으로 전송할 때, 우리는 보이지 않는 빛의 세계를 실용적으로 활용하고 있다. 과학의 역사는 보이지 않는 것을 보고자 하는 인간의 끊임없는 노력의 기록이다. 맥스웰이 방정식으로 전자기파의 존재를 예측했을 때, 아인슈타인이 빛의 본질에 대해 사색했을 때, 그들은 인간의 감각을 뛰어넘는 현실의 지도를 그리고 있었다. 이 지적 모험을 통해 우리는 점점 더 넓은 우주를 이해하게 되었고, 빛이야말로 모든 과학과 문명의 근간임을 깨닫게 되었다. 우리가 보는 세상은 전체 현실의 아주 작은 일부에 불과하다. 인류의 과학 기술이 발전함에 따라 점점 더 넓은 스펙트럼의 빛을 '볼' 수 있게 되었고, 이를 통해 우주의 더 깊은 비밀을 밝혀낼 수 있게 되었다. 빛의 본질을 이해하는 것은 단순히 물리학의 문제가 아니라, 현실의 본질과 우리 존재의 의미에 대한 깊은 철학적 통찰로 이어진다.

이제 의학을 포함한 현대 과학과 기술 문명이 대부분 빛에 의존한다는 말에 어느정도 동의할 것이다. 그런데 빛의 정체를 알아낸 사실만큼 중요한 과학적 사건이 있다. 빛을 포획할 수 있는 근사한 방법을 찾아낸 것이다. 바로 '사진'이다. 빛은 우리가 상상했던 것보다 훨씬 많은 정보를 지니고 있다. 제임스웹 망원경이 보낸 우주의 사진에는 모든 별이 각자의 시간과 공간 정보를 담고 있다. 이유는 빛 속도가 무한하지 않기 때문이다. 마찬가지로 몸을 투과한 빛을 담은 사진은 인체 조직의 정보를 담고 있다. 빛이 전자기파이기 때문에 조직마다 흡수 파장이 다르다. 투과된 빛으로 조직 정보를 알 수 있는 것이다. 빛을 다루는 학문을 광학, 영어로는 포토닉스Photonics라 한다. 현재는 물리학의 한 분야로 자리를 매김하고 있지만, 사실 학문의 경계가 무색하게 광학은 광범위한 학문의 영역에서 도구나 수단 또는 재료로 이용한다. 가령 물질의 변화를 다루는 화학이란 분야는 빛과 크게 관련이 없는 것처럼 여겨지지만, 화학 역시 빛과 무관하지 않다. 화학은 물리학을 기반으로 복잡한 물질 세계에 섬세하게 파고들어 수수께끼 같은 지식의 균열을 메우고 한계를 시험할 수 있게 했다. 생명을 다루는 의약학에도 물리학과 화학이 근본에 자리하고 있다. 신의 영역으로만 다뤄졌던 생명과 의약학이 인간의 영역으로 넘어서게 된 계기 역시 빛의 발견이라 해도 틀린 말이 아니다. 자연에서 변하지 않는 것, 불편한 진실, 가장 근본적인 것, 바로 그것이 펀더멘털Fundamental이다.

2. 변하지 않는 어떤 것

요즘 대부분 중대형 병원은 키오스크와 스마트폰 앱으로 완벽하게 무장했다. 인간 대신 기계가 환자를 맞이하는 '접수처의 탈인간화'는 마치 스탠리 큐브릭의 『2001: 스페이스 오디세이』에 등장하는 HAL 9000 컴퓨터처럼 우리의 일상에 스며들었다. 고속도로 톨게이트를 '하이패스'로 통과하듯 수납창구도 스르륵 건너뛸 수 있다. 처방전은 당신의 스마트폰에서 지정한 약국의 프린터로 순간이동한다. 디지털 문명은 '기다림'이라는 인류의 오랜 저주를 서서히 지워가고 있다. 마치 아인슈타인이 뉴턴의 절대시간을 상대성으로 대체한 것처럼 말이다.

모든 과학 혁명의 이면에는 낙오자가 존재한다. 패러다임의 전환이 일어날 때마다 적응하지 못하는 이들이 생기는 것은 자연의 섭리다. 천동설을 지지했던 천문학자들이 코페르니쿠스의 지동설 앞에서 혼란을 겪었던 것처럼, 디지털 약자들은 기술 혁명의 급류 속에서 표류하고 있다. 이들은 아이러니하게도 손에는 스마트폰을 쥔 채 사람이 응대하는 창구를 간절히 찾는다. 이 기묘한 공존의 풍경은 현대 기술 문명과 인간성 사이의 미묘한 줄다리기를 관찰할 수 있는 완벽한 실험실이다.

    19세기 말, 뉴턴의 물리학이 세상의 모든 비밀을 해독했다고 자부하던 과학자들이 있었다. 그들은 '물리학에는 더 이상 발견할 것이 없다'고 주장했다. 1874년 한 독일 청년 막스 플랑크는 물리학을 전공할지 고민하고 있었다. 그의 스승 필립 폰 졸리 Philipp von Jolly는 그에게 '다른 분야를 선택하라, 물리학은 이미 완성되었다'고 조언했다. 다행히도 플랑크는 그 조언을 무시했고, 불과 몇 년 후 양자역학이라는 혁명적 패러다임의 문을 열었다. 오늘날 디지털 키오스크와 스마트폰으로 둘러싸인 병원 로비에 서 있으니, 그 스승의 오만한 확신이 떠오른다. 과학의 역사는 '이제 모든 것을 알았다'는 선언이 얼마나 위험한지 상기시켜준다.

    과학 기술의 변화는 지진처럼 갑작스럽게 닥친다. 1905년 '기적의 해'에 아인슈타인이 네 편의 혁명적 논문을 발표했을 때, 과학계는 흔들렸다. 한 평범한 특허청 직원의 손에서 나온 이 논문들은 뉴턴 이후 300년간 축적된 물리학의 기반을 단숨에 뒤흔들었다. 마찬가지로, 오늘날의 기술 혁명도 예고 없이 찾아온다. 특히 우리의 일상적 행동 방식과 사고 패러다임의 급격한 변화를 요구할 때, 그 충격은 더욱 크게 느껴진다. 오늘날 디지털 기술은 우리가 당연하게 여겼던 많은 일상적 과정들을 해체하고 있다. 변화의 거대한 파도 앞에서 적응하지 못한 이들에게는 '약자'와 '루저'라는 냉혹한 딱지가 붙는다. 심지어 과학자들조차 이런 변화에 완벽하게 적응하지 못한다. J.J. 톰슨이 자신이 발견한 전자의 작동 원리를 완전히 이해하지 못했던 것처럼, 현대 물리학자들도 종종 자신의 스마트워치

설정에 어려움을 겪는다.

 디지털 전환은 제러미 벤담(Jeremy Bentham)이 꿈꾸었던 '최대 다수의 최대 행복'이라는 공리주의적 이상의 현대적 구현이다. 그러나 디지털 차별이라는 그림자는 19세기 초 영국에서 방직기가 도입되었을 때 일자리를 잃은 러다이트 운동 노동자들의 분노를 연상시킨다. 물론 두 현상은 기술 발전의 맥락과 사회적 구조 면에서 다르다. 새로운 기술의 혜택이 모두에게 골고루 돌아가지 않는 현실은, 과학의 객관성만큼이나 중요한 윤리적 과제를 우리에게 던진다. 이것은 과학자들이 실험실에서 화학 반응의 부산물을 세심하게 모니터링하듯, 사회가 주의 깊게 관찰하고 조정해야 할 과제다.

 그럼에도 불구하고, 인류 역사상 디지털 혁명이 절대적으로 필요했던 영역이 있다. 바로 의약학이다. 1895년 빌헬름 뢴트겐(Wilhelm Conrad Röntgen)이 X선을 발견했을 때, 그는 자신의 발견이 의학을 완전히 변화시킬 것이라고 예상하지 못했다. 그저 우연히 형광 스크린이 빛나는 현상에 호기심을 느낀 한 물리학자의 탐구심이 인체 내부를 들여다볼 수 있는 창을 열어준 것이다. 마찬가지로, 오늘날의 디지털 의학 기술은 질병과의 싸움에서 인류의 승리 가능성을 극적으로 높였다. 질병은 모래시계의 모래알처럼 끊임없이 흘러가는 시간과의 싸움이다. 19세기 중반 오스트리아의 한 산부인과 의사가 '의사들의 손씻기'라는 단순한 조치로 산욕열 사망률을 극적으로 낮췄을 때, 그는 시간과의 싸움에서 귀중한 순간들을 되찾았다. 디지털 의료 기술은 마이클 패러데이가 전자기 유도를 발견했을 때처럼 의학의 기본 패러다임을 재정의했다. 진단에서 치료까지, 디지털화는 의학적 지연을 사냥하는 포식자가 되었다.

오늘날 자기공명영상(MRI)은 하인리히 헤르츠가 1886년에 발견한 전자기파와 1938년 이시도르 라비가 관찰한 핵자기공명 현상이 결합된 결과물이다. 이들은 자신의 발견이 언젠가 인체 내부를 3차원으로 시각화하는 혁명적 도구가 될 줄 상상이나 했을까? 과학의 진보는 종종 이렇게 예측할 수 없는 경로를 따른다. 환자에게는 생존의 문제이고, 의료진에게는 효율의 문제인 이 시간과의 전쟁에서, 디지털 영상 기술은 가장 강력한 무기가 되었다.

영상의 진화: 빛 포획자들의 위대한 여정

인류 문명의 디지털 대전환에서 영상 기술은 에베레스트 정상을 향해 수없이 도전하는 등반가와 같다. 오늘날의 스마트폰은 정교한 카메라 기술의 집약체다.(소비자들은 통화 품질이 아닌 카메라 성능을 기준으로 기기를 선택한다) 이는 마치 17세기 안토니 반 레이우엔혹이 단순한 현미경으로 미생물의 세계를 처음 관찰한 것에서 시작된 광학 혁명이 오늘날 나노미터 단위의 물질 구조까지 관찰할 수 있는 전자현미경으로 진화한 것과 같다. 과학 기술의 현주소를 가장 정확히 진단하고 싶다면, 영상 기술을 살펴보라. 시각은 인간의 감각 중 가장 발달한 영역이며, 영상 기술은 이 감각을 확장하고 보존하는 인류의 오랜 꿈을 구현한다.

오늘날의 디지털 영상 기술은 그 깜짝 놀랄 진화의 증거다. 원자의 세계에서 양자역학이 고전역학을 뒤엎었듯, 디지털 기술은 아날로그의 한계를 날려 버렸다. 영상은 발전하는 문명을 거울처럼 완벽하게 반영하고 있다. 아마도 인공지능이라는 21세기의 마법은 영상 처리에서 가장 화려한 불꽃놀이를 펼치고 있을 것이다. 영상 분야는 다윈의 진화론처럼 '적응하거나 멸종하라'는 냉혹한 법칙을 따른다. 한때 세계를 장악했던 코닥은 영상 업계의 공룡 같은 존재였다. 그들은 마치 19세기 물리학자들이 '더 이상 발견할 것이 없다'고 단언했던 것처럼 필름의 미래를 과신했다. 결과는? 진화론이 예측한 대로 적응에 실패한 공룡은 쇠퇴했다. 오늘날 코닥은 필름 대신 이미징 기술과 소프트웨어를 만들며 별자리가 재배치되듯 비즈니스 모델을 변경했다. 이것은 생존을 위한 기업의 자연선택이다. 이제 인공지능이라는 새로운 별이 우주의 중심으로 떠올랐다. 코페르니쿠스가 지구가 우주의 중심이 아님을 발견했을 때의 충격처럼, 기술 혁명은 기존 질서를 완전히 뒤바꾼다. 기업, 연구소, 심지어 관료주의로 둔한 정부들까지도 이 변화의 파도에 몸을 던지고 있다. 적응하지 않는 자는 도도새처럼 역사의 책장에서 흐릿한 기억으로만 남을 뿐이다.

그럼 이런 도발적인 질문을 던져보자. "빛을 포획해 영상을 실현했던 아날로그 필름과 그 과학 기술은 공룡 뼈와 함께 박물관으로 보내야 할까?" 이 질문은 토머스 쿤의 『과학혁명의 구조』처럼 우리의 지식 패러다임에 대한 근본적 도전이다. 우리는 역사를 마치 고고학적 발굴물처럼 먼지 쌓인 유물 정도로 취급하는 경향이 있다. '쓸모'라는 가치가 사라진 나이든 문명의 유언장 정도로 여긴다. 그러나 여기에 흥미로운 반전이 숨어 있다. 맥스웰의 방정식이 시공간을 초월하듯, 어떤 과학적 진리들은 시대를 뛰어넘는 영원성을 지닌다.

이제 질문을 아인슈타인적 사고실험으로 바꿔보자. "상대적으로 모든 것이 변하는 우주에서, 절대적으로 '변하지 않는 것'은 무엇일까?" 디지털 레이저 프린터가 사진을 종이에 구현하는 세상에서, 할로겐화 은의 화학반응으로 이미지를 잡아내던 '낡은' 기술은 고작 빛바랜 추억에 불과할까? 놀랍게도 그렇지 않다. 필름 위에서 협동하던 광자와 전자들의 과학적 원리는 디지털 센서의 표면 아래에서 여전히 강력하게 작동하고 있다. 물리학과 화학, 생물학의 근본 법칙들은 미래의 어떤 기술 혁명에서도—심지어 외계인의 방문이 있더라도—여전히 유효할 것이다. 과학의 기본 원리는 기술 혁명의 겉옷 아래에서 변함없이 작동한다. 이제 타임머신을 타고 과거로 돌아가, 어두운 저장고 구석에서 먼지 뒤집어쓴 아날로그 필름을 꺼내보자. 그 갈색 플라스틱 조각에는 현대 디지털 세계의 DNA가 숨어 있다.

셀룰로오스의 위대한 변신극

식물의 골격을 떠받치는 셀룰로오스는 인류 역사에서 종이와 섬유라는 두 개의 거대한 문명 기둥을 세웠다. 하지만 이 지구상에서 가장 흔한 유기화합물을 다루는 일은 마치 무례한 손님을 대하는 것처럼 까다로웠다. 흥미롭게도(또는 좌절스럽게도), 19세기까지 인류는 이 완고한 분자를 종이와 섬유 외에는 달리 구슬려 쓸 방법을 찾지 못했다. 셀룰로오스는 대부분의 용매를 거부했고, 용융점에 도달하기 전에 화학적 분해라는 자기 파괴의 길을 택했다. 이런 성질 때문에 화학자들은 오랫동안 이 물질과의 밀당에서 번번이 패배했다.

19세기 후반은 과학의 황금기였다. 이 시기에 엄청난 지적 폭발이 일어났는데, 마치 쥘 베른의 소설 같은 발견들이 연이어 터져 나왔다. 멘델레예프가 주기율표를 만들고, 헨드릭 로렌츠가 전자의 존재를 설명하는 이론을 발전시키고, 이후 J.J. 톰슨이 1897년에 전자를 발견한 시절이다. 화학은 특히 의학과 약학을 중심으로 폭발적인 성장을 이루었다.(흥미롭게도 당시 화학자들이 사용하던 둥근 바닥 플라스크와 분별 깔때기 같은 실험 도구들은 오늘날과 크게 다르지 않다) 화학이라는 학문은 본질적으로 '반응의 예술'이다. 소개팅 주선자처럼 서로 만나야 할 물질들을 적절한 환경에서 소개시키는 일이다.

화학자들이 그들의 연구실에서 가장 먼저 시도하는 방법은 '혼합'이다. 그리고 두 번째는? 용매에 녹여보는 것이다. 용해성은 물질 세계의 신분증과도 같다. 녹는다는 것은 분자 차원에서의 친밀한 관계 형성을 의미하며, 이는 곧 화학적 변형의 가능성을 열어준다. 1846년, 프랑스 화학자 루이 메나드 Louis Ménard 는 실험실에서 우연한 발견을 했다. 알렉산더 플레밍이 페니실린을 발견한 것처럼 예상치 못한 순간이었다. 그는 아세톤에 녹인 니트로셀룰로오스 Nitrocellulose 가 투명한 젤 Gel 상태로 변하는 것을 목격했다. 이 독특한 물질은 '콜로디온 Collodion'이라 명명되었다. 콜로디온을 유리판에 얇게 펴서 말리면 투명한 필름이 됐는데, 이는 꿈꾸던 미래가 갑자기 눈앞에 나타난 것 같았다. 단, 여기에는 불편한 진실이 있었다. 이 필름은 생산이 까다롭고 강도가 약했으며, 무엇보다도 자동차 연료 탱크만큼이나 폭발 위험이 컸다. 당시 사진관들은 종종 불시에 폭발하는 화학 물질과 함께하는 아슬아슬한 줄타기를 했다.

장뇌($C_{10}H_{16}O$), 그 이름조차 신비로운 이 물질은 캠퍼 Camphor 나무에서 추출한 화합물이다. 집안 서랍장 어딘가에 있는 파스나 안티푸라민에도 들어있는 성분이다. 19세기 미국의 발명가 존 웨슬리

하얏트 John Wesley Hyatt는 당시 심각한 '당구 위기'를 해결하려 애쓰고 있었다. 상아 당구공이 너무 비싸 대중화에 걸림돌이 되었고, 코끼리 개체수는 당구의 인기 때문에 급격히 감소했다. 하얏트는 대담한 도전을 시작했다. 그는 니트로셀룰로오스와 장뇌를 실험실의 도가니에서 섞었고, 그 결과는 놀라웠다. 두 물질이 만나 형성된 물질은 이전의 어떤 합성물질보다 단단하고 상아의 성질을 닮아 있었다. 1869년, 하얏트는 이 새로운 물질에 '셀룰로이드 Celluloid'라는 이름을 부여했다. 이는 인류 역사상 최초의 상업적 합성 플라스틱으로, 화학사에서 금속이 발견된 이후 가장 중요한 물질 혁명 중 하나였다. 셀룰로이드는 당구공의 민주화를 이루었을 뿐만 아니라, 곧 사진 필름이라는 혁명적 용도를 만났다. 이런 우연한 만남은 코닥과 아그파 AGFA 같은 거대 기업의 탄생으로 이어졌다. 19세기 화학 실험실의 우연한 발견이 20세기 시각 문화의 기반을 마련한 것이다.

1892년 영국의 화학계에서는 흥미로운 삼총사가 등장했다. 크로스 Charles F. Cross, 비번 Edward J. Bevan, 비들 Clayton Beadle은 뉴턴이 빛을 분석했던 것처럼 셀룰로오스의 화학적 비밀을 파헤치고 있었다. 이들은 셀룰로오스를 양잿물(그렇다, 비누를 만드는 그 양잿물)로 처리해 알칼리성 셀룰로오스로 변환시킨 후, 이를 악취가 지독한 이황화탄소(CS_2)와 반응시켰다. 그 결과 '인조견사'라 불리는 비스코스 레이온 섬유 Viscose Rayon Fibers가 탄생했다. 이 발견은 섬유 산업에 혁명을 일으켰다.

곧이어 등장한 주인공은 스위스의 화학자 브란덴베르거 Jacques Edwin Brandenberger였다. 그는 식당에서 우연히 와인이 테이블보에 쏟아지는 것을 보고 영감을 얻어 방수 테이블 덮개를 만들 아이디어를 떠올렸다.(이 이야기가 사실인지는 확실치 않지만, 과학사는 종종 이런 낭만적인 일화로 가득 차 있다) 비스코스 물질을 얇은 필름으로 만드는 데 성공했고, 이를 '셀로판Cellophane'이라 명명했다. 이 이름은 셀룰로오스의 '셀로Cello'와 그리스어로 '투명하다'는 뜻의 '디아판Diaphane'을 합친 것이다. 과학자들이 화학 원소 이름을 지을 때 보여주는 시적 감각을 엿볼 수 있다.

초기 셀로판은 방습성과 방수성이 떨어져 실용성에 한계가 있었다. 하지만 20세기 초, 미국의 화학 거인 듀퐁DuPont(이 회사는 다이너마이트로 부를 축적한 후 화학 연구에 투자한 알프레드 노벨과 비슷한 역사를 가졌다)이 내습성 셀로판을 개발하면서 상황이 달라졌다. 이 투명한 혁명은 식품 포장재에서 의약품 블리스터 팩에 이르기까지, 현대 소비 문화의 필수 요소가 되었다. 오늘날 편의점에서 샌드위치를 감싸고 있는 그 투명한 필름도 이 19세기 발견의 직계 후손인 셈이다.

빛과 화학의 만남

19세기 후반, 화학과 광학의 결합은 아인슈타인이 특수상대성이론을 발견한 것처럼 혁명적인 결과를 낳았다. 콜로디온이나 셀로판 필름에 할로겐화 은이라는 빛에 예민한 물질이 도입되면서 사진의 시대가 열린 것이다. 멘델레예프가 17족에 배치한 할로겐 원소들—불소, 염소, 브롬, 아이오딘—은 은과 만나면 마치 완벽한 파트너를 만난 듯 환상적인 화합물을 형성한다. 이 화합물들은 빛에 격렬하게 반응한다. '감광'이란 용어는 빛이 이 물질과 만났을 때 일어나는 화학적 행위를 묘사한다. 이는 마치 무생물이 생명체처럼 외부 자극에 반응하는 기이한 현상이다.

'브로마이드(ブロマイド)'라는 일본어를 들어보았는가? 이 용어는 지금도 일본과 한국에서 연예인이나 스포츠 스타의 큰 포스터를 지칭할 때 사용된다. 어원은 브롬화 은^{AgBr}을 사용해 현상한 사진에서 유래했다. 이는 화학 용어가 대중문화로 건너온 흥미로운 사례다.

감광 물질이 필름에 도포되는 과정은 정교한 기술이다. 은염 결정들은 젤라틴(그렇다, 디저트에 있는 그 젤라틴이다. 젤라틴은 반투명하고 무색이며 맛이 없는 식품 성분으로 일반적으로 동물 신체 부위에서 채취한 콜라겐에서 추출된다)에 균일하게 분산되어 에멀전 상태로 필름 위에 발라진다. 이것은 마치 미세한 빛 감지 센서들을 필름 표면 전체에 골고루 배치하는 것과 같다. 이렇게 준비된 필름이 카메라 안에서 빛과 만나는 순간, 눈에 보이지 않는 마법이 시작된다. 우리 눈에 보이지 않는 미시 세계에서 엄청난 변화가 일어나는 것이다.

세상의 모습을 필름 위에 포착하는 과정은 굉장히 경이롭다. 광학 렌즈를 통해 빛이 필름에 도달하면, 그 순간 우리 눈에는 보이지 않는 미시적 세계에서 복잡한 화학 반응이 시작된다. 실은 이 과정이 제대로 작동하기 위해서는 한 가지 중요한 조건이 필요하다. 바로 어둠이다. 이는 19세기 초 영국의 천문학자 존 허셜이 청사진^{Cyanotype}을 발명했을 당시, 그가 빛에 민감한 화합물을 어둠 속에서 다루어야 했던 것과 같은 이유다. 빛에 노출된 필름은 반드시 어둠 속에 보관해야 하는데, 바로 이것이 우리가 모두 알고 있는 통통한 필름통에 필름을 둘둘 말아 빛을 차단하는 이유다. 빈센트 반 고흐가 별이 빛나는 밤하늘을 그렸을 때 상상했던 것처럼, 필름의 세계에서도 어둠은 마법이 시작되는 공간이다.

할로겐화 은의 숨겨진 이야기

이제 필름 위에서 펼쳐지는 미시적 세계의 놀라운 드라마를 더 자세히 들여다보자. 염화 은Silver chloride이 빛에 노출되면 무슨 일이 벌어질까? 19세기 영국의 과학자 존 돌턴John Dalton이 원자 이론을 세상에 소개했을 때 그가 상상했던 것처럼, 원자들은 끊임없이 상호작용하며 이합집산을 반복한다. 빛의 광자는 단단한 쇠사슬을 끊는 것처럼 은(Ag^+) 이온과 염소(Cl^-) 이온 사이의 이온 결합을 분리시킨다. 특히 자외선은 그 강력한 에너지로 화학 결합을 완전히 분해할 수 있는 힘을 가지고 있다. 이온 결합은 주로 금속과 비금속 사이에서 발생한다. 이에 대한 가장 친숙한 예는 우리 식탁 위의 소금($NaCl$)이다. 소듐(Na)은 금속 원소로서 전자를 불필요한 짐이라도 되는 것처럼 쉽게 내어주려는 경향이 있고, 염소(Cl)는 비금속으로서 전자를 갈구하는 성질이 있다. 이들의 관계는 그리스 신화에 나오는 변덕스러운 연인들처럼 불안정하다. 주변 환경이 바뀌면—물에 녹거나 빛을 받으면—이 관계는 순식간에 깨진다. 염화 은도 이와 유사하게 빛에 노출되면 쉽게 분해된다.

빛이 염화 은에 닿으면 다음과 같은 우아한 화학 반응식이 펼쳐진다.

$$2AgCl \rightarrow 2Ag + Cl_2$$

이 간결한 화학식 속에는 흥미로운 이야기가 숨어 있다. 분리된 은 양이온들은 서로를 향해 당겨지며 더 큰 집합체를 형성하는 것처럼 행동하기 시작한다. 우리가 일상에서 보는 은색 금속도 실제로는 이런 양이온들의 거대한 집합체다. 그러나 여기서 흥미로운 물리적 역설이 등장한다. 같은 양전하를 가진 은 이온들이 어떻게 서로 밀어내지 않고 뭉칠 수 있을까? 이는 19세기 물리학에서 가정했던 '에테르'처럼 직관에 반하는 현상이다. 답은 간단하면서도 경이롭다. 전자들의 바다 속에 은 이온들이 '풍덩' 빠져 있는 것이다. 물리학자 드루데Drude가 1900년경에 '전자 바다Electron Sea'로 묘사하며 제안한 '자유 전자 이론'처럼, 금속 원자는 모든 원자가전자valence electron*를 잃고 양이온으로 존재하며, 이 양이온들은 자유롭게 이동하는 전자들에 의해 결합한다. 금속 내부의 전자들은 특정 원자에 귀속되지 않고 자유롭게 이동하며 양이온들을 함께 묶어주는 접착제 역할을 하는 것이다.

여기서 정말 놀라운 점이 있다. 필름 위에 도포된 은 입자들은 우리가 아는 커다란 금속 덩어리를 형성할 만큼 충분히 가까이 있지 않다는 것이다. 이들은 밤하늘의 성단처럼 작은 금속 입자(클러스터)를 형성한다. 만약 우리가 맨해튼의 건물들을 원자 크기로 축소시켜 놓고 본다면, 빽빽하게 클러스터를 이룬 건물들과 건물 블럭에 인접하는 도로로 서로 떨어져 있는 것과 같다. 이런 상태의 은 원자 집단은 밀도가 떨어져 빛을 반사하지 않고 오히려 흡수한다. 결과적으로 은 원자가 형성된 부분은 사진 필름에서 검은색이나 어두운 색조로 나타난다. 이것이 바로 사진술에서 말하는 '흑화 과정Blackening Process'이다.

흑화의 정도는 빛의 노출량에 따라 비례한다. 이는 19세기 프랑

---

* 원자의 가장 바깥에서 궤도를 돌고 있는 전자.

스의 위대한 물리학자 니세포르 니에프스 Joseph Nicéphore Niépce와 루이 다게르 Louis Daguerre가 최초의 실용적인 사진술을 개발하면서 이용한 핵심 원리다. 빛이 더 많이 닿을수록 더 많은 은 원자가 형성되고, 해당 영역은 더 짙은 검은색을 띠게 된다. 마치 별이 빛나는 밤하늘에서 별들의 밝기가 그 질량과 군집 정도에 관련이 있는 것처럼, 사진 속 이미지의 명암은 빛의 강도와 직접적인 관계가 있다.

이 화학 반응은 처음에는 육안으로 보이지 않는다. 헨리 폭스 탤벗 Henry Fox Talbot이 1840년대 '잠상 latent image'이라고 명명한 이 현상은 필름 위에 형성된 미세한 은 입자들의 보이지 않는 패턴이다. 잠상은 존재하지만 우리 눈에 보일 정도로 입자가 충분히 성장하지 않은 상태이다. 빛에 노출된 필름을 '현상액'에 담그면, 현상액은 선택적 화학 환원제로 작용하여 이 미세한 은 핵을 확대하고 추가적으로 환원을 일으켜 입자를 증폭시킨다. 작은 신호가 큰 효과로 증폭되는 것이다.

이어서 필름은 '정착액'에 담겨 또 다른 화학적 마법을 경험한다. 정착액은 빛에 노출되지 않고 현상되지 않은 할로겐화 은 결정을 용해시켜 제거한다. 이는 조각가가 대리석 덩어리에서 불필요한 부분을 제거하여 조각상을 드러내는 것과 같다. 이 과정은 이미지를 영구히 고정시키며, 그렇지 않으면 남아 있는 감광 물질이 계속해서 빛에 반응하여 이미지가 손상될 것이다. 이런 일련의 과정을 통해, 찰나의 순간이 은염 결정 속에 영원히 보존된다. 마치 시간이 멈춘 것처럼 박제된다.

자연의 변하지 않는 법칙들

인류는 한 장의 사진을 얻기 위해 복잡하고 정교한 화학적 의식을 수행해야 했다. 19세기 초기 사진술의 선구자들은 12시간 이상 노출이 필요한 카메라로 실험했고, 맥스웰이 1861년에 최초의 컬러 사진을 시연할 때는 세 대의 카메라와 정교한 필터 시스템이 필요했다. 오늘날 우리는 스마트폰으로 순간의 1/1000초 만에 고해상도 이미지를 포착하지만, 그 속에는 19세기부터 이어져 온 과학의 연속성이 담겨 있다. 사진 이미지가 형성되는 과정 속에는 변하지 않는 근본적인 과학 법칙들이 작동한다. 사진은 뉴턴과 하위헌스Christiaan Huygens가 연구했던 광학 법칙에 따라 작동하며, 빛을 포착하는 방식은 아인슈타인의 광전효과 이론과 맞닿아 있다. 아인슈타인은 이 발견으로 1921년 노벨물리학상을 받았지만, 정작 그의 상대성이론보다 훨씬 덜 알려진 업적이다.

빛의 속도와 특성은 우주의 시작부터 지금까지 변함없이 일정하다. 라부아지에가 '질량 보존의 법칙'을 증명했던 것처럼, 화학 반응에 참여하는 물질의 원자 수와 전체 질량은 완벽하게 보존된다. 아무리 복잡한 화학 반응이라도 관련된 에너지는 사라지지 않고 다른 형태로 변환될 뿐이다. 이는 헤르만 폰 헬름홀츠Hermann von Helmholtz와 줄이 발견한 '에너지 보존 법칙'의 완벽한 예시다. 이런 불변의 과학 원리들이 결합하여 세상의 순간들을 포착하고 기록할 수 있게 되었다. 빅토리아 시대의 사진술에서 21세기 디지털 이미징에 이르기까지, 근본 원리는 놀랍도록 일관되게 유지되어 왔다. 오늘날의 디지털 카메라 센서는 필름 대신 수백만 개의 작은 광다이오드Photodiode를 사용하지만, 빛에 대한 반응은 여전히 양자 물리학의 법칙을 따른다. 플랑크가 발견한 양자의 불연속성처럼, 디지털 센서의 픽셀들도 특정 파장의 빛을 흡수하고 전자를 방출한다.

이러한 과학적 원리는 우리 일상의 현대 기술에도 놀라운 방식으로 적용된다. 예를 들어, 변색 렌즈는 할로겐화 은의 동일한 광화학 반응을 교묘하게 활용한다. 1960년대 미국 화학자 스탠리 도널드 스타스가 코닝 글래스에서 개발한 이 기술은 화학적 마법의 현대적 재해석이다. 햇빛에 노출된 염화 은은 위에서 설명한 광화학 반응을 통해 검게 변하고, 브롬이나 요오드 화합물은 갈색 계열로 변한다. 이 과정에서 빛 투과율이 낮아져 선글라스처럼 기능하게 된다. 그러나 변색 렌즈에는 아름다운 화학적 반전이 숨어 있다. 어떻게 이 렌즈들은 다시 투명해질 수 있을까? 그 비밀은 렌즈 안에 첨가된 구리 이온(Cu^+)의 촉매 작용에 있다. 자외선이 사라지면 염소 원자는 구리 이온에서 전자를 되찾아가 다시 염소 이온으로 돌아간다. 전자를 잃은 구리 이온(Cu^{2+})은 은 원자로부터 전자를 빼앗아와 은을 다시 양이온 상태로 만든다. 이렇게 되면 은 양이온과 염소 이온이 다시 만나 원래의 염화 은 화합물을 재형성하고, 렌즈는 투명한 상태로 되돌아간다. 19세기의 과학이 21세기의 일상 속에서 조용히 작동하고 있는 것이다.

이 과정은 클로드 루이 베르툴레 Claude Louis Berthollet의 가역 반응 연구나 르 샤틀리에 Henry Louis Le Châtelier의 평형 법칙처럼, 화학 반응이 양방향으로 진행될 수 있음을 보여주는 아름다운 예시다. 마법처럼 보이는 이 현상도 결국은 변하지 않는 과학 법칙이 작동한 결과다. 원자들은 사라진 것이 아니라 단지 다른 형태로 재배열된 것뿐이다. 이것이 바로 펀더멘털 Fundamental, 기초과학의 진정한 아름다움이다. 세상은 끊임없이 모습을 바꾸지만, 그 근본 원리는 변함없이 작동한다. 이 비밀을 천문학적인 규모에서 원자 수준까지 밝혀낸 것이 바로 라부아지에부터 아인슈타인까지 이어지는 과학자들의 위대한 업적이다. 화학은 물리학의 우아한 수식들이 실제 물질 세계에서 어떻게 구현되는지 보여주는 매개자다. 19세기 말에 이미 화학은 이론적 기반을 탄탄히 다졌고, 실용적인 학문으로서 인류 문명에 지대한 영향을 미쳤다. 특히 의약학과 생명과학 분야는 화학의 발전과 함께 놀라운 도약을 이루었다. 에드워드 제너Edward Jenner의 천연두 백신에서 알렉산더 플레밍Alexander Fleming의 페니실린에 이르기까지, 화학은 인류의 건강과 수명을 획기적으로 개선했다.

흥미로운 점은 역사적으로 봤을 때 화학이 처음부터 체계적인 학문이 아니었다는 사실이다. 중세의 연금술사들은 철을 금으로 바꾸는 꿈을 좇았지만, 그들의 노력은 과학적 근거와 실험 방법론이 부족했다. 그러나 19세기 중반, 마치 갑작스러운 빅뱅처럼 화학이 폭발적으로 발전하기 시작했다. 이 학문적 혁명의 기폭제가 바로 의약학 분야였다는 것은 역사적 아이러니다. 인간의 건강을 향한 순수한 관심이 결국 고대의 신비주의를 현대 과학으로 변모시킨 것이다. 이것이 19세기 후반에 바이엘BAYER, 머크MERCK, 화이자Pfizer, 로슈Roche 같은 대부분의 화학 기업과 제약회사들이 동시다발적으로 탄생한 이유이기도 하다. 이 기업들은 초기에 염료와 사진 화학 물질을 생산하다가 점차 의약품 개발로 영역을 확장했다. 코닥과 아그파 같은 영상 관련 기업들도 같은 시기에 등장했는데, 이는 화학이 인류의 시각과 기억을 영원히 변화시킨 순간이었다.

디지털 혁명으로 세상이 빠르게 변하고 있지만, 그 속에서 불변하는 과학의 원리들은 변함없이 존재한다. 토머스 쿤이 말한 '패러다임의 전환'은 과학의 기본 원리들이 폐기된다는 의미가 아니라, 더 깊고 포괄적인 이해로 확장된다는 의미다. 디지털 센서가 필름을 대체했지만, 빛과 물질의 상호작용은 여전히 맥스웰과 아인슈타인이 발견한 법칙에 따른다. 원자 내부의 미시 세계는 하이젠베르크와 슈뢰딩거의 양자역학 방정식으로 설명되며, 우주의 거시 구조는 아인슈타인의 상대성이론을 따른다. 이것이 바로 '변하지 않는 어떤 것'의 진정한 의미다.

우주의 기본 원리는 인류의 기술이 아날로그에서 디지털로, 더 나아가 양자 컴퓨팅으로 발전하더라도 그 핵심은 변하지 않는다. 그리스 철학자 헤라클레이토스가 "변하지 않는 유일한 것은 변화 그 자체 There is nothing permanent except Change"라고 말했듯이, 우리 세계는 끊임없이 변화한다. 그러나 그 변화의 바탕에는 우주 시작부터 지금까지 변함없이 작동하는 과학적 법칙들이 존재한다. 아날로그 필름의 시대가 가고 디지털 이미지의 시대가 왔지만, 과학의 기본 원리는 여전히 우리의 세계를 지탱하고 있다. 마치 밤하늘의 별들처럼 변함없이 빛나면서.

3. 색이 우리에게 말하지 않는 이야기

색色에 대해 모르는 사람은 없다. 하지만 인류가 색을 바라보는 스펙트럼은 생각보다 넓어서 막상 이 존재에 대해 설명하라고 하면 주춤거리게 된다. 공기나 물처럼 당연하고 마땅한 존재는 대부분 그러하다. 석가모니와 제자 사리자舍利子의 짧은 대화 형식으로 구성된 『반야심경』에 "색즉시공 공즉시색色卽是空 空卽是色"이란 말이 나온다. 여기에서 '색'은 우리 눈에 보이는 세상이다. 그리고 색은 곧 공(空)이라고 말한다. 보는 세상의 실체가 텅 비었다는 의미일까? 이는 어떤 단단한 실체가 있다고 생각하는 세상의 '본질'에 대한 믿음이 틀렸다고 알려주며 사실 그런 단단한 실체는 없다는 말이다. 세상은 물질로 구성돼 있고 물질은 원자로 구성된다. 물리학에서는 원자가 거의 텅 비어있는 상태라고 설명한다. 진실은 학문과 종교를 초월해 맥을 같이 하는 걸까? 색으로 보는 우리 세상은 진실일까? 인류는 빛과 색으로 보이는 세상과 시간을 박제하려 노력했다. 거기에는 말하지 않은 이야기가 있다.

1878년만 해도 사진기는 크고 무거웠다. 게다가 화학약품과 유리건판 같은 별도의 촬영을 위한 악세서리까지 번거롭기 그지 없었다. 당시 뉴욕의 한 은행원인 조지 이스트만George Eastman은 간편하게 사진을 찍을 수 없을까 고민하다 여러 실험과 시행착오 끝에 필름의 초기 형태를 만들게 된다. 이듬해 투자를 얻어내 대량생산을 하며 1883년 감광 필름을 상용화한다. 그리고 '코닥'이라는 이름의 회사를 설립한다. 필름의 등장은 이미징 분야를 동영상이라는 새로운 패러다임으로 이동하게 했다. 딱딱한 유리와 달리 유연한 필름은 둘둘 말 수 있었다. 연속된 장면의 사진을 찍어 동영상도 볼 수 있게 됐다. 단점은 역시 유전자처럼 박혀 있는 니트로셀룰로오스의 성질인 가연성이다. 영화 『시네마 천국』에서 영사실의 화재로 주인공인 알프레도가 실명을 한 이유도 이런 폭발성 때문이었다. 이후 인화성이 낮은 셀룰로오스 아세테이트Cellulose Acetate로 소재가 바뀌었으나 셀룰로오스 필름은 1950년대까지 사용됐다.

    페놀과 포름알데히드를 합성해 '베이클라이트Bakelite'라는 합성수지를 만든 레오 베이클랜드Leo Baekeland는 1891년 인화지를 발명하고 코닥에 특허를 넘겨 백만장자 대열에 들었다. 사람들은 자연에서 발견하지 못한 인공 화합물이 돈이 된다는 사실을 알게 된다. 기업뿐만 아닌 과학자도 부를 얻을 수 있는 사례가 등장한 것이다. 코닥과 아그파 같은 회사들만 등장한 건 아니다. 우리가 알고 있는 글로벌 화학 회사가 대부분 19세기 중반부터 봇물이 터진 듯 등장했다. 그리고 제약회사 역시 연쇄적으로 등장하는데, 우연은 아니다. 그 이유로 인류 역사에서 가장 성공적인 실패담을 하나 소개하겠다. 19세기 한 젊은 화학자가 질병 치료제를 만들려다 실패하고 우연히 염료를 발견하는 사건이다.

분자의 색채

당시 빅토리아 여왕이 지배한 제국주의 영국은 해가 지지 않는 나라라는 별명이 붙을 정도로 영토 확장의 욕망을 실현 중이었다. 영국뿐만 아니라 프랑스도 마찬가지였다. 그 욕망의 앞길에 걸림돌이 있었는데, 바로 말라리아였다. 프랑스의 파나마 운하 건설 실패는 말라리아 위력의 대표적 사례이다. 영국도 동남아와 인도, 아프리카 정복 과정에서 말라리아로 많은 인명을 잃었고 결국 말라리아 치료제를 찾게 된다. 당시 프랑스에서는 남아메리카에서 자라는 기나나무 Cinchona의 껍질에서 추출한 퀴닌 Quinine 성분이 말라리아 치료와 예방에 효과가 있다는 사실을 알아낸다. 영국은 안데스 산지에서 기나나무를 밀수하는 데 성공하고 그들의 식민지 인도에서 성공적으로 재배했다.

하지만 나무껍질에서 얻는 양은 턱없이 부족했다. 게다가 과도하게 껍질이 벗겨진 기나나무는 쉽게 죽었다. 이대로 포기할 영국이 아니었다. 말라리아 치료제를 직접 대량으로 만들 요량으로 왕실은 1845년 '왕립 화학 대학 Royal college of chemistry'이라는 학교를 런던에 세우게 된다. 독일인 화학자 빌헬름 폰 호프만 August Wilhelm von Hofmann을 초빙해 콜타르 Coal tar를 사용하여 말라리아를 치료하는 퀴닌 합성을 연구하게 되는데, 당시 학생 중 천재라 불렸던 18세의 윌리엄 헨리 퍼킨 William Henry Perkin이 조수로 채용된다.

1856년 8월의 어느 무더운 날, 윌리엄 헨리 퍼킨은 방학 동안 자기 집 다락방 실험실에서 퀴닌을 합성하려다 검은 찌꺼기만 만들었다. 대부분의 실험실 실패가 그렇듯, 이 시커먼 물질은 버려질 운명이었다. 하지만 퍼킨은 호기심에 이끌려 이 찌꺼기를 알코올로 씻어내려 했고, 놀랍게도 용액이 선명한 보라색으로 변했다. 당시 보라색은 귀한 색이었다. 티리안 퍼플이라는 천연염료는 지중해 달팽이 12,000마리에서 겨우 1그램을 얻을 수 있어 문자 그대로 '로열 퍼플'이라 불렸다. 퍼킨은 자신의 검은 실패작이 '황제의 색'을 민주화할 수 있음을 직감했다.

퍼킨의 '모브mauve'라 불린 이 합성 염료는 영국의 패션 산업을 휩쓸었고, 특히 빅토리아 여왕이 이 색을 입고 나타나자 폭발적인 인기를 끌었다. 이 젊은 화학자는 실패한 실험에서 거대한 상업적 성공을 거둔 것이다. 당시 사람들이 '모브 광기'라고 부른 현상은 오늘날 아이폰 출시 대기열과 비슷했을 것이다. 실패의 유산이 염료산업 탄생의 동력이 됐기 때문에 이 사건이 중요한 게 아니다. 오히려 말라리아 치료제는 발견조차 못하고 자본에 의해 치료제 연구는 뒷전으로 물러나지 않았는가. 사건의 핵심은 이 '실패'가 결국 현대 의약 산업의 토대를 세웠다는 것이다. 당신이 병원에 가서 진단을 받거나 약을 복용할 때마다, 그 실패의 유산을 만나게 된다.

퍼킨의 발견 이후, 합성 염료 산업이 폭발적으로 성장했다. 그러나 흥미롭게도 이 산업의 중심은 영국이 아닌 독일이 되었다. 바덴 아닐린 운트 소다 파브릭BASF, 바이엘BAYER, 회흐스트Höchst와 같은 독일 회사들이 설립되어 세계 염료 시장의 80%를 장악했다. 이들의 사업 모델은 오늘날의 실리콘밸리 스타트업처럼 혁신적이었다. 지금 당신이 패션 브랜드 매니저라고 상상해보자. 19세기 말, 한 독일 염료 회사의 세일즈맨이 당신에게 다가온다.

"색깔 차트를 보여드리겠습니다."

그는 수백 가지 색상이 있는 차트를 펼쳐 보인다. 당신이 원하는 정확한 색을 선택하면, 그 염료는 며칠 내로 배달된다. 오늘날 우리가 팬톤 컬러 차트에서 색상을 선택하는 것과 크게 다르지 않다. 아, 퍼킨은 대체 무엇을 만들어낸 걸까? 이 물질이 정확히 퀴닌은 아니었다. 솔직히 당시에는 어떤 분자인지 알 수도 없었다. 당시의 화학은 지금과 매우 달랐다. 과학의 한 분야라고 말할 수 없을 정도였다. 물론 18세기 프랑스의 라부아지에에 의해 실험적 원소 개념이 나오면서 주술적 성격의 연금술은 막을 내렸지만, 이 시기는 생성물을 원소 비율 정도로 분리하던 시기였지 지금처럼 분자적 화학구조가 있다는 것조차 몰랐을 때이다. 그러니까 퍼킨이 라부아지에의 방법으로 발견한 물질도 퀴닌과 원자 조성이나 원소 비율만 비슷했지 화학구조가 같지는 않았을 것이다. 한참 후에야 인류는 이 물질이 아닐린^{Aniline}인 것을 알게 된다.

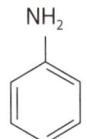

아닐린(Aniline)
벤젠의 수소 하나가 아민기 NH_2로 치환된 분자이며 화학식은 $C_6H_5NH_2$

분자 구조의 은밀한 대화

1878년 어느 겨울 오후, 독일의 젊은 의사 파울 에를리히^{Paul Ehrlich}는 베를린의 차리테 병원에서 현미경을 들여다보고 있었다. 그는 메틸렌 블루^{Methylene Blue}라는 염료로 조직 샘플을 염색하던 중, 이 염료가 특정 세포 구조에만 선택적으로 결합한다는 사실을 관찰했다. 염료로 박테리아를 연구하다가 세균을 죽이는 특정 염료가 있다는 것을 발견한 것이다. 이 단순한 관찰이 그의 마음속에 혁명적인 생각의 씨앗을 심었다. '특정 염료가 특정 세포 구조에만 결합한다면…' 에를리히는 자신의 연구 노트에 썼다. '특정 질병의 병원체에만 선택적으로 결합하는 화학 물질도 있지 않을까?' 이것이 바로 그의 유명한 '마법의 탄환Magic Bullet'이라는 개념이었다. 병원균만 선택적으로 표적으로 삼고 정상 조직은 해치지 않는 화학 물질을 찾는 것이다. 화학요법Chemotherapy 이라는 용어도 그가 처음 사용했다.

염료와 약물이 화학적으로 서로 관련되어 있다는 사실은 표면적으로는 놀라울 수 있다. 하나는 색을 만들고 다른 하나는 질병을 치료한다. 미시 세계인 분자 수준에서 보면, 이 둘은 깊은 유사성을 공유한다. 벤젠 고리와 같은 방향족 구조는 염료와 약물 모두에서 흔히 발견된다. 이런 복잡한 유기화합물은 빛과 상호작용하여 색을 만들어내는 동시에, 생물학적 시스템과 상호작용하여 치료 효과를 낼 수 있다. 이것은 단순한 우연이 아니라, 분자 구조와 기능 사이의 근본적인 관계를 반영한다. 염료와 약물은 같은 화학적 대화에 참여하고 있다. 다만 대화 상대가 다를 뿐이다. 염료는 빛과, 약물은 생명체와 대화한다.

1880년 무렵, 바이엘의 젊은 화학자 칼 두이스베르크Friedrich Carl Duisberg는 자신의 사무실에 앉아 회사의 미래에 대해 고민하고 있었다. 염료 시장은 포화 상태였고, 새로운 성장 동력이 필요했다. 두이스베르크는 경영진에게 대담한 제안을 했다. "우리가 염료를 만들기 위해 개발한 화학적 지식과 기술을 의약품 개발에 활용합시다."

이 제안은 바이엘이 아세틸살리실산(ASA)acetylsalicylic acid, 즉 아스피린Aspirin을 개발하는 결정적 계기가 되었다. 버드나무에서 살리실산을 추출해 쓰던 데서 벗어나 1899년 출시된 아스피린은 세계 최초의 합성 의약품 중 하나가 되었고, 바이엘을 아닐린을 만들던 염료 회사에서 제약 회사로 전환시키는 시발점이 되었다. 바이엘의 초기 실험실 노트는 이 이행 과정의 흥미로운 내용이 있었을 것이다. 한 페이지에는 염료 합성에 관한 기록이 있고, 다른 페이지에는 아스피린 합성에 관한 메모가 있을 것이다. 같은 실험실, 같은 도구, 같은 기술, 동일한 화학자들이었다. 단지 그들의 목적만 달라졌을 뿐이다.

바이엘과 같은 회사들은 산업 규모의 연구개발, 특허 전략, 국제적 마케팅, 그리고 대학과의 협력을 통한 인재 영입 등 현대 제약회사의 모든 특징을 선보였다. 그들은 화학 연구소를 대학교 근처에 지었고, 유망한 젊은 화학자들을 스카우트했다. 바이엘은 1897년에 이미 연구원 실험실 책상을 위한 디자인 특허를 가지고 있었을 정도로 연구에 투자했다.

흥미로운 점은 이 회사들이 곧 깨달은 사실인데, 염료를 만드는 화학은 약을 만드는 화학과 놀랍도록 유사하다는 것이다. 둘 다 복잡한 유기화합물을 다루고, 분자 구조의 미세한 변화가 극적인 효과를 만들어낸다. 이 염료 회사들의 화학자들은 아이러니하게도 퍼킨이 처음에 추구했던 약물을 만드는 목표를 실현하기 시작했다. 합성 염료와 합성 약물은 화학적으로 매우 밀접한 사촌이었다.

염료에서 항생제로

1932년 말, I.G. 파르벤(독일 회사들이 합병된 기업)의 화학자 게르하르트 도마크Gerhard Johannes Paul Domagk는 연구실에서 늦게까지 실험을 진행하고 있었다. 그는 아조AZO염료 연구 중에 프론토질Prontosil이라는 물질을 합성했고, 이것이 연쇄상구균에 효과가 있는지 테스트하고 있었다. 쥐 실험에서 도마크는 놀라운 결과를 발견했다. 감염을 억제하는 효과가 있었던 것이다. 1935년 그는 딸이 패혈증에 걸리자 프론토질로 치료했다. 프론토질은 실제로 박테리아를 억제하고 있었다. 이후 연구에서 프론토질이 몸 안에서 설파닐아마이드Sulfanilamide로 변환된다는 사실이 밝혀졌고, 이것은 실제 항균 작용을 하는 화합물이었다. 설파닐아마이드 항생제의 발견은 현대 항생제 시대의 시작을 알렸다. 도마크는 이 발견으로 1939년 노벨생리의학상을 수상했다. 하지만 당시 나치 독일의 금지령으로 수상을 거부당하고 1947년에 뒤늦게 메달을 받았다. 만약, 수상연설이 있었다면 그는 이렇게 말했을 것이다. "우리의 목적은 박테리아를 염색하려는 것이었습니다. 그것들을 죽이게 될 줄은 전혀 몰랐지요. 때때로 과학은 우리가 찾던 것이 아닌, 우리 앞에 나타나는 것을 발견하는 능력에 달려 있습니다." 설파닐아마이드 항생제는 제2차 세계대전 중 수많은 생명을 구했으며, 알렉산더 플레밍의 페니실린보다 먼저 대량생산된 최초의 항생제였다. 그것은 모두 염료 연구의 직접적인 결과였다.

진단의 혁명

1882년, 베를린의 한 강당에 모인 의사들은 로베르트 코흐Heinrich Hermann Robert Koch의 발표에 경악했다. 코흐는 결핵균Mycobacterium tuberculosis을 발견했다고 주장했는데, 이는 당시 '백색 역병'으로 알려진 질병의 원인에 대한 최초의 구체적 증거였다. 그가 이런 발견을 할 수 있었던 비결은 무엇이었을까? 바로 메틸렌 블루라는 염료였다. 코흐는 이 염료를 알칼리 용액에 녹여 조직 샘플을 염색함으로써 이전에는 보이지 않았던 박테리아를 식별할 수 있었다. 이 업적으로 그는 1905년 노벨생리의학상을 수상했다. 결핵균 방법을 공개했던 3월 24일은 오늘날 '세계 결핵의 날'로 기념된다. 현대 병리학에서는 그람 염색Gram Staining 법이 130년이 넘도록 세균을 그람 양성균과 그람 음성균으로 분류하는 데 사용되고 있다. 이 방법은 덴마크의 과학자 한스 크리스티안 그람Hans Christian Joachim Gram이 개발한 것으로, 그람 양성균은 크리스탈 바이올렛Crystal Violet으로 푸르게 염색되고, 그람 음성균은 샤프라닌Safranin으로 붉게 염색된다. 세포벽의 구성 성분 조성 차이 때문이다. 헤마톡실린과 에오신(H&E) 염색은 거의 모든 조직 생검에서 표준이 되었다. 헤마톡실린은 염기성 염료로 세포핵을 푸른색으로, 에오신은 산성 염료로 세포질을 분홍색으로 염색한다. 이 간단한 색상 대비가 의사들에게 조직의 구조와 이상을 식별할 수 있는 능력을 제공한다.

형광 염료의 발전은 현대 세포 및 분자 생물학 연구에 혁명을 가져왔다. 2008년 노벨화학상은 녹색 형광 단백질(GFP)Green Fluorescent Protein의 발견과 개발에 주어졌다. 이 단백질은 본질적으로 자연에서 발견된 형광 염료로, 오늘날 세포 내 과정을 시각화하는 데 필수적인 도구가 되었다. GFP를 발견한 노벨상 수상자 마틴 챌피Martin Chalfie는 이렇게 말했다. "GFP가 생명과학 연구를 근본적으로 바꿨다." 형광 염료 없이는 현대 생물학의 많은 발견들이 어두운 모래 속에 묻힌 바늘처럼 불가능했을 것이다.

이미징의 진화

CT, MRI, PET 스캔과 같은 현대 이미징 기술은 조영제에 크게 의존한다. 이러한 조영제는 본질적으로 기능성 염료로, 몸의 특정 부분을 강조해서 보여준다. MRI에서 사용되는 가돌리늄 기반 조영제는 자기장에 반응하여 특정 조직, 특히 종양과 염증 부위를 더 밝게 보이게 한다. 또한 PET 스캔에서는 암세포가 포도당을 더 많이 소비한다는 사실을 이용해 방사성 표지된 포도당 유사체가 종양을 식별한다.

근적외선 형광 염료를 사용해 뇌종양 수술 중 암세포를 정확히 식별할 수도 있다. 특수 형광 물질인 5-ALA는 종양 조직에 선택적으로 축적되어 붉은색 형광을 발현하며, 정상 조직은 푸른색으로 보인다. 외과의사가 실시간으로 종양경계를 색으로 확인할 수 있어 종양의 완전 절제 및 선택적 절제가 가능해졌다. 이 기술이 없었다면, 우리는 여전히 눈에 보이는 것에 의존해 수술을 할 수밖에 없었을 것이다. 문제는 대부분의 뇌종양이 정상 조직과 육안으로는 구별하기 어렵다는 점이다. 이 형광 염료는 외과의사에게 추가적인 눈을 제공하는 셈이다.

미래 스마트 염료와 표적 약물 전달

더 이상 염료는 단순히 물건을 물들이는 데 그치지 않는다. 현대 의약학에서 염료는 약물 전달 시스템의 핵심 요소가 되고 있다. 나노입자에 결합된 형광 염료는 약물 분자가 몸 안에서 어디로 가는지 추적할 수 있게 하고, 이를 통해 연구자들은 약물 전달을 최적화하고, 부작용을 줄이며, 효능을 높일 수 있다.

pH 민감성 나노기술은 암 치료 분야에서 활발히 연구되고 있는 주제이다. 이는 종양의 미세환경이 정상 조직보다 더 산성이라는 점을 활용한 아이디어다. 이 염료는 종양의 산성 환경에서만 활성화되는데, 이 기술을 이용하여 암 치료제를 정확히 종양 부위에서만 방출한다. 이것은 마치 ZIP 코드가 있는 우편 시스템과 같다. 약물은 '종양 있음'이라는 주소를 가진 곳에만 배달된다. 그리고 염료가 그 주소로 배달하는 역할을 한다. 이러한 기술은 치료제를 정확히 표적화하고 부작용을 줄이는 데 유용하다.

생체센서로서의 염료

더 이상 손가락을 찌를 필요 없이, 그냥 타투를 보는 것만으로 혈당 수준을 알 수 있게 된다면 어떨까? 문신이 빨간색으로 변하면 혈당이 높다는 신호일 수 있고, 파란색은 정상 범위를 알려준다. 아마도 당뇨병 환자의 삶을 완전히 바꿀 수 있을 것이다. MIT와 하버드대 연구진은 화학 성분(예: 혈당, pH 등)에 반응해 색이 변하는 스마트 타투 염료를 개발중이다. 이 기술이 상용화되면 당뇨병 환자들이 피를 뽑지 않고도 혈당 수준을 모니터링할 수 있게 될 것이다. 비슷한 원리로, 많은 분야에서 특정 바이오마커에 반응하는 형광 염료를 개발하고 있다. 이 염료들은 암이나 심장병 같은 질병의 초기 징후를 감지하는 생체센서로 사용될 수 있다.

최근 염료와 약물 개발의 가장 흥미로운 융합은 '테라노스틱스 Theranostics' 분야에서 일어나고 있다. 이 접근법은 진단 Diagnostic 과 치료 Therapeutic 를 결합한 것으로, 한 분자가 두 가지 기능을 모두 수행하는 정밀의료 접근법이다. 또한 염료의 가장 혁신적인 의학적 응용 중 하나는 광역동 치료Photodynamic Therapy다. 이 치료법에서는 광감작제(빛에 반응하는 염료)를 환자에게 투여한다. 이 물질은 암세포에 선택적으로 축적되고, 특정 파장의 빛으로 활성화시키면, 염료가 활성산소Singlet Oxygen를 생성해 주변 암세포를 파괴한다.

토마스 도허티Thomas Dougherty 박사는 1975년 뉴욕의 로즈웰 파크 암연구소에서 일하던 중 헤마토포르피린이라는 염료가 빛에 노출되면 암세포를 죽일 수 있다는 것을 발견했다. 이 발견은 최초의 FDA 승인 광역동 치료제인 포토프린Photofrin으로 이어졌다. 오늘날 PDT는 이미 특정 피부암, 식도암, 폐암 치료에 효과적으로 사용되고 있다. 일부 종양에서는 90% 이상의 완치율을 보이며, 화학요법보다 부작용이 적고 반복 가능하다는 장점이 있다. 인도시아닌 그린ICG이라는 근적외선 형광 염료는 종양을 시각화할 수 있을 뿐만 아니라, 특정 파장의 빛으로 활성화되면 열을 발생시켜 암세포를 파괴할 수도 있다. 이런 이중 기능 분자는 미래 정밀 의학의 핵심이 될 것이다. 테라노스틱스의 아름다움은 보고 치료하는 단순한 원칙에 있다.

세렌디피티가 불러온 염료의 역사

염료와 약물의 깊은 연결은 단순한 역사적 우연이 아니다. 그것은 분자 구조, 화학적 특성, 생물학적 상호작용의 근본적 유사성에 뿌리를 두고 있다. 오늘날 의약학의 많은 도구와 기술은 염료 연구에 직접적인 빚을 지고 있다.

19세기의 젊은 화학도가 퀴닌Quinine 대신 모브Mauveine를 발견했을 때, 그는 단지 염료를 만든 것이 아니었다. 그는 보이지 않는 것을 보이게 하고, 만질 수 없는 것을 만질 수 있게 하며, 치료할 수 없었던 것을 치료할 수 있게 하는 과학의 새로운 장을 열었던 것이다. 루이 파스퇴르가 말했듯이 "우연은 준비된 마음만 돕는다." 퍼킨은 단지 행운이 좋았던 것이 아니라, 자신이 본 것의 중요성을 인식할 만큼 충분히 훈련되어 있었다.

또한 이 이야기는 순수 과학과 응용 과학 사이의 경계가 얼마나 모호한지 보여준다. 퍼킨은 말라리아 치료제(순수 과학)를 만들려다 염료(응용 과학)를 발견했고, 결국 그 염료 연구는 다시 의약품(순수 과학의 응용)으로 이어졌다. 시장이 과학적 발견을 추진하고, 과학적 발견이 새로운 시장을 창출하는 끊임없는 순환이다. 무엇보다, 염료의 역사는 인간의 미적 욕구가 어떻게 과학적 혁신으로 이어지는지 보여준다. 사람들이 아름다운 보라색 옷을 입고 싶어했기 때문에, 우리는 결국 항생제와 현대 약리학을 얻게 되었다. 이것이 바로 응용 과학의 아름다움이다. 때로는 가장 실용적인 발견이 가장 비실용적인 욕망에서 비롯된다. 형형색색의 옷을 입거나, 병원에서 MRI 촬영을 하거나, 처방약을 복용할 때는 잠시 멈춰서 생각해보자. 당신의 삶에 이토록 깊숙이 관여하는 모든 것들이 한 젊은이의 '실패한' 실험과, 세상을 조금 더 화려하게 만들려는 끊임없는 욕망에서 시작되었다는 사실을.

다시 처음으로 돌아가 석가의 이야기를 들여다보자. 이것이 색이 우리에게 말하지 않는 이야기이다. 색깔들은 우리의 세계를 밝게 물들이며, 조용히 변하지 않는 모습으로 우리의 삶을 지키고 있다. 이 이야기를 알아내는 것이 과학이다. 아이러니하게도 종교의 언어가 과학의 언어와 일치하는 순간이다. 어쩌면 석가모니가 공(空)이라는 개념을 통해서 가리키고자 한 무엇은 '존재하지 않는 것(Nothing)'이 아니라 '아직 어떤 것이 되지 않은 잠재적 상태(Nothing)'일지도 모르겠다. 이는 양자역학의 확률적 존재와 일치하는 부분이다. 양자역학에서 알아낸 물질은 파동성과 입자라는 이중적 성질을 지닌다. 측정되기 전에는 확률적으로 존재하며 파동성을 지닌다. 우리가 관찰하면 나타나 보이는 입자를 색(色)이라 부른다면 '색의 실체가 공이다'라고 말할 수 있겠다. 즉, 색즉시공(色卽是空)이다. 그러니 공은 세상의 본성을 가리키는 말이 된다.

우리가 공(空)의 본질을 측정하지 않고는 확정할 수 없는 것처럼 질병 또한 미시 세계에서 잠재를 가지고 있다. 질병은 특정한 이유가 반드시 있어서가 아니라 확률적으로 발생하는 경우가 더 많다. 암세포는 끊임없이 우리 몸에서 발현한다. 유전자는 다양한 이유로 손상되고 오류를 복제해 암세포를 만든다. 때로는 자멸하는 암세포도 있겠지만, 진화론적으로는 무한 증식하는 암세포가 살아남는다. 사실 암세포가 있다고 해도 반드시 암이란 질병에 걸리는 것은 아니다. 우리 몸은 면역이 작동을 하기 때문이다. 모든 것들이 분자 수준에서 복잡하게 벌어지고 잠재적 상태에 놓이게 된다. 과학을 기반으로 한 의학은 이 공의 세계를 확정하려고 노력해 왔다. 과학자들이 발견한 실마리는 다른 게 아니라 '관찰'과 '측정'이다. 측정하는 순간 모든 것들이 색, 즉 우리가 이해하는 세상의 한 조각으로 남는다. 잠재에 머물던 공이 측정과 함께 '것'인 색이 된다는 말이다. 즉, 공즉시색(空卽是色)이다.

Chapter 2.
손바닥 위의 죽음

관찰 Observation-
과학은 관찰과 측정의 학문이다.
정밀해질수록 많은 것들을 알게 된다.

1. 뢴트겐을 찍다

공항 수하물 검색대를 지나본 적이 있는가? 벨트 위를 흘러가는 가방의 내부가 모니터에 훤히 드러나는 그 기묘한 장면 말이다. 날카로운 눈빛의 보안요원들이 당신의 속옷 사이에 숨겨둔 치약 튜브를 찾아낼 때면, 특별히 잘못한 것 없이도 이상하게 긴장된다. 9.11 테러 이후 항공 보안은 더 까다로워져 이제 대부분의 여행 가방은 TSA 자물쇠가 달려 있다. 이 자물쇠는 일종의 합법적 열쇠공 초대장이다. "언제든 열어보세요, 괜찮아요." 미국은 이런 식으로 당신에게 소소한 무력감을 선사한다. TSA 자물쇠 없는 가방은? 글쎄, 파편으로 남길 각오가 되었다면 괜찮을 것이다. 하지만 질병을 다루는 의학계에선 이야기가 완전히 달라진다.

피부에 덮인 인체 내부는 고대 이집트 미라처럼 단단히 봉인된 미스터리였다. 해부학의 아버지 베살리우스Andreas Vesalius조차 장기 내부를 보려면 메스를 들어야 했다. 살아 있는 환자의 몸속을 들여다보는 것은 중세 마법사에게 부탁해야 가능할 법한 일이었다. 중세 의사들은 별자리를 보고 진단을 내리거나, 환자의 체액 균형이 깨졌다고 치료하곤 했다. 그런 상황에서 환자 내부를 실제로 볼 수 있는 기술은 의학의 성배聖杯나 다름없었다.

이 불가능한 꿈이 현실이 된 것은 아주 우연히–'세렌디피티'라는 행운의 사건으로–시작됐다. 주인공은 독일의 물리학자 빌헬름 콘라트 뢴트겐Wilhelm Conrad Röntgen이다. 우리는 X선, Xray라는 명칭을 주로 쓰지만 일본에서는 지금도 '뢴트겐을 찍는다(レントゲンを撮る)'고 말한다. 뢴트겐이라는 용어는 많은 국가에서 방사선 진단의 고유명사로 사용한다. 그러니까 X선의 원조인 셈이다. 원조는 이상하리만큼 인간 사회에서 중요하게 다뤄진다. 특정 국가 혹은 지역에서 토속 음식을 두고 상점마다 원조 다툼을 하는 것처럼, 과학계라고 해서 별반 다르지 않다. 과학에서는 원조보다 기원Origin이라는 용어를 선호한다. 그 기원의 영향력이 파괴적으로 인류 사회에 긍정적인 경우 따르는 대가가 만만찮다. 물론 그들의 희망은 모든 인류의 평화A Piece of All mankind를 두고 있지만, 과학자도 사람인지라 자신의 연구 분야에서 기원이 되고자 하는 마음을 들키지 않으려 깊이 감춰놓는다. 정상에 깃발을 꽂기 위해 다들 매년 엄청난 양의 논문을 쏟아낸다. 그 정상에 선 이들의 이름이 매년 북반구의 겨울이 지나는 10월 전 세계에 알려진다. 뢴트겐 역시 이 반열에 선다. 1895년에 X선을 발견한 그는 1901년 최초의 노벨물리학상을 받는다. 그동안 물리학상을 받을 만한 인물이 없었다는 의미가 아니고, 노벨상 자체가 그 해에 시작됐기 때문이다.

뢴트겐의 삶은 그 자체로 흥미진진한 모험이었다. 학창시절 그는 교사의 모욕적 캐리커처 사건에 휘말리며 학교에서 퇴학을 당해 정규 대학 입학자격을 얻지 못했다. 이런 '전과' 기록이 있는 학생이 나중에 노벨상을 타다니, 오늘날 대입 전형 담당자들에게는 충격적인 이야기일 것이다. 1895년 11월의 어느 저녁, 뢴트겐은 자신의 실험실에서 '음극선'이라는, 당시 많은 관심을 받던 물리 현상을 연구하고 있었다. 음극선 구조는 간단하다. 진공 유리관 속에서 두 전극에 높은 전압을 걸면, 음극에서 전자들이 튀어나와 양극으로 달려간다. 마치 빈티지 브라운관 TV의 전자총과 같은 원리다. 당시 과학계에서는 전자의 존재가 아직 완벽하게 확립되지 않았고, 음극선의 정체에 대해서도 영국과 독일 과학자들 사이에 치열한 논쟁이 벌어지고 있었다. 이 논쟁 속에서 뢴트겐은 자신만의 방식으로 음극선을 연구하고 있었다.

실험 중 뢴트겐은 유리관 근처 책상 위에 놓인 감광 스크린(백금 사이안화바륨(barium platino cyanide), $[BaPt(CN)_4]$이 코팅된 마분지였다)에서 희미한 형광빛이 반짝이는 것을 발견했다. 음극선이 그 형광을 일으킬 리 없었다. 음극선은 공기 중에서 몇 센티미터도 가지 못하는 연약한 입자들이다. 먼지 한 톨에도 붙잡히는 전자들이 감광판까지 날아갈 리 만무했다. 다른 과학자들이라면 이 현상을 실험 기구의 오작동으로 치부했겠지만 뢴트겐은 달랐다. 그는 즉시 음극선관을 두꺼운 검은 종이로 감싸 빛이 새어나가지 않도록 했다. 그럼에도 감광판은 여전히 빛났다. 그는 실험실 불을 모두 끄고, 음극선관을 더 멀리 옮겨보고, 다양한 물체를 감광판 앞에 놓아보았다. 7주 동안 거의 실험실을 떠나지 않고 이 현상을 연구했다. 뢴트겐은 이 현상이 미지의 복사선 때문이라고 추측했다. 그래서 이름을 'X선'이라 붙였다. 이 알 수 없는 빛은 일반 빛과 달리 반사도, 굴절도 하지 않았다. 자기장에도 무반응이었다. 마치 고집불통 십대처럼 오직 직진만 했다.

손바닥 위의 죽음

이 미지의 광선은 더 놀라운 능력을 보여주었다. 뢴트겐이 감광판 앞에 책을 놓았을 때, X선은 책을 뚫고 지나가 안에 끼워둔 열쇠의 형상을 남겼다. 완벽한 고스트 라이터 Ghost Lighter였다. 보통 빛으로는 불투명한 나무, 종이, 고무 등은 X선에 투명하게 보였고, 금속과 뼈는 불투명하게 나타났다. 뢴트겐은 곧 자신의 아내 안나 베르타의 손에 이 광선을 쐬었다. 결과물은 세계 최초의 의료용 X선 사진이자, 역사상 가장 기묘한 결혼 기념 선물이 되었다. 그 이미지는 당시 전 세계를 경악시켰다. 손뼈의 뚜렷한 윤곽과 그녀가 끼고 있던 결혼 반지까지 모두 선명하게 보였다. 마치 살아있는 해골의 손을 보는 듯했다. 안나가 자신의 손뼈 사진을 보았을 때 내뱉은 말은 꽤 유명하다. "내 죽음을 본 것 같아요." 이는 단순한 충격의 표현이 아니라, 인간이 처음으로 자신의 몸 내부를 본 순간에 대한 철학적 성찰이었다. 뢴트겐 자신도 이 발견에 놀라 "내가 미쳤나?"라고 생각했다고 나중에 고백했다.

뢴트겐의 발견은 1896년 1월 5일, 오스트리아 비엔나의 신문 Die Presse에 "센세이셔널한 발견"이라는 제목으로 공개되었다. 이 기사는 며칠 만에 전 세계 신문의 헤드라인을 장식했다. 이는 아마도 역사상 가장 빠르게 대중화된 과학적 발견일 것이다. 당시 신문들은 '새로운 빛의 종류 발견!', '인간 내부를 들여다보는 기적의 광선!', '보이지 않는 것을 보는 마법의 빛!'과 같은 선정적인 제목을 달았다. X선 사진은 대중적 상상력을 자극했다. 유럽과 미국 전역에서

X선 촬영은 인기 있는 오락 활동이 되었고, X선 파티까지 열렸다. 백화점에서는 자신의 뼈를 볼 수 있는 X선 부스를 설치했다. 당시 사람들은 X선의 위험성을 전혀 알지 못했기 때문에 가능한 일이었다. 여성 속옷 제조업체들은 'X선 증명 코르셋'이라는 새로운 상품을 내놓았고, 결혼반지를 판매하는 업체들은 'X선에도 보이는 최고급 금반지'를 광고했다. 또한 'X선 방지 속옷'도 등장했는데, 이는 타인의 X선 시선으로부터 자신의 신체를 보호한다고 주장했다. 물론 모두 사이비 과학이었지만, X선이 당시 대중문화에 얼마나 깊이 침투했는지 보여준다.

과학사에서 '닫힌 마음'의 위험성

과학사에는 위대한 발견 못지않게 위대한 실패도 있다. 영국의 물리학자 윌리엄 크룩스William Crookes가 바로 그 주인공이다. 그는 음극선 실험에 사용한 유리관의 이름이 그의 이름을 따 '크룩스관'이라 불리게 된 유명인사였다. 1870년대, 크룩스는 음극선 실험실 서랍에 있던 사진 건판들이 자꾸 흐려지는 현상을 발견했다. 현대 과학자라면 즉시 "이건 뭔가 있다!"라고 흥분했겠지만, 크룩스는 또 감광판이 망가졌다며 그저 신경질을 냈다. 그는 역사의 문을 두드리는 소리를 들었지만, 문을 열기는커녕 "시끄러워!"라며 소리를 질렀다. 운명은 때로 종이 한 장 차이다. 크룩스의 경우, 그 종이는 X선에 의해 흐려진 사진 건판이었다. 크룩스의 실패는 과학사에서 닫힌 마음의 위험성을 보여주는 교훈적 사례가 되었다. 예상치 못한 현상, 실험의 실패, 기계의 오작동 속에 가장 위대한 발견이 숨어 있을 수 있다. 알렉산더 플레밍이 오염된 배양접시에서 페니실린을 발견한 것처럼, 과학적 발견은 종종 계획된 실험이 아닌 우연한 관찰에서 시작된다.

X선 발견 초기에는 그 위험성이 알려지지 않았다. 토머스 에디슨의 조수였던 클래런스 달리Clarence Dally는 X선 형광 투시경 기술을 개발하는 과정에서 지속적으로 방사선에 노출되었다. 그 결과 심각한 방사선 화상을 입었고, 결국 양손을 절단해야 했으며 1904년에 사망했다. 그는 X선의 첫 번째 '순교자'로 기록되었다. 초기 X선 기술자들과 방사선 의사들은 종종 방사선 피부염, 암, 백혈병 등의 질병에 시달렸다. 1920년대가 되어서야 방사선 방호의 중요성이 인식되기 시작했고, 납 앞치마, 장갑, 방호벽 등이 표준 장비가 되었다. 오늘날 우리가 치과에서 X선 촬영 시 납 앞치마를 입는 이유가 바로 이것이다. 물론 지켜지지 않는 경우가 대다수이긴 하지만.

공유의 가치

X선의 발견은 곧바로 상업적 가치를 인정받았다. 놀라운 사실은 뢴트겐이 이 발견에 대한 어떤 특허도 신청하지 않았다는 점이다. 그는 "이것은 인류의 것이다."라며 X선의 모든 상업적 권리를 포기했다. 다이너마이트를 발명하고 그 수익으로 노벨상을 제정한 알프레드 노벨과는 다른 길을 선택한 것이다. 뢴트겐이 특허를 신청했다면, 빌 게이츠보다 부유해졌을지도 모른다.

그 당시는 토머스 에디슨, 니콜라 테슬라, 그레이엄 벨과 같은 발명가들이 특허권을 두고 치열하게 경쟁하던 시대였다. 에디슨 혼자만 해도 1,093개의 특허를 보유했다. 이런 시대에 뢴트겐은 자신의 발견에 대한 상업적 이득을 포기하고, 오직 과학적 명성만을 취했다. 사실 위트레흐트의 기술학교에서 퇴학을 당한 이유도 실제로는 다른 학생이 그림을 그렸지만, 뢴트겐은 그 학생의 이름을 밝히지 않았고, 이로 인해 책임을 지게 된 것이다. 그의 성품을 짐작할 수 있다. 특허에 대한 자세는 우리 역시 생각해볼 만하다. 특허 제도의 목적은 발명자의 재산 증식이 아니다. 오히려 공익적이다. 발명의 구체적인 내용을 모두에게 공개해서, 모두가 그 기술을 알고 그 토대로 새로운 기술을 만들 수 있게 해주는 지식의 공유가 목적이다. 그래서 특허 제도에서 가장 중요한 건 특허의 공개이고, 공개되는 특허 공보는 그 업계의 통상적인 수준의 기술자라면 누구나 보고 이해하고 따라할 수 있어야 할 정도로 상세해야 한다. 그렇게 자신의 기술을 공개하는 대가로 20년의 특허 독점을 인정받는 것이다.

그의 결정은 즉각적인 결과를 가져왔다. X선 기술은 특허의 제약 없이 전 세계로 빠르게 퍼졌고, 불과 몇 개월 만에 유럽과 미국의 여러 병원에서 X선 검사가 시행되기 시작했다. 1896년 4월, 보스턴에서는 X선을 이용해 환자의 골절을 진단하고 뼛조각의 위치를 정확히 파악하여 성공적인 수술을 진행했다. 이는 X선이 발견된 지 불과 6개월 만의 일이었다.

오늘날 우리는 공항 검색대에서 짐 가방 속을 훤히 들여다보는 X선의 시선에 익숙해졌다. 병원에서는 X선 촬영이 일상적인 검사가 되었고, 치과에서도 매년 우리 치아를 X선으로 검사한다. 먹는 방식, 여행하는 방식, 질병을 진단하는 방식까지 X선은 현대 생활의 기초를 형성했다. X선 기술은 시간이 지남에 따라 발전했다. 1970년대에는 컴퓨터 단층촬영이 개발되어 X선을 사용한 3D 이

미지가 가능해졌다. 오늘날 우리는 X선을 통해 폐 속의 작은 종양, 뼈의 미세한 균열, 치아 속의 충치까지 볼 수 있다. 또한 예술품 분석, 재료 검사, 우주 천체 연구 등 의학 외 분야에서도 광범위하게 활용된다. 뢴트겐의 발견으로 시작된 현대 물리학의 혁명은 곧 퀴리 부부의 방사능 연구와 아인슈타인의 상대성이론으로 이어졌다. 단순한 호기심으로 시작된 실험이 인류 역사의 흐름을 바꿔놓은 것이다.

과학의 역사는 우연과 호기심의 역사다. 뢴트겐이 그 희미한 형광을 무시했다면, 또는 크룩스처럼 단지 짜증만 냈다면, 우리는 얼마나 더 오랫동안 인체의 내부를 보지 못했을까? 과학에서 의심과 호기심은 지식의 문을 여는 열쇠다. 그리고 때로는 TSA 자물쇠처럼, 누군가 그 열쇠로 인류 발전의 새로운 문을 열어젖힌다.

2. 과학자들의 멋진 연대기

1997년 새롭게 장만한 신혼집에 식기세척기를 들였다. 당시만 해도 한국에서는 보기 드문 가전제품이었다. 주변에서는 사치품이라며 혀를 찼지만, 나는 기술의 진보가 일상을 바꾸는 순간을 항상 목격하고 싶었다. 과학과 기술이 만나 새로운 세상을 창조하는 순간, 그 경계에 서 있는 얼리어답터의 설렘이란! 지금 생각해보면 그 식기세척기가 내게 알려준 것은 단순한 편리함이 아니라, 인간의 호기심과 발명이 만나 역사를 바꾸는 과학의 매혹적인 이야기였다. 당시 식기세척기를 생산한 회사는 지멘스였다. 병원에서 X선 검사를 받은 적이 있다면, 그 기계에 새겨진 'SIEMENS'라는 로고를 보았을 것이다. 지멘스는 의료영상 분야에서 한번도 왕좌를 내어준 적 없는 무적함대 같은 기업이다.

19세기 후반 산업혁명과 함께 태어난 기업들이 그러하듯, 지멘스 역시 창업자의 이름을 물려받았다. 에른스트 베르너 폰 지멘스 Ernst Werner von Siemens 와 그의 동생이 설립한 이 회사는 오늘날 유럽 최대 기술 기업으로 우뚝 서 있다. 전기에 관한 한 당대 최고의 식견을 가졌던 지멘스는 독일 최초로 장거리 전선을 설치한 인물이기도 했다. 과학계에서는 그의 이름이 '전기 전도도 Electrical Conductance' 즉 전기가 얼마나 잘 흐르게 하는지를 측정하는 물리량으로 남아 있다. 전기를 방해하는 저항 Electrical Resistance, 옴(Ω)은 대부분의 사람들에게 익숙한 개념이다. 전기 전도도는 저항의 반대 개념으로, 원래는 뒤집힌 오메가 기호(℧)로 표기했지만, 지금은 국제단위계의 표준화에 따라 S(지멘스)로 표기한다. 바로 그가 이 단위의 주인공이다. 만약 당신이 전기로 작동하는 어떤 기기를 사용하고 있다면, 그 내부에는 지멘스라는 물리량이 숨쉬고 있는 셈이다. 전자레인지에서 토스터기, 스마트폰에 이르기까지 우리 일상은 지멘스의 유산으로 가득하다.

눈 밝은 기업인 지멘스는 X선이 발견된 직후, 이를 의료 영상장비로 상용화하는 데 성공했다. 그리고 이 혁신적 기술은 의학의 세계를 완전히 뒤바꾸어 놓았다. 의사들은 피부를 절개하지 않고도 인체 내부를 들여다볼 수 있게 되었다. 이는 마치 수세기 동안 닫혀 있던 방의 문이 갑자기 열린 것과 같았다. 이 과학 기술의 발견과 응용이 어떻게 시작되었는지 살펴보려면, 우리는 시간을 거슬러 프랑스 혁명으로 돌아가야 한다.

19세기까지 이어진 프랑스 혁명, 특히 빅토르 위고의 『레 미제라블』이 담아낸 6월 혁명 이후 사회변혁의 가장 큰 수혜자는 다름 아닌 유대인들이었다. 프랑스 혁명의 핵심 가치인 자유, 평등, 박애는 수세기 동안 굳어온 사회의 수직적 계급을 무너뜨렸다. 이 변화는 계산에 밝고 상권과 자본, 금융을 움켜쥐고 있던 유대인들에게 해방의 문을 활짝 열어주었다. 중세 내내 '그리스도의 살해자'라는 누명을 쓰고 게토에 갇혀 살던 그들이 마침내 사회의 전면에 등장할 수 있게 된 것이다. 산업혁명으로 비대해진 제국주의를 유지하는 데 자본은 필수 연료였고, 자연스럽게 부유한 유대인들이 사회의 중심으로 진입하게 됐다. 월스트리트의 대표적 투자은행 골드만 삭스가 1869년에 유대인 마커스 골드만^{Marcus Goldman}과 사무엘 삭스^{Samuel Sachs}에 의해 설립된 것도 이러한 시대적 흐름의 일부였다. 돈의 흐름이 변하자, 학문과 과학의 판도도 바뀌기 시작했다. 학문은 사람만 갈아 넣는다고 완성되지 않는다. 특히 과학은 돈이 들고 이는 미래에 대한 투자이다.

당시 유대인 부호 중 하나였던 하인리히 구스타프 마그누스^{Heinrich Gustav Magnus}는 물리학의 불꽃을 세상에 퍼뜨리고 싶어했다. 그는 위대한 수학자이자 천문학자 라그랑주^{Joseph-Louis Lagrange}가 베를린 아카데미 시절 거주했던 건물을 구입해 물리 실험실로 변모시켰다. 라그랑주는 우주천문학에서 지금도 사용하는 라그랑주점*을 발견한 인물이다. 이 점들은 마치 우주의 안정된 주차장 같은 곳으로, 오늘날 제임스웹 우주 망원경과 같은 첨단 관측 장비들이 자리 잡는 위치이기도 하다.

당시에는 과학 실험이 매우 제한적이고 한쪽 귀퉁이로 밀려난 시절이었다. 대부분의 대학에서조차 물리학 실험은 이론적 논의에 그칠 뿐, 실제 장비를 갖추고 체계적으로 진행되는 경우는 드물었다. 마그누스는 자신의 넉넉한 자본을 투자해 학자들이 물리학

---

* 칭동점이라고도 불린다. 공전하는 두 개의 천체 사이에서 중력과 위성의 원심력이 상쇄되어 실질적으로 중력의 영향을 받지 않게 되는 평형점.

을 연구하고 실험할 수 있는 환경을 조성했다. 그의 저택은 얼마 지나지 않아 19세기 과학계의 살롱Salon이 되었다. 곧 물리학에 목마른 이들이 이곳으로 모여들기 시작했고, 이 자리는 독일물리학회가 최초로 개최된 역사적 장소가 됐다. 이 물리학회에 합류한 인물 중에는 헬름홀츠도 있었다. 그는 원래 군의관이었다. 물리학을 공부하고 싶었지만 가난한 집안 형편 때문에 군대로 들어간 것이다. 당시에는 군의관 조건으로 의대에 진학하면 정부에서 학비를 지원해주는 제도가 있었다. 오늘날의 전액 장학금과 같은 혜택이었지만, 긴 군 복무 기간이라는 대가를 치뤄야 했다. 마그누스의 실험실을 알게 된 그는 1843년에 합류했다. 헬름홀츠는 해부학적 지식과 물리학적 통찰력을 결합하여 에너지 보존 법칙을 정립하는 데 기여했다. 그는 19세기 후반 과학계의 거인 켈빈 경William Thomson과 함께 에너지 보존 법칙을 발표하고, 전자기학으로 연구 영역을 확대해 나갔다. 또한 시각과 청각의 생리학적 메커니즘을 연구하여 오늘날 안과학과 이비인후과학의 기초를 마련했다. 그의 제자들 역시 물리학계의 전설이 됐는데, 헤르츠Heinrich Rudolf Hertz와 마이컬슨Albert Abraham Michelson이 바로 그들이다.

헤르츠는 전자기파의 존재를 실험적으로 증명하여 라디오와 텔레비전, 그리고 오늘날의 무선통신 기술의 이론적 토대를 마련했다. 주파수 단위인 '헤르츠(Hz)'가 그의 이름에서 비롯되었다는 사실은 우연이 아니다. 마이컬슨은 후에 아인슈타인의 상대성이론을 이끌어낸 유명한 마이컬슨-몰리 실험으로 노벨물리학상을 수상하게 된다. 또 한 명의 인물이 이들과 교류했는데, 그도 역시 군대 장교 출신이었다. 당시 가난한 집안의 자녀들에게 군대는 배움의 통로였다. 그는 마그누스의 실험실에서 헬름홀츠와 함께 전자기학을 공부하고 엔지니어링에 그 지식을 적용했다. 그 인물이 바로 에른스트 베르너 폰 지멘스다. 그는 발전기와 전신을 개발하며 함께 연구하던 할스케 Johann Georg Halske 와 함께 독일 전기 엔지니어링 회사인 (Siemens & Halske AG)를 설립했다.

지멘스의 회사는 1895년 독일 과학자 빌헬름 뢴트겐이 X선을 발견한 직후, 이 기술 개발에 뛰어들었다. 의학을 전공했던 지멘스는 이 신비한 광선이 의학계에 혁명을 일으킬 것이라 직감했다. 결국 지멘스는 1896년에 세계 최초의 의료용 X선 기계를 개발하고 상용화하여, 의학 진단의 역사를 새로 쓰게 됐다. 이 혁신적인 기술을 통해 지멘스는 엄청난 부를 축적했다. 지금 170년이 넘는 역사를 자랑하는 지멘스의 본사는 독일 바이에른주 뮌헨에 있다. 전 세계적인 기업임에도 본사 건물은 의외로 소박한 모습이다. 우리나라의 글로벌 전자기업들이 강남 한복판에 유리와 철골로 지은 초고층 빌딩을 본사로 삼는 것과는 대조적이다. 더욱 놀라운 것은 2차 세계대전 후 지멘스가 마그누스의 연구실이 있던 베를린 건물을 지멘스를 대표한다는 상징적 의미로 매입했다는 점이다. 첨단 기술의 선두주자가 자신의 뿌리를 잊지 않고 지키는 모습은 진정한 혁신이 과거와의 단절이 아닌, 그 위에 새로운 층을 쌓아올리는 과정임을 보여준다.

과학과 기술, 자본이 어우러져 인류의 삶을 바꾸는 이야기는 지멘스에서 그치지 않는다. 오늘날 우리가 누리는 많은 기술과 의료 혁신의 배경에는 이처럼 열정적인 과학자들과 그들의 비전을 알아본 혜안 있는 투자자들의 만남이 있었다. 그리고 그 중심에는 언제나 인간의 호기심과 더 나은 세상을 향한 꿈이 자리잡고 있었다. 현대 의학과 기술의 역사는 이렇게 서로 다른 분야의 사람들이 만나 함께 쓴 멋진 연대기인 것이다. 마그누스의 저택에서 시작된 작은 모임이 과학과 산업, 의학을 잇는 거대한 혁신의 물결로 이어졌다. 그리고 그 물결은 오늘날 내 부엌에 놓인 식기세척기로, 병원의 MRI 장비로, 그리고 당신의 손에 들린 스마트폰으로 이어져 왔다. 과학의 역사는 결국 인간의 호기심과 창의성, 그리고 협력의 역사인 셈이다.

3. 왜 몸을 투과한 사진은 전부 흑백일까

병원에서 X선 촬영을 할 때마다 드는 생각이 있다. 의사는 왜 항상 흑백 필름을 들여다보며 심각한 표정을 짓는 걸까? 21세기에 접어든 지금 우리는 8K 초고화질 컬러 TV로 다큐멘터리를 감상하고, 스마트폰으로 찍은 사진은 인공지능이 자동으로 보정해주는 시대에 살고 있다. 그런데 의료 영상만큼은 여전히 1930년대 흑백영화처럼 단조롭다. 이유가 뭘까? 이 의문은 어느 중학생이 던진 질문에서 시작되었다. "선생님, 공항 수화물 검색대에서는 다양한 색으로 표시되는데, 왜 병원 X선 사진은 흑백인가요?" 아이는 공항 보안검색대의 화려한 색상 디스플레이와 병원의 단조로운 흑백 이미지 사이의 차이를 발견한 것이다.

이 질문의 답은 의외로 단순하면서도 과학적이다. 공항 검색대의 다양한 색상은 실제 물체의 색이 아니라, X선의 흡수 정도에 따라 임의로 지정된 색상들이다. 기상 레이더에서 비의 강도를 빨강, 노랑, 파랑으로 표시하는 것과 같은 이치다. 주황색은 유기물이나 플라스틱을, 녹색은 책이나 도자기 같은 물질을, 푸른색은 금속을,

그리고 검은색은 투과되지 않는 물질을 표시한다. 다양한 색상으로 보이지만, 실은 X선이 물체를 얼마나 통과했는지의 차이를 시각화한 것일 뿐이다. 의료 영상에서는 이런 화려한 색상 표시가 오히려 진단을 방해할 수 있다. 의사들은 미세한 명암 차이와 경계선을 통해 질병의 징후를 포착하는데, 여기에 불필요한 색상 정보가 더해지면 중요한 정보가 가려질 수 있다. 의학 영상은 '적은 것이 더 많은 것'이라는 미니멀리즘의 철학을 따르는 셈이다.

그런데 여기서 또 다른 의문이 생긴다. 뢴트겐이 1895년에 최초로 X선 사진을 찍었을 때, 그의 부인 베르타의 손 사진에서 뼈는 검게 보였다. 그런데 오늘날 병원에서 보는 X선 사진에서는 뼈가 하얗게 빛난다. 왜 그럴까? 이 역설적인 상황은 사진 기술의 '포지티브Positive'와 '네거티브Negative' 개념과 관련이 있다. 뢴트겐의 실험에서 뼈가 검게 보인 것은 X선이 뼈를 통과하지 못해 스크린의 해당 부분이 빛나지 않았기 때문이다. 반면, 연조직을 통과한 X선은 스크린을 빛나게 했다. 그래서 뼈의 '그림자'가 만들어진 것이다. 오늘날 우리가 보는 X선 사진은 이 과정의 '네거티브' 버전이라고 생각하면 된다.

X선의 세계는 우리가 일상에서 경험하는 가시광선의 세계와는 완전히 다르다. X선은 단순한 빛이 아니라 에너지 폭풍과 같다. 피부를 태우는 자외선보다도 훨씬 강력한 에너지를 가진 전자기파다. 파장은 자외선의 1/1000 정도로 짧지만, 에너지는 반비례로 높다. 비유하자면 촛불과 레이저처럼 명확한 차이가 있다. 뢴트겐이 X선을 발견한 것은 우연의 산물이었다. 무언가가 진공관에서 방출되어 형광물질을 활성화시킨 것이다. 뢴트겐의 발견을 가능하게

한 결정적인 요소는 백금시안화바륨이라는 화학 물질이었다. 이 감광 물질이 X선에 반응하여 가시광선을 방출했기 때문에 뢴트겐은 눈에 보이지 않는 X선의 존재를 확인할 수 있었다.

X선이 감광 물질에 작용하는 과정은 원자 수준의 흥미로운 반응이다. X선의 에너지가 화학 물질의 전자를 자극하면, 전자는 마치 놀이공원의 롤러코스터처럼 더 높은 에너지 궤도로 '점프'한다. 하지만 자연은 항상 안정을 추구하므로, 이 '흥분된' 전자는 곧 원래 위치로 돌아오며 에너지를 방출한다. 이 방출되는 에너지가 우리 눈에 보이는 빛이 되는 것이다. 자연에서 물질이 에너지를 방출하는 방식은 기본적으로 두 가지다. 열과 빛이다. 캠프파이어 앞에 앉아 있다고 생각해보자. 장작은 먼저 열을 내다가 점점 온도가 올라가면 빨간색으로 빛나기 시작한다. 더 뜨거워지면 주황색, 노란색으로 변하고, 극단적으로 뜨거워지면 백색광을 내게 된다. 별들이 다양한 색을 내는 이유도 바로 이 때문이다.

X선 영상 기술이 대중화된 것은 코닥이 X선 전용 필름을 개발한 덕분이었다. 이 필름은 일반 사진 필름의 할로겐화 은에 특별한 형광물질을 더한 것이다. X선이 형광물질을 자극하면 가시광선이 발생하고, 이 빛이 할로겐화 은 분자를 변화시켜 이미지를 형성한다. 이는 당구에서 직접 공을 맞추지 않고 쿠션을 이용하는 것과 같다. X선(큐 스틱)이 형광물질(첫 번째 공)을 치고, 이것이 다시 할로겐화 은(목표 공)을 맞추는 식이다. 오늘날 대부분의 의료 영상은 디지털 방식으로 전환되었다. 그렇다면 아날로그 필름의 원리를 알 필요가 있을까? 놀랍게도 디지털 X선 영상 시스템도 기본 원리는 크게 다르지 않다. 필름 대신 디지털 센서를 사용하지만, X선이 물질

과 상호작용하는 물리적 과정은 본질적으로 같다.

디지털 방식에는 직접 방식과 간접 방식이 있다. 직접 방식은 X선이 반도체 센서(아몰퍼스 실리콘이나 셀레늄)를 직접 자극하여 전기 신호로 변환된다. 스마트폰 카메라와 유사한 원리다. 간접 방식은 X선이 먼저 형광판을 자극하고, 발생한 가시광선이 CCD나 CMOS 센서로 포착되는 방식이다. 당연히 간접 방식이 훨씬 저렴하게 구축할 수 있다. X선 전용 센서보다 일반적으로 사용하는 이미징 센서를 이용할 수 있기 때문이다. 이처럼 X선 영상이 흑백인 이유는 단순히 기술적 한계가 아니라, 의학적 진단의 정확성과 과학적 원리에 바탕을 둔 의도적 선택이다. 물론 최근에는 인공지능과 첨단 소프트웨어를 활용해 의료 영상에 색상 정보를 더하는 시도도 늘고 있다. 하지만 이 역시 실제 색상이 아닌, 분석을 위한 가상의 색상 매핑일 뿐이다.

X선의 발견부터 현대 의료 영상까지의 여정은 과학 발전이 어떻게 이루어지는지 보여주는 완벽한 사례다. 우연한 발견, 체계적인 연구, 기술적 혁신, 그리고 실용적 응용이 어우러진 결과물이다. 뢴트겐이 미지의 광선을 발견한 그 순간부터, 오늘날 스마트폰으로 X선 사진을 확인하는 의사에 이르기까지, 인류의 호기심은 끊임없이 의학의 경계를 확장해왔다. 다음에 병원에서 X선 검사를 받게 된다면, 그 흑백 이미지 속에 담긴 과학의 역사와 물리학의 신비를 떠올려보자. 때로는 색이 없는 세계가 더 많은 것을 보여줄 수 있다.

4. 아날로그가 디지털의 기반이라는 아이러니

일상에서 필름카메라가 사라진 지 오래다. 전문 사진작가조차 디지털 카메라로 전향했고, 동네 사진관에서 '현상'이라는 단어는 박물관에 전시될 유물처럼 되어버렸다. 스마트폰 하나로 은행원, 식당 종업원, 심지어 개발자와 지식 전문가들까지 대체되는 시대가 됐다. 디지털이 세상을 삼키는 듯하다. 의학 진단과 신약개발은 물론, 인공지능이 모든 분야를 장악하고 있다. 그렇다면 필름이나 화학 물질 같은 아날로그 도구들은 쓸모없는 구시대의 유물이 된 걸까?

아이러니하게도 대답은 '아니오'다. 이 질문은 마치 우주의 구조를 들여다보는 도구와 같다. 망원경은 첨단으로 발전하지만 근본구조는 달라지지 않았다. 19세기 말, 과학자들은 전기, 자기, 가스, 광학, 음향, 운동학을 모두 이해했다고 생각했다. 마치 과학의 끝에 도달한 것 같았다. 1875년 독일의 막스 플랑크가 물리학을 공부하려 할 때, 지도교수는 그에게 물리학에서는 더 이상 혁명적 발견이 없을 거라고 조언했을 정도였다. "다가오는 세기는 통합과 정제의 시대일 뿐, 혁명의 시대는 아닐 것"이라는 말이었다. 하지만 이 확신은 얼마나 빗나갔던가! 과학계는 곧 양자역학과 상대성이론이라는 지각변동을 맞이하게 된다. 벨 전화기의 발명가 알렉산더 그레이엄 벨이 자금을 지원했던 광학 간섭계 Michelson interferometer를 이용해 마이컬슨과 모리는 에테르의 존재를 부정하는 결과를 얻었다. 이 '부정적 결과'가 아이러니하게도 물리학사에서 가장 유명한 성과 중 하나가 되었다. 아이슈타인의 특수상대성이론의 기초가 됐기 때문이다. 마이컬슨은 이 업적으로 1907년 노벨상을 받았지만, 그것도 20년이 지난 후의 일이었다. 놀랍게도 20세기가 시작될 무렵에도 "물리학의 시대는 끝났다."는 말이 나왔다. 그 유명한 켈빈 경의 말이었다. 켈빈은 과학의 작업은 거의 끝났다고 믿는 사람들 중 하나였다.

이와 똑같은 오류를 우리도 반복하고 있다. 디지털이 아날로그를 완전히 대체할 것이라는 착각 말이다. 현대 컴퓨터와 스마트폰에는 프로세서와 메모리가 필수적으로 탑재되어 있다. 이미징 센서와 디스플레이 부품도 마찬가지다. 그런데 이 부품들은 어디서 만들어질까? 반도체 공정에서다. 그리고 이 공정의 기반에는 놀랍게도 가장 전통적인 아날로그 과학이 있다.

아인슈타인의 특허사무소와 현대 반도체 공장

1905년 스위스 베른의 특허사무소는 겉보기에 혁명적인 과학이 탄생할 장소로는 보이지 않았다. 3등급 기술 심사관 알베르트 아인슈타인은 매일 발명품의 특허 신청서를 검토하며, 그 사이사이 물리학의 가장 근본적인 의문들을 곱씹고 있었다. 그가 특허 심사를 하는 동안 머릿속에서는 빛의 본질, 시간의 상대성, 에너지와 질량의 관계에 대한 아이디어가 발효되고 있었다. 그 평범한 사무실에서 태어난 특수상대성이론은 200년간 무너지지 않던 뉴턴 물리학의 패러다임을 뒤집었다. 빛의 속도가 절대적이며, 시간과 공간이 관찰자에 따라 상대적이라는 발견은, 특허 신청서 더미 속에서 탄생한 것이다.

오늘날 반도체 공장의 클린룸은 이와 묘하게 닮아 있다. 겉으로 보면 전자기기 대량생산 시설이지만, 그 내부에서는 물리학의 가장 기본적인 법칙과 한계를 시험하는 작업이 매일 일어난다. 마이크로프로세서 설계자와 공정 엔지니어들은 물질의 근본적인 속성을 다루며, 양자 터널링 효과나 빛의 회절 한계 같은 현상을 극복하기 위해 고군분투한다. 아인슈타인이 뉴턴 물리학의 한계를 뛰어넘었듯이, 이들은 무어의 법칙의 물리적 한계를 넘어서기 위해 나노미터 단위의 세계에서 광학의 한계와 씨름하고 있다. 이 엔지니어들이 사용하는 기술의 중심에는 리소그래피 Lithography가 있다. 그리스어로 '돌에 쓰다'라는 의미의 이 단어는 19세기 인쇄술에서 유래했지만, 오늘날에는 반도체 제조의 핵심 공정이 되었다.

노광기 Lithography는 설계한 회로패턴을 실리콘 웨이퍼에 새겨 넣는 기계다. 노광기 내부에서 벌어지는 일은 자연과학과 공학기술의 경이로운 집합체다. 업계에서는 농담 삼아 "이 기술은 인간이 아닌 신이 만들었다."고 말한다. 아인슈타인도 이 광경을 봤다면 놀랐을 것이다. 왜 그런 말이 나왔을까? 과정을 보자. 원자번호 50번인 주석(Sn)을 녹여 초당 5만 개의 방울을 만든다. 이 작은 방울들을 이산화탄소 레이저로 두 번 명중시켜 태양 표면보다 100배 높은 온도로 가열한다. 헨드릭 안톤 로렌츠가 전자기 이론을 연구하며 상상했던 것보다 더 극단적인 상태다. 이때 주석은 플라즈마 상태가 되어 13.5 나노미터 파장의 극자외선EUV을 방출한다. 이런 일이 반도체 공장에서 초당 수만 번씩 일어난다. 마이클슨이 빛의 속도를 측정하기 위해 고안한 간섭계가 당시 과학계의 경이로움이었다면, 오늘날 EUV 노광기는 현대 과학 기술의 경이로움이라 할 수 있다.

1929년, 에드윈 허블은 후커 망원경을 사용하여 먼 은하들이 우리로부터 멀어지고 있음을 발견했다. 그는 은하의 거리와 후퇴 속도가 비례한다는 사실을 밝혀냈다. 이 발견으로 우주가 팽창하고 있다는 사실이 밝혀졌고, 우주의 시작과 끝에 대한 새로운 생각이 가능해졌다. 관측과 측정이 정밀해질수록 패러다임이 이동한다. 반도체 공정에서도 비슷한 패러다임 전환이 일어나고 있다. 회로 선폭이 점점 작아지면서 기존의 광학 법칙으로는 설명할 수 없는 영역에 도달했다. 가시광선 파장보다 훨씬 작은 회로를 그려야 하는 역설적 상황에서, 공학자들은 극자외선이라는 더 짧은 파장의 빛을 사용하는 혁신적 방법을 개발했다. 허블이 우주의 크기와 나이를 측정하기 위해 세페이드 변광성을 표준 양초로 사용했던 것처럼, 반도체 공정에서는 정확한 측정을 위한 새로운 기준이 필요했다. 헨리에타 레빗Henrietta Swan Leavitt이 별의 거리를 측정할 방법을 고안했듯이, 반도체 공정에서는 나노미터 단위의 정확도를 위한 새로운 측정법이 개발되었다.

세상에서 가장 완벽한 거울

노광기에서 방출된 빛은 세상에서 가장 완벽한 거울에 반사된다. 이때 거울은 극도로 평평해야 한다. 거울의 불량은 회로 이미지를 반사시키며 왜곡된 이미지를 만들기 때문이다. 이 거울은 독일 면적으로 확대했을 때 높이 차이가 수밀리미터도 나지 않을 정도로 평평하다. 그 정확도는 캘리포니아 골드러시 시대에 태어나 이후 노벨상을 받게 되는 앨버트 마이컬슨이 1887년에 설계한 간섭계보다 천 배 이상 정밀하다. 독일 기업 자이스ZEISS가 만드는 이 거울 한 장의 설치 가격은 100억 원을 훌쩍 넘는다. 영국의 위대한 물리학자 J.J. 톰슨이 "에테르는 공상적 철학자의 환상적 창조물이 아니라 우리에게 필수적인 것"이라고 주장했지만 결국 존재하지 않는 것으로 밝혀진 것처럼, 우리가 알던 광학의 한계도 계속해서 깨지고 있다.

이 완벽한 거울들 사이에는 포토 마스크Photo Mask라는 필름이 있다. 여섯 개의 거울이 빛을 반사시켜 마침내 회로 패턴을 웨이퍼에 새긴다. 영화관 영사기가 필름을 통과해 스크린에 이미지를 확대해 비추는 것과 반대로, 이 과정은 회로 패턴을 극도로 축소해 웨이퍼에 새긴다. 단지 이것만으로 신의 영역이라 부르지 않을 것이다. 8인치에 달하는 웨이퍼 전체에 작은 회로를 모두 그려내기 위해 필름이 전체 면적을 빠르게 스캔을 한다. 실제 회로 필름의 이동시 가속도가 5G, 즉 중력가속도의 5배가 된다. 포뮬러 원(F1) 자동차는 급제동이나 급회전시 최대 5G 이상의 가속도를 내며 우주선 발사시 초기 상승 단계에서 최대 5G의 가속도가 발생한다. 이런 가속도를 가진 기계적 움직임에도 오차가 없어야 한다. 거울 역시 극도로 평평해야 하는 이유다. 독일은 누구나 알고 있는 광학 분야 강국으로 광학기기는 의료장비의 핵심 부품이다. 자이스는 물론 많은 광학회사와 의료기기 제조사가 독일에 많은 이유다. 빛은 이런 광학 부품들을 통해 전달되고 목적지인 실리콘 웨이퍼에 도달해 정밀한 회로를 그려낸다. 이렇게 그려진 회로의 정밀도는 상상하기 어려울 정도다. 굳이 비유한다면 지구에서 화살을 쏘아 달에 놓인 사과를 맞추는 정도의 정확성일 것이다.

반도체 제조의 7나노미터 공정은 1제곱밀리미터 면적에 약 9,530만 개의 트랜지스터를 구현한다. 이는 뉴욕시 전체 인구를 바늘 끝에 세우는 것과 같은 밀도다. 원자 세계에서는 양자역학이, 거시 세계에서는 고전역학이 적용되듯이, 반도체 공정에서도 서로 다른 물리 법칙이 작용한다. 가시광선으로는 7나노미터 선폭을 그릴 수 없다. 가시광선의 가장 짧은 파장(400나노미터)보다 5배 이상 작은 선폭이기 때문이다. 극자외선이라는 더 짧은 파장이 필요한 이유다.

첨단 과학 장비에는 물리학뿐 아니라 화학의 마법도 펼쳐진다. 웨이퍼에는 감광제가 코팅되어 있는데, 감광제는 빛에 노출된 부분의 물성이 변하는 화학 물질이다. 19세기 말 뢴트겐이 X-선을 발견했을 때 우연히 감광판에 자신의 손 이미지가 새겨진 것과 같은 원리다. 빛이 닿은 부분만 굳어지는 네거티브형과 빛이 닿은 부분이 용해되는 포지티브형 두 종류가 있다. 1911년 어니스트 러더퍼드Ernest Rutherford는 알파 입자인 헬륨 핵을 금박에 발사하는 실험을 통해 원자의 구조를 밝혀냈다. 그가 예상과 다른 결과를 보고 놀랐듯이, 현대 반도체 공정에서도 예상치 못한 화학적 반응이 새로운 발견으로 이어진다. 감광제는 방향족 화합물인 비스아지드bis-azide, 메타크릴산 에스테르Methacrylic acid esters, 폴리비닐페놀(PVP) 기반 아크릴계 수지 등 복잡한 화학 물질로 구성된다. 이런 이름들이 생소하게 들릴지 모르지만, 아인슈타인의 $E=mc^2$가 처음에는 이해하기 어려웠던 것처럼, 이 물질들도 우리 디지털 세상의 기초재료를 이루고 있다.

2019년 일본이 한국에 대한 전략물자 수출을 제한했을 때, 포토레지스트는 핵심 품목 중 하나였다. 이는 단순한 화학 물질이 아니라 국가 산업의 생명줄이었던 것이다. 로렌츠가 전자기학 이론을 통해 빛의 본질을 이해하려 했듯이, 화학자들 역시 감광제의 미세한 분자 구조를 조절하여 반도체 산업의 미래를 설계하고 있다.

디지털 심장 속 아날로그 혼

역설적이게도, 현대 디지털 세계는 그 핵심에 아날로그 원리가 깊이 새겨져 있다. 결국 그 근본에는 물리학이 자리잡고 있다.

반도체 제조 공정의 핵심인 리소그래피는 본질적으로 아날로그 방식이다. 극자외선을 사용해 회로 패턴을 그리고, 감광제가 빛에 반응하는 화학 과정, 정밀한 광학 시스템을 통한 이미지 축소와 투사 - 이 모든 과정은 연속적이고 물리적인 아날로그의 본질을 보여준다. 놀랍게도, 가장 첨단 디지털 시스템 내부에서도 아날로그 회로는 필수적인 역할을 수행한다. 디지털 기술은 데이터를 이산적인 '0'과 '1'로 처리하지만, 이러한 데이터는 실제로 연속적인 아날로그 신호를 기반으로 변환된다. 센서와의 인터페이스, 신호 증폭 및 필터링, 아날로그-디지털 변환(ADC)과 디지털-아날로그 변환(DAC)은 디지털 장치가 실제 세계와 소통하는 데 없어서는 안 될 요소다. 보이지 않는 아날로그 원리가 디지털 세계의 구조를 지탱하고 있는 것이다. 아날로그 회로 설계는 디지털 설계와는 다른 차원의 전문성과 직관을 요구한다. 온도 변화, 노이즈, 정밀한 레이아웃 등 수많은 변수를 고려해야 하며, 이는 정밀한 수학적 계산만으로는 해결할 수 없는 복잡성을 지닌다. 아날로그 설계자들은 전자의 미세한 움직임을 다루며 새로운 가능성을 탐색한다.

인공지능 시대에 접어들며, 아날로그 기술의 중요성은 오히려 더 커지고 있다. 센서 노드에서 시작해 클라우드까지 이어지는 디지털 가치 사슬의 모든 단계에서 아날로그 기술이 필요하다. 특히 배터리로 작동하는 아이오티(IoT) 기기에서는 저전력 아날로그 설계가 핵심 경쟁력이 된다. 마치 허블이 발견한 우주 팽창이 오히려 우주의 시작이라는 빅뱅 이론을 뒷받침한 것처럼, 디지털의 확장이 역설적으로 아날로그의 중요성을 부각시키고 있는 것이다. 기초 과학의 원리가 항상 그래왔듯이, 겉으로 보이는 현상 아래에는 보이지 않는 법칙이 작동하고 있다. J. 윌러드 깁스(Josiah Willard Gibbs)가 열역학적 원리를 코네티컷 학회지라는 변방의 저널에 발표했을 때, 그 중요성을 바로 알아본 사람은 거의 없었다. 그러나 그의 업적은 현대 과학의 기초가 되었다. 마찬가지로 아날로그 기술의 가치는 화려한 디지털 세계 뒤에 숨어 있지만, 그 기여는 측정할 수 없을 만큼 크다.

과학자의 관점에서 볼 때, 우주에는 의미가 없다. 우주는 법칙에 따라 움직일 뿐이다. 생명체도 정교한 분자 화학기계에 불과하다. 의미나 가치는 인간이 만든 상상의 산물이다. 그러나 인간은 의미 없는 우주에 의미를 부여하고 사는 존재다. 디지털 혁명도 마찬가지다. 그 기반에는 차갑고 무심한 아날로그 물리 법칙이 있지만,

우리는 그것에 의미와 가치를 부여하며 새로운 세계를 창조해나간다. 결국, 디지털과 아날로그는 둘이 아닌 하나다. 아인슈타인이 시공간이 서로 분리된 개념이 아니라 하나의 연속체임을 증명한 것처럼, 디지털과 아날로그도 서로를 보완하는 하나의 스펙트럼이다. 가장 첨단 디지털 기술일수록 더 정교한 아날로그 기반이 필요하고, 가장 정밀한 아날로그 설계일수록 디지털 도구의 도움이 필요하다. 이 둘의 균형이 현대 과학 기술의 진정한 아름다움이다.

우주보다 인간이 경이롭듯이, 디지털보다 그것을 만드는 인간의 창의성이 더 경이롭다. 그리고 그 창의성은 아날로그와 디지털의 경계를 넘나들며 끊임없이 새로운 가능성을 탐색한다. 부품소재나 소자는 결국 자연 물질이고, 물질을 다루는 일은 자연의 법칙을 따라야 한다. 여전히 아날로그는 작동하고 있으며, 디지털 세계의 심장부에서 맥박을 뛰게 한다.

Chapter 3.
작은 것의 위대함

미지 Unknown-
아는 것만큼 보인다.
그리고 여전히 X는 존재한다.

1. 왜 이름이 X 였을까

X라는 기호는 다양한 분야에서 '알지 못하는 어떤 것', '암묵지'를 대표하는 상징이다. 한때 미지 혹은 미해결 사건을 다루는 미국 수사 드라마가 있었다. 미해결 사건을 'X-파일'이라고 하지 않던가. 수학에서 방정식 풀이는 필수 과정이다. 가장 간단한 일차 방정식 $y=ax$를 떠올려 보자. 방정식에서 가장 먼저 배우는 미지 변수가 바로 X이다. 그리고 Y, Z이다. 발견했지만 정체를 알 수 없었던 빛에 X를 붙인 건 꽤 해학적이다. 그런데 많은 알파벳 중에 X가 미지의 의미로 사용된 이유는 뭘까?

X, Y, Z가 방정식의 변수로 사용된 이유는 공간 좌표계의 등장 때문이다. 이들은 2차원과 3차원 공간의 좌표계를 구축할 때 사용하는 각 축의 대표 명칭이다. 방정식은 각 차원의 공간에서 그려지는 선형, 혹은 비선형 함수의 규칙이다. 일종의 기하학인 셈인데, 고대 유클리드 기하학과는 차이가 있다. 자와 컴퍼스로 기하학이 구성된 유클리드 기하학에서는 좌표계가 없다. 1637년 해석 기하학을 완성한 르네 데카르트 René Descartes는 긴 제목의 책을 썼다. 원제는 '이성

을 올바르게 이끄는 방법, 그리고 이 방법의 실험들인 굴절광학, 기상학 및 기하학 등의 과학에서 진리를 찾기 위한 방법에 대한 논고'이다. 끝없이 의심하며 방법론적 회의를 다룬 이 책은 간단히 줄여 『방법서설』이라 부르기도 한다. 이 책은 500여 페이지에 달한다. 앞부분 100페이지가 채 안되는 구역에 유명한 말이 있다.

"그것을 사유하는 나는 필연적으로 어떤 것이어야 한다는 것에 주의했다. 그리고 '나는 사유한다. 그러므로 나는 존재한다'는 이 진리는 너무나 확고하고 너무나 확실해서 회의주의자들의 과도한 모든 억측들도 흔들 수 없다."

이 문장 때문일까? 우리는 데카르트를 철학자로만 알고 있다. 하지만 그는 수학자다. 책의 앞부분만 보고 유명해진 탓이다. 400페이지가 넘는 나머지는 대부분 해석 기하학이다. 우리가 데카르트 좌표계 Cartesian Coordinates라고 알고 있는 부분이 나머지를 채운다. 여기에 X,Y,Z 등 기호가 처음 등장한다. 왜 이 기호가 사용됐는지 진위는 알 수 없다. 소문에는 당시 인쇄소에서 가장 많이 남아 있던 활자를 사용했다는 이야기도 있으나 근거는 없다. 이 가설은 알파벳의 마지막 글자들이어서 사용이 덜 된다는 이유로 등장한 것으로 보인다. 확실한 건 데카르트의 책에 이 기호가 처음 등장했다는 것이고, 대부분 미지의 수를 다루는 목적이었다는 점이다.

X선의 출현 역시 이름에 걸맞게 우연이었다. 과학에서 '어쩌다'라는 수식을 달고 있는 세렌디피티는 수없이 존재한다. 인과 관계와 성실을 정확하게 따지는 과학에서 이런 도박의 언어를 사용하는 건 단 한 가지 이유다. 과학에서 우연은 속세의 우연과 다르기 때문이다. 중요한 것은 이런 발견 전에 무엇이 있었느냐 하는 것이

다. 아인슈타인은 어떤 변화도 없는 상태에서 기적을 바라는 건 미친 짓이라고 했다. 비록 X선의 발견은 우연이었지만, 그 전에 어떤 행위가 반복되고 있었다. 매일 배를 타고 어군을 찾아 그물을 내리다 보니 어느 날 기대하지 않던 거대한 물고기도 잡는 법이다.

X선의 발견 이후에도 한동안 X선의 정체는 밝혀지지 않았다. 여전히 미지의 지대에 있었고 그 특성만 알고 있었을 뿐이다(물론 지금은 완벽하게 알고 있다). 하지만 모른다고 아무 것도 할 수 없는 것은 아니다. '물체를 투과'하는 특성으로 어떤 일을 할 수 있는지는 알았다. 과학 기술의 역사에는 이런 일들이 의외로 많다. 대표적 인물이 영국의 물리학자이자 화학자인 마이클 패러데이Michael Faraday이다. 그는 전자기학과 전기화학 분야에서 역사적 공헌을 한다. 정식 교육을 받지 못했고 수학을 알지 못해 방정식을 풀지 못했다. 그럼에도 전자기 유도에 대한 지식으로 과학 기술에 기여를 한다. 이를 시작으로 전자기 방정식이 맥스웰에서 완성된 셈이고 현대 문명의 바탕이 된다. 비행기도 마찬가지다. 사람들은 비행기가 하늘을 날 수 있는 이유를 완벽하게 이해를 한 후에 만들었다고 생각하겠지만 그렇지 않다. 그럼에도 공학자나 발명가들은 그 무거운 쇳덩이를 하늘에 띄웠다. 인류의 정신세계는 진정 X인 듯하다.

2. 방사선과 방사능 물질은 다르다

1950년대 미국의 신발 가게에 들어간다고 상상해보자. 당신은 자녀에게 선물할 새 신발을 사러 왔다. 점원이 웃으며 특별한 장치를 내민다. '신발 형광경(Shoe-Fluoroskope)'이라 불리는 이 기계에 아이의 발을 넣으면 X선이 발을 통과하고, 비치는 형태를 통해 신발이 꼭 맞는지 확인할 수 있다. 부모는 물론이고 아이들도 이 신기한 장치를 들여다보며 놀라워했다. 아무도 이 행위가 현대 X선 장치보다 20배 이상의 방사선을 조사한다는 사실을 알지 못했다. 괴상한 역사적 일화처럼 들릴지 모르지만, 1920년대부터 1970년대 초반까지 미국과 유럽 전역의 신발 가게에서는 이런 장면이 일상적이었다. 제2차 세계대전이 끝나고 원자력의 시대가 도래했을 때, 방사선은 놀라운 현대 과학의 상징이었다. 위엄과 진보의 표상이었던 방사선이 불과 몇 십 년 만에 파괴와 공포의 상징으로 바뀌었다.

"방사선의 체내 배출 시간이 얼마나 될까요?" 의학적 검사를 받은 후 이런 질문을 의사에게 던지는 사람들이 있다. 때로는 'X

선 검사 후 녹차를 마시면 방사선 배출에 좋다'는 식의 정보가 인터넷을 떠돈다. 과학적 관점에서 이런 질문과 조언은 마치 "어제 받은 햇빛을 어떻게 몸에서 배출할 수 있을까요?"라고 묻는 것과 같다. 이 모든 혼란은 방사능放射能, radioactivity과 방사선放射線, radioactive rays의 차이를 이해하지 못하는 데서 비롯된다. 이 둘은 전혀 다른 개념이다. 전구를 생각해보자. 전구는 빛의 원천(방사선원)이고, 빛은 전구에서 방출되는 에너지(방사선)다.

방사선은 단순히 에너지의 흐름이다. 엄청난 내용을 기대했을지 모르겠으나 이 설명이 전부이다. 방사선의 가장 훌륭한 원천은 태양이다. 지구에 생명이 존재할 수 있는 모든 조건의 시작점에 태양이 있다. 태양 중심부의 핵융합 반응으로 생성된 에너지는 입자와 전자기파 형태로 지구까지 여행한다. 이 여정에는 약 8분이 걸린다. 그 에너지는 아인슈타인의 질량-에너지 등가 방정식인 $E=mc^2$가 실제로 작동하며 발생한다. 우리는 이 방정식이 가동되고 있는 장관을 매일 보고 있는 셈이다. 태양에서 방출되는 에너지 입자들 대부분은 양성자, 전자, 헬륨 핵과 같은 소립자들이다. 이 입자들이 지구 자기장에 이끌려 극지방 대기권의 입자들과 충돌할 때 생기는 화려한 광경이 바로 오로라다. 우주의 자연 법칙이 만들어낸 빛의 걸작이다.

전자기파 형태의 태양방사선은 주로 가시광선, 적외선, 자외선으로 구성된다. 온도를 가진 모든 물체는 전자기파 형태로 에너지를 방출하는데 이것이 바로 복사輻射, Radiation다. 학창시절 물리 시간에 졸지 않았다면 기억할 것이다. 태양의 중력에 붙잡혀 공전하는 지구는 태양이 던지는 이 에너지 물결을 받아 생명을 유지한다. 우리는 이미 1장에서 이들의 정체를 이미 다뤘다. 그럼에도 태양 방사선에 '방사선'이란 용어를 붙이기 꺼려지는 이유는 '방사선'이 우리 의식 속에서 '해롭고 위험한' 무언가로 낙인찍혔기 때문이다. 마리 퀴리가 자신이 발견한 방사선 물질로 인해 방사선 피폭으로 사망했다는 이야기는 널리 알려져 있다(그녀의 연구 노트는 오늘날에도 여전히 방사선을 띠고 있어 납 상자에 보관되어 있다).

그러나 아침 햇살이나 따스한 봄볕도 전자기 스펙트럼의 일부분이며 방사선이다. 우리는 방사선의 바다에서 살고 있다. 단지 이 방사선의 대부분이 우리에게 해롭지 않을 뿐이다. 실제로 태양 방사선도 해로울 수 있다. 뜨거운 여름날 햇빛에 피부가 노출되면 화상을 입는다. 자외선은 피부 세포에 손상을 입히고 심지어 DNA를 변형시킬 수 있다. 이것이 우리가 자외선 차단제를 사용하는 이유다. 아보벤존Avobenzone, 옥토크릴렌Octocrylene, 옥시벤존Oxybenzone 같은 화학 물질은 자외선을 흡수해 열로 변환한 후 피부를 통해 천천히 방출한다. 이산화 티타늄(TiO_2)Titanium Dioxide과 산화 아연(ZnO)Zinc Oxide은 자외선을 반사하고 산란시킨다. 이 물리화학적 방패들은 우리의 연약한 피부를 보호한다. 그러나 태양 방사선 중에는 이런 방어막으로 막을 수 없는 극자외선EUV과 UV-C*도 있다. 이들은 일반 자외선보다 약 40배 강한 에너지를 가지고 있다.

다행히도 지구에는 오존층이라는 천연 방어막이 있다. 산소 세

---

* UV-A: 315~400 나노미터로 가장 긴 파장을 가지며, 지구 표면에 도달하는 대부분의 자외선이다.
UV-B: 280~315 나노미터로 중간 파장을 가지며, 일부가 지구 표면에 도달해 피부 화상 및 비타민 D 생성에 영향을 미친다.
UV-C: 100~280 나노미터로 가장 짧은 파장을 가지며, 오존층에 의해 완전히 흡수되어 지표면에는 도달하지 않는다

개로 구성된 O_3 분자층이 이 치명적인 방사선을 흡수해 지상에 도달하지 못하게 한다. 오존층은 약 15~35킬로미터 상공의 성층권 하부에 위치한다. 그렇다고 오존층의 두께가 수십 킬로미터가 되는 것은 아니다. 지구 대기에서 오존 농도가 상대적으로 높은 영역일 뿐이다. 만약 오존층에 포함된 모든 오존을 표준 온도(0°C)와 압력(1기압) 조건에서 압축한다면, 그 두께는 약 3밀리미터 정도에 불과하다. 이는 겨우 두 개의 동전을 쌓은 높이와 비슷하다. 오존층이 대기 중에서 수십 킬로미터에 걸쳐 분포하지만, 실제 물리적 두께로 환산하면 매우 얇은 층임을 알 수 있다. 이 얇은 층이 태양에서 오는 UV-B와 UV-C를 대부분 흡수하여 지표면에 도달하지 못하게 한다. 지구 전체를 감싸는 자연의 선크림인 셈이다.

전리 방사선: 진정한 위험의 본질

방사선이 물질이나 세포에 해를 끼치려면 물질을 분리(이온화 또는 전리)시킬 만큼 강해야 한다. 가시광선이나 일반 자외선은 이렇게 강하지 않다. 이런 방사선을 '비전리 방사선'이라고 한다. 반면 X선이나 감마선과 같은 고에너지 방사선은 원자에서 전자를 떼어내 이온화시킬 수 있는 '전리 방사선'이다. X선과 감마선은 극자외선보다 더 짧은 파장을 가진 전자기파다. 태양 방사선에도 이런 고에너지 전자기파가 일부 포함되어 있다. 태양의 플레어나 코로나질량방출(CMEs) 같은 태양 활동은 강한 X선과 감마선을 우주로 내보낸다. 이런 현상이 지구의 대기, 통신 시스템, 우주 기술에 영향을 미치는 이유다. 전자기 스펙트럼에서 적외선, 가시광선, 자외선, X선, 감마선은 모두 연속적인 에너지 범위에 있다. 이들은 모두 '빛'

이며, 다만 파장과 에너지 수준이 다를 뿐이다. 스펙트럼 위에 정교하게 배열된 에너지 레벨의 무지개 계단을 상상해보라.

방사선원은 태양만 있는 것이 아니다. 인류가 최초로 사용한 인공 에너지원은 '불'이었다. 모닥불은 가시광선을 주로 방출하고, 달궈진 숯은 적외선을 내뿜는다. 인류는 이 에너지를 이용해 문명을 발전시켰다. 하지만 자외선이나 X선 같은 고에너지 방사선을 다루는 것은 근대 과학이 발달한 후에야 가능해졌다. 뢴트겐의 발견이 있은 지 몇 달 후, 1896년 앙투안 앙리 베크렐Antoine Henri Becquerel은 우라늄염이 사진 필름을 감광시킨다는 사실을 발견하며 방사능Radioactivity개념을 확립한다. 1898년, 마리 퀴리와 피에르 퀴리 부부는 이를 더 연구하여 새로운 방사성 원소인 폴로늄Polonium, Po과 라듐Radium, Ra을 발견했다. 이런 물질들은 외부 에너지 공급 없이도 지속적으로 방사선을 방출했다. 이것이 바로 '방사능Radioactivity'이다. 현대 과학에서 '방사선Radiation'이라는 용어는 일반적으로 이런 방사능 물질이 방출하는 전리방사선을 가르킨다.

결론적으로 X선은 방사선이지만, 방사선원이나 방사능 물질은 아니다. 방사능은 방사선을 방출하는 능력이나 그런 능력을 가진 물질을 의미한다. 따라서 방사선에 피폭된다고 해서 방사선이 체내에 남지 않는다. 방사선은 피폭 대상을 투과하거나, 흡수되거나, 다른 형태의 에너지로 변환된다. 체내에 잔류할 수 있는 것은 방사선원이나 방사능 물질이다. 원자력 발전소 사고나 핵폭발의 피해는 초기 방사선 피폭도 있지만, 방사능 낙진이나 방사성 물질의 체내 유입이 더 심각한 장기적 위험을 초래한다. 방사능 물질은 반감기가 다할 때까지 지속적으로 방사선을 방출하기 때문이다. 반면 의학적 영상 검사에 사용되는 X선은 잠시 몸을 통과할 뿐이다. 마치 손전등 빛이 어두운 방을 지나가는 것과 같다. 검사가 끝나면 더 이상의 방사선 노출은 없다. 그래서 X선 검사 후 '방사선을 배출하기 위해' 특별한 음식을 먹거나 음료를 마실 필요가 없다. 빛이 지나간 후 그 빛을 '배출'할 필요가 없는 것처럼 말이다.

방사성 요오드 치료와 같은 핵의학 검사는 다르다. 이 경우 방사성 물질이 체내에 주입되어 시간이 지남에 따라 방사선을 방출한다. 그래서 이런 검사 후에는 특별한 주의사항이 필요하다. 결국 우리는 모두 방사선의 바다에서 살고 있다. 태양 빛부터 우주 배경 방사선, 땅에서 나오는 라돈 가스, 심지어 우리 몸 안의 칼륨-40까지. 방사선은 우리 삶의 일부다. 그것을 이해하고 적절히 대처할 때, 우리는 방사선의 이로운 측면은 활용하고 해로운 측면은 피할 수 있다. 불을 이용해 음식을 익히되 화상은 피하는 것처럼 말이다.

3. 작은 것의 위대함

왜 과학을 알아야 할까? 무기력과 허무는 우리 삶을 수시로 방문해 혼돈을 만든다. 특히 질병으로 고통받는 경우 우리가 그저 자연의 일부였다는 진리를 새삼 깨닫게 된다. 우리는 자연 속에서 존재의 의미를 찾아 방황한다. 물론 실존에 대한 답을 과학에서만 찾을 수 있는 것은 아니다. 오히려 모두 먼지에서 시작해 다시 우주의 흙먼지로 회귀한다는 것을 아는 순간 더 허무할 수 있다. 모든 것들을 잃어가는 상실의 시대에서 회복하고 우주 어느 것보다 빛나는 존재로 남을 수 있는 건 모든 것을 알아서가 아니라, 단 하나의 진실을 온전히 이해하는 순간이다. 그 사실이 비록 작은 부분이라 해도 전체에서 떨어져 나온 공리의 일부이기 때문이다.

원자는 모든 물질을 이루는 가장 작은 입자라고 배웠다. 적어도 화학 선생님은 그렇게 가르쳐주었다. 화학자에게 원자는 문장을 만드는 알파벳과 같다. 하지만 물리학자에게 이런 정의는 마치 '지구는 평평하다'라고 주장하는 것만큼이나 터무니없는 소리로 들릴 것이다. 원자는 더 작은 소립자들이 정교한 법칙에 따라 상호작용하는 미시적 우주의 정밀시계와 같기 때문이다. 쿼크, 전자, 중성자가 눈에 보이지 않는 톱니바퀴처럼 맞물려 돌아가는 정교한 메커니즘이다. 물리학자들의 호기심은 장난꾸러기 아이가 장난감을 분해하듯 원자를 깨뜨려 전자, 핵자, 그리고 핵자를 구성하는 쿼크까지 드러냈다. 화학자가 원자들을 결합하는 데 애쓰는 동안, 물리학자는 그것을 산산조각 내는 데 온힘을 쏟았다. 화학은 정교한 레고로 멋진 성을 쌓는 일이고, 물리학은 그 성을 망치로 내리치며 벽돌 하나하나가 어떻게 만들어졌는지 살펴보는 일 같다. 그래서 입자물리학자들은 수소 이외의 원소에 대해서는 어깨를 으쓱할 뿐이다. '복잡해서 귀찮아'라고 말하는 듯한 태도다.

물리학자들이 원자의 내부를 드러내기 전까지, 화학자들은 원자가 왜 그렇게밖에 결합할 수 없는지, 반응이 왜 일어나는지 설명하지 못했다. 마치 TV 리모컨의 작동 원리는 모른 채 버튼만 누르던 사람과 같았다. 물리학이 리모컨을 분해해 내부 회로도를 보여주자, 화학은 비로소 완성됐다. 처음엔 이것이 화학자들에게는 영역 침범처럼 보였지만, 시간이 흐르며 두 학문은 '물리화학'이라는 중간지대를 형성했다. 오랜 국경 분쟁 끝에 평화로운 자유무역지대가 생긴 것처럼.

해체된 세상의 조각들

입자를 부순다고 표현했지만, 망치나 도끼 같은 것으로 부수는 건 아니다(그런 도구로 원자를 건드리려면 망치 분자가 대상 원자보다 작아야 한다는 물리적 모순이 생긴다). 정확한 묘사는 입자끼리의 충돌 실험이다. 과학자들의 위대함은 이런 시도에서 빛난다. 원자보다 작은 입자끼리 충돌시킨다는 것은 두 대의 자동차를 정확히 코너에서 부딪치게 하는 것보다 훨씬 어려운 일이다. 게다가 그 자동차는 눈에 보이지도 않는다. 이 작업에는 인류가 알고 있는 최고의 과학적 지식과 기술이 총동원된다.

전기적 성질을 띤 입자를 움직이고 방향을 조절하기 위해 거대한 자석이 사용된다. 자기장으로 전기장을 조절할 수 있기 때문이다. 충돌에 필요한 에너지는 전기장과 자기장을 이용해 입자를 가속하고 방향을 조절해 빛의 속도에 가깝게 만들어 얻는다. 초전도 자석은 입자를 빛의 속도에 가까운 속도로 가속시키며, 이를 위해 액체 헬륨으로 자석을 -271.3°C까지 냉각시켜 초전도 상태를 유지한다. 충돌 직전에는 특수 자석을 사용해 입자를 '압축'하여 충돌 가능성을 극대화한다. 마치 모기를 잡기 위해 우주 왕복선을 발사하는 것과 같은 대공사처럼 보인다. 규모는 상상을 초월한다. 입자 가속기라 불리는 이 장치는 보통 수제곱킬로미터에 달하는 마을 전체를 차지한다. 이런 실험실을 보면 '거대 과학'이란 용어가 괜히 나온 게 아님을 실감한다. 스위스와 프랑스 국경에 위치한 세른CERN의 대형 강입자 충돌기 LHC Large Hadron Collider 는 둘레가 27킬로미터에 달하는 원형 터널 안에 있다. 이 터널은 지하 약 100미터 깊이에 위치한다. 그냥 큰 것이 아니라, 도시 전체를 관통하는 수준의 크기다.

자연에 존재하는 원자들은 겉보기에 안정하고 평온해 보인다. 책상 위 커피잔이나 손에 들린 스마트폰은 모두 원자로 구성되어 있지만, 특별히 위험해 보이지 않는다. 인류 문명은 이런 평화로운 물질의 토대 위에 건설됐다. 그러나 물리학자들이 원자의 정체를 밝혀내자, 충격적인 진실이 드러났다. 원자는 자신의 모습을 유지하기 위해 자연에서 가장 강한 힘을 품고 있었던 것이다. 자연에는 네 종류의 힘이 존재한다. 중력, 전자기력, 강한 핵력, 약한 핵력이다. 이 중 원자와 관련된 힘이 세 종류나 된다. 물질의 기본 입자인 작은 원자는 사실 세상을 지탱하는 대부분의 힘을 품고 있는 셈이다.

이 힘은 단순히 과학자의 노트에 적힌 수학 방정식으로만 증명된 게 아니다. 실제로 인류는 눈으로 목격했다. 핵이 자발적으로, 혹은 외부 충격으로 균열이 생겼을 때, 그 내부에 갇혀 있던 엄청난 핵력이 다른 에너지로 방출됐다. 1945년 인류는 이 힘을 처음으로 대규모로 방출시켰고, 그 결과 히로시마와 나가사키라는 두 도시가 사라졌다.* 몇 킬로그램 되지도 않는 물질 덩어리 안의 원자들이 연쇄적으로 핵분열을 하자, 수십만 명의 생명이 순식간에 소멸됐다. 이는 인간이 감당할 수 없는 힘이었다. "인간은 원자를 쪼갰다. 이제 원자가 인간을 쪼갤 차례다."라는 경구는 우연히 나온 말이 아니다. 거대한 인류 문명이 핵의 작은 균열로도 모두 사라질 수 있다는 냉혹한 진실을 담고 있다.

파괴에서 창조로

과학은 이 파괴력을 이로운 방향으로도 활용했다. 원자핵이 붕괴할 때 발생하는 열에너지로 물을 데우고 터빈을 돌려 전기를 얻는 방식이 바로 그것이다. 또한 핵반응에서 나오는 고에너지 방사

---

* 1945년 8월 6일, 히로시마에 투하된 리틀 보이(Little Boy)는 우라늄-235를 이용한 핵분열 폭탄으로, 약 15킬로톤(TNT 환산)의 폭발력을 가졌다. 약 7만 ~ 8만 명이 사망했고, 연말까지 사망자는 14만 명에 달했다. 8월 9일 나가사키에 투하된 팻 맨(Fat Man)은 플루토늄-239를 이용한 폭탄으로, 약 21킬로톤의 폭발력을 가졌다. 약 4만 ~7만 5천 명이 사망했고, 연말까지 사망자는 약 7만 4천 명으로 추산된다

선을 이용해 암을 치료하는 기술도 개발했다. 아이러니하게도, 이런 방사선원은 방사선의 에너지 세기에 비례하는 크기가 아니다. 감마선의 경우 우리가 아는 가장 작은 크기의 원자가 방사선원이 된다. 대형 병원 지하에 있는 가속기는 이런 작은 원자핵을 이용해 암세포를 죽이는 치료를 한다. 이것이 우리가 알고 있는 중입자 가속기 암치료이고, 거대한 기계가 사용하는 재료는 작은 원자핵들이다. 작지만 어느 것보다 큰 존재인 셈이다.

과학은 세상을 움직이게 하는 기본적인 규칙을 알아내는 일이다. 화학으로 세상을 바라보면 단 한 가지 존재와 규칙에 집중하게 된다. 그 존재가 이 세상의 모든 것들을 가능하게 하는 근원이기 때문이다. 그것은 바로 '전자'다. 세상은 원자를 포함한 모든 물질이 전자를 교환하는 규칙으로 건설된 세계다. 전자가 없다면 세상은 무수히 많은 입자가 흩어진 무의미한 먼지 더미 같은 모습일 것이다. 마치 접착제 없이 벽돌만 쌓아놓은 집이 첫 바람에 무너지듯이. 대부분의 전자는 가장 안정된 상태로 원자와 물질에 갇혀 있다. 전자를 물질에 가두는 힘은 전자기력이다. 물론 물질에서 탈출해 전기를 띠고 뭉쳐 있는 정전기 형태도 있다. 이런 전자 뭉치도 도체를 만나면 궁극적으로 물질에 갇히기 마련이다.

원자는 전자가 존재할 수 있는 공간의 가장 바깥쪽(공간적 거리보다 에너지로 가장 먼) 공간에 특별한 의미를 부여한다. 집의 현관문처럼, 이곳을 통해 전자는 들어오고 나간다. 때로는 전자 몇 개를 간수하지 않고 버리거나, 다른 원자나 물질로부터 전자를 뺏어와 더 안정한 상태로 존재하려 한다. 화학은 같은 원자여도 이런 상태의 원자를 구분하기 위해 '이온'이라는 이름을 붙였다. 전자를 더 가진 중성 원자는 전기적 음성을 띠기 때문에 음이온이라 부르고, 전자를 버린 원자는 양이온이라 부른다. 이런 이온들이 다른 원자나 이온끼리 전자를 도구로 뺏고 빼앗기며 결합하고 결별해 물질과 세상을 만들어간다.

그런데 이런 전자가 정확히 어디에 있는지 알 수 있을까? '물질 내부에 있다'는 표현이 다소 모호하지만, 현재로서는 이것이 최선의 표현이다. 전자가 물질 내부에 있다는 것은 확실히 알지만, 정확한 위치를 지정할 수는 없다. 이유는 간단하다. 우리가 경험하는 세계의 움직임은 아이작 뉴턴이 완성한 역학(F=ma)으로 설명되지만, 원자 세계는 이 역학으로 설명할 수 없다. 이 작은 세계는 양자역학이 지배한다. 우주는 두 세계가 공존하며, 그 경계는 물체의 크기로 구분된다. 인간이 한 번도 직접 경험하지 못한 다른 세계에서 운동하는 전자의 상태를 우리 세계의 언어로 설명하는 것은 쉽지 않다. 마치 4차원 공간을 3차원 생물에게 설명하는 것과 같다. 물론 우리가 원자만큼 작아지면 직접 경험할 수 있겠지만, 그건 SF 영화에서나 가능한 일이다.

양자역학의 세계에서 운동은 연속적이지 않다. 관찰 자체도 물리량에 영향을 준다. 이것은 마치 과속으로 달려가는 자동차의 속도를 측정하기 위해 자동차에 미사일을 발사하는 것과 같다. 미사일이 맞으면 자동차가 부서지고, 그 순간의 속도는 의미가 없어진다. 결국 물리학은 이 알쏭달쏭한 세계를 이해하는 데 확률이라는 개념을 도입했다. 특정 운동량을 지닌 전자가 나타날 확률로 위치를 짐작하는 공간을 정의한 것이다. 화학에서는 이 공간에 '오비탈 Orbital'이라는 이름을 붙였다.

작은 것의 위대함

이제 조금 더 큰 그림을 보자. 지구상 생명의 순환 과정에서도 전자는 핵심적인 역할을 한다. 식물과 동물의 관계를 닭과 계란으로 비유하기도 하지만, 엄밀하게는 식물이 먼저다. 식물은 공기 중 이산화탄소와 물이라는 물질로 몸을 불린다. 태양으로부터 오는 전자기파인 빛으로 식물은 두 물질에서 탄소와 수소, 산소를 꺼내 당을 만든다. 이 과정에서 탄소와 수소는 모두 사용되지만, 산소는 여분으로 남는다. 식물은 그것을 그냥 버린다. 동물의 등장은 그 다음이다. 동물은 식물의 몸을 섭취해 당을 확보한다. 동물은 호흡을 통해 식물의 부산물인 산소를 얻고, 섭취한 물을 가지고 당을 분해해 에너지를 얻어 몸을 불린다. 이 과정에서 탄소는 산소와 결합해 이산화탄소가 배출된다. 식물은 동물의 부산물을 다시 받아들인다. 이 과정이 지구 위 생명이 지속하는 대순환의 요약이다. 겉으로 보면 단순해 보이지만, 그 과정에는 셀 수 없는 많은 물질이 개입하고 중간 물질을 만들어내며 복잡한 기계처럼 작동한다. 이 모든 과정의 핵심에는 전자가 있다. 식물 광합성의 최초 단계는 전자를 얻는 것이다. 마치 태양전지처럼 전자를 물질로부터 꺼내는 일이 가장 먼저 하는 일이다. 물을 분해하는 일도 결국 물분자에서 전자를 뺏어 오는 일이다.

세상을 이루는 가장 작은 것들에 대한 이해는 우리에게 경이로움을 선사한다. 원자라는 작은 존재가 우주의 거대한 비밀을 품고 있으며, 더 작은 전자가 이 세상의 모든 변화를 가능하게 한다는 사실은 놀랍다. 과학은 이런 작은 것들의 비밀을 하나씩 밝혀왔고, 그 지식은 의학과 기술의 발전으로 이어졌다. 핵의 비밀을 밝혀낸 것이 핵무기라는 재앙을 낳기도 했지만, 동시에 암을 치료하는 방사선 치료법도 탄생시켰다. 작은 것은 정말 작지만, 그 안에 담긴 비밀은 결코 작지 않다. 오히려 우주만큼이나 거대하고 복잡하다. 그 비밀을 하나씩 발견하고 이해하는 과정이 바로 과학이며, 그것이 우리에게 세상을 이해하는 새로운 관점을 제공한다.

병원에 있는 이들은 아마도 이 거대한 생명의 순환 과정에서 일시적인 이탈을 경험하고 있을 것이다. 하지만 의학이 발전할수록, 우리는 이 순환 과정을 더 깊이 이해하고 더 효과적으로 개입할 수 있게 될 것이다. 그 모든 것의 중심에는 눈에 보이지 않는 작은 존재, 전자가 있다.

4. 미지의 광선이 정체를 드러내다

과학의 대서사시에서 우리는 종종 거대한 발견에 주목하지만, 정작 자연의 문을 여는 열쇠는 의외로 작고 평범해 보이는 곳에 숨어 있곤 한다. X선이라는 미지의 광선이 물리학의 새 장을 열었지만, 이 현상의 심층에는 더 근본적인 비밀이 기다리고 있었다. 바로 전자(electron)라는, 우주의 기본 입자였다. X선이 미지의 방에 통하는 문을 우연히 발견한 것과 같았다면, 전자는 그 방 안에서 발견한 마스터키와 같았다. 이 열쇠 하나로 자연과 우주의 모든 문을 열 수 있게 된 것이다. 가장 작고 보잘것없어 보이는 이 입자가, 역설적으로 물질 세계의 가장 깊은 비밀을 품고 있었다.

전자는 그저 원자의 구성 입자에 그치지 않았다. 그것은 화학 결합의 본질을 밝히고, 전기의 흐름을 설명하며, 빛의 성질을 이해하는 열쇠가 되었다. 더 나아가 양자역학이라는 완전히 새로운 물리학의 영역을 여는 관문이 되었다. 이 미세한 입자가 행동하는 방식을 이해하려는 시도에서 양자의 기묘한 세계가 드러난 것이다. X선이라는 현상을 연구하며 발견한 전자는 마치 한 권의 책에서 우연히 발견한 단서가, 실은 도서관 전체의 분류 체계를 이해하는 열쇠였음을 깨닫는 것과 같았다. 우리가 물질을 이해하는 방식, 에너지를 다루는 방식, 심지어 생명의 본질을 탐구하는 방식까지 모두 이 작은 입자에 대한 이해에서 출발했다.

전자라는 열쇠를 손에 쥔 인류는 자연과 우주를 지배하는 규칙의 일부를 비로소 이해하기 시작했다. 그것은 원자의 구조를 밝히고, 분자의 결합을 설명하며, 별의 에너지원을 이해하게 해주었다. 현대 과학을 구조적으로 흔들고 인류 문명을 완전히 새로운 시대로 접어들게 만든 계기는 바로 이 작고 부정적인(음전하를 띤다는 의미에서) 기호를 달고 있는 입자였다. 전자 없이는 현대 물리학도, 현대 기술도, 우리가 알고 있는 세계에 대한 이해도 존재할 수 없었을 것이다.

그래서 뢴트겐은 단순히 X선을 발견한 인물로 치부될 수 없다. 그는 1901년 첫 노벨물리학상을 수상하며 물리학의 새로운 시대를 열었다. 그의 발견은 앙리 베크렐이 우라늄염 결정이 감광판을 감광시키는 현상을 관찰하도록 이끌었고, 이는 다시 마리와 피에르 퀴리 부부가 방사능을 발견하는 발판이 되었다. 여기에서 그치지 않았다. 이러한 발견들은 J.J. 톰슨의 전자 발견, 어니스트 러더퍼드의 원자핵 발견, 닐스 보어Niels Bohr의 원자 모델 제안으로 이어졌다. 암묵지에 존재하던 원자 구조가 명백지로 옮겨왔다. 원자 이론은 양자역학으로 발전했고, 분자 구조와 화학적 결합의 이해가 완성되며 물리학뿐만 아니라 화학, 생명공학, 의학에 이르기까지 원자와 물질 세계를 탐구하고 이해하는 방식을 근본적으로 바꾸게 됐다. 흥미로운 점은 이러한 연구의 끝에 결국 미지의 X선 역시 베일을 벗었다는 사실이다. 과학의 역설적인 아름다움이라고 할까. 우리가 알지 못했던 도구로 현상을 연구한 결과, 그 현상의 본질을 만든 것이 그 도구였다는 것을 이해하게 된 것이다.

전자라는 열쇠를 주운 인류

가공할 만한 능력을 지닌 X선의 방사선원은 새로 발견된 물질이나 특별한 존재가 아니었다. 아이러니하게도 고대부터 존재를 알고 있던 흔한 '전자'였다. 셜록 홈즈 소설에서 범인이 항상 우리 주변에 있던 인물로 밝혀지는 것처럼, X선의 비밀도 우리가 늘 알고 있던 전자 안에 숨어 있었던 것이다. 물론 전자 자체가 스스로 방사선을 방출한다는 의미는 아니다. 만약 어디에나 존재하는 전자가 제멋대로 방사선을 뿜어낸다면, 우리 세상은 이미 존재하지 않았을 것이다. 다행히 대부분의 전자는 원자와 물질에 갇혀 가장 안정한 상태로 머물러 있다. 전자는 1897년 J.J. 톰슨에 의해 공식적으로 발견되었지만, 이미 그 전부터 전기와 관련된 여러 현상 속에서 그 존재가 암시되고 있었다. 톰슨은 전자를 '음극선을 구성하는 입자'로 처음 묘사했다. 이 작은 입자는 원자보다 작은 전하를 가진 최초의 소립자였으며, 원자가 더 이상 분할할 수 없는 최소 단위가 아니라는 충격적인 발견을 의미했다.

뢴트겐의 실험을 전자의 관점에서 다시 살펴보자. 그의 실험 장치는 전자를 방출하는 음극선 튜브와 그 반대편에 과녁처럼 놓인 금속 스크린으로 구성되어 있었다. 여기서 금속의 특별한 성질이 중요한 역할을 한다. 금속은 화학적으로 독특한 결합 방식을 가진 물질이다. 설탕이나 소금처럼 원자 사이의 강한 공유 결합이나 느순한 이온 결합이 아닌, '금속 결합'이라는 특별한 방식으로 원자들이 결합한다. 금속 원자는 가장 바깥 껍질의 전자를 꽉 붙들지 못한다. 이는 마치 소풍을 나온 유치원 선생님이 너무 활발한 아이들을 제대로 통제하지 못하는 것과 같다. 금속 원자를 떠난 전자는 '자유전자'가 되고, 원자는 금속 양이온이 된다. 물리학의 기본 법칙에 따르면 양이온끼리는 같은 전하를 가지고 있으므로 서로 밀어내야 한다. 그럼에도 금속 양이온들이 함께 뭉칠 수 있는 이유는 바로 이 자유전자들 때문이다. 자유전자는 금속 전체를 자유롭게 돌아다니며 양이온들 사이를 메워, 서로 묶어주는 접착제 역할을 한다. 금속 내부를 '전자의 바다'라고 부르는 이유가 여기에 있다. 이런 특성 때문에 금속은 전기를 잘 통하고, 열을 잘 전도하며, 두드리면 펴지는 전성과 당기면 늘어나는 연성을 갖는다.

금속 내부의 전자는 크게 두 종류로 나눌 수 있다. 하나는 양이온 원자핵에 갇힌 전자들이고, 다른 하나는 양이온들 사이 금속 전체에 존재하는 자유전자다. 두 전자 모두 양자역학에 지배되어 존재한다.

X선 생성: 우주적 확률 게임

현대 X선 발생 장치는 뢴트겐이 발견했던 당시와 크게 다르지 않다. 강한 전압으로 금속에 전자를 밀어 넣는 과정은 마치 물이 가득 찬 호스에 수도꼭지를 열어버리는 것과 같다. 당연히 반대쪽 끝에서 물이 쏟아져 나오듯, 금속에서도 자유전자가 튀어나오게 된다. 가속된 전자가 반대편 금속(구리, 텅스텐, 몰리브덴 등)에 충돌하는 순간이 X선 생성의 핵심이다. 이 과정은 놀라울 정도로 비효율적이다. X선 장치에서 생성되는 에너지의 99% 이상이 열로 방출되고,

단 1% 미만만이 X선으로 변환된다.

  가속된 전자가 금속 원자 내부의 전자와 충돌하는 것은 엄청난 확률 게임이다. 이는 마치 지구 크기의 축구장에서 먼지 크기의 공 몇 개를 서로 충돌시키려는 것과 같다. 원자는 대부분 빈 공간이다. 금속 원자의 핵을 농구공 크기로 확대해보면, 전자는 먼지 크기이고 이 먼지들이 지구 크기의 공간에 흩어져 있는 셈이다. 우주에서 바라보면 그저 텅 빈 공간처럼 보일 것이다.

  전자들의 충돌을 당구에 비유해보자. 큐로 타격한 당구공이 목적구를 맞추고, 두 공이 너무 강하게 부딪혀 당구대를 벗어나는 상황을 생각해보라. 이것이 가속된 전자가 금속 원자 내부의 전자와 충돌해 두 전자가 모두 원자를 벗어나는 과정이다. 원자 껍질에서 전자가 사라지면, 원자는 즉시 그 빈자리를 채우려 한다. 자연은 항상 가장 쉬운 방법을 선택한다는 점을 기억하자. 원자는 더 바깥쪽 껍질의 전자를 빈자리로 끌어들인다. 서로 다른 껍질에 있는 전자들은 에너지 상태가 다르다. 높은 에너지 상태의 전자가 낮은 에너지 상태로 이동할 때, 그 에너지 차이가 전자기파 형태로 방출된다. 이것이 바로 '특성 X선 Characteristic X-Ray'이다. 각 원소는 고유한 전자 배치를 가지고 있어, 특정 원소에서 나오는 특성 X선은 마치 지문이나 신분증처럼 그 원소에 고유한 에너지 패턴을 보인다. 특성 X선은 원자의 내부 전자 껍질에서 전자가 제거된 후, 외부 껍질의 전자가 이 빈자리를 채우면서 방출되는 에너지에 의해 생성된다. 이 에너지는 두 전자 껍질 간의 에너지 차이로 결정된다.

$$E_{\text{x-ray}} = E_{\text{outer}} - E_{\text{inner}}$$

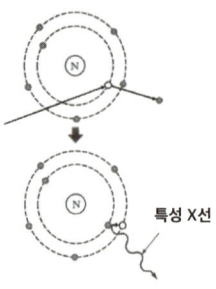

특성 X선

그러나 X선은 이런 방식으로만 생성되는 것이 아니다. 가속된 전자가 금속 원자 내부의 전자와 충돌하지 않고, 양전하를 띤 핵 근처를 지나가는 경우가 더 많다. 금속 원자가 가질 수 있는 전자라고 해봐야 그저 수십 개에 불과하다. 원자 내부 전자와 충돌하지 않은 가속된 전자는 핵의 전기적 인력 Coulomb field에 의해 이끌리며 진행 방향이 휘어진다. 전자의 진행 방향이 바뀌며 운동량이 변하는 것은 물리학적으로 중요한 의미를 갖는다. 자연에서 사라지는 것은 없다. 그저 다른 모습으로 존재할 뿐이다. 결국 운동에너지의 변화량은 다른 형태의 에너지로 바뀌게 되는데, 이 경우 전자기파로 방출된다. 이것이 바로 제동 방사 X선 Bremsstrahlung(독일어로 '감속 방사'라는 뜻)이다. 제동 방사 X선의 생성 메커니즘을 설명하는 대표적인 물리학 방정식은 운동 에너지 변화와 방출된 광자의 에너지 보존이다.

$$E_{photon} = \Delta E_{kinetic} = E_{initial} - E_{final}$$

- E_{photon}: 방출된 X선 광자의 에너지
- $\Delta E_{kinetic}$: 전자의 운동 에너지 변화량
- $E_{initial}$: 전자가 핵 근처에 도달하기 전의 초기 운동 에너지
- E_{final}: 전자가 핵 근처를 통과한 후의 최종 운동 에너지

제동 방사 X선은 특성 X선 같은 영역에 걸쳐 연속적인 스펙트럼을 가진다. 의료용이나 산업용 X선 촬영에 주로 이런 연속 스펙트럼의 X선이 사용된다. 이 두 가지 X선 생성 메커니즘은 마치 음악에서 특정 음계(특성 X선)와 넓은 주파수 범위의 소음(제동 방사 X선)의 차이와도 같다. 둘 다 중요하지만, 용도에 따라 적합한 것이 다르다.

X선의 본질

결국 X선은 가시광선과 마찬가지로 전자기파의 일종이다. 파장은 자외선보다 짧고 감마선보다 길며, 대략 0.01~10나노미터 범위에 해당한다. 이는 원자 크기 정도의 파장으로, 인체 조직을 투과할 수 있을 만큼 짧지만, 뼈와 같은 밀도 높은 물질에는 흡수되는 정도의 길이다. 빛의 속도는 불변하는 상수이므로, 이 파장으로부터 진동수를 계산할 수 있다. 막스 플랑크Max Planck는 1900년에 흑체 복사 문제를 해결하기 위해 방정식을 제안한다. 19세기 말, 물리학자들은 흑체 복사의 스펙트럼을 설명하려고 했지만 기존 이론(예를 들어 레일리-진스 법칙, 빈의 법칙)은 실험 결과를 완벽히 설명하지 못했다. 플랑크는 흑체 내부의 전자기파가 특정 진동수를 가진 조화 진동자로 표현될 수 있다고 가정했다. 그리고 이러한 진동자의 에너지가 연속적인 값이 아니라 불연속적인 '양자'로 존재한다고 가정했다. 플랑크는 이 과정에서 에너지가 주파수에 비례한다는 사실을 발견했고 이를 간단히 표현한 방정식은 에너지와 진동수 사이의 관계를 설명한다.

$$E = hf$$

E: 광자의 에너지 (단위: 줄, J), h: 플랑크 상수 (6.626 × 10⁻³⁴),
f: 진동수 또는 주파수 (단위: 헤르츠, Hz)

주파수와 파장은 빛의 속도를 통해 연결되므로, 이를 이용해 에너지를 파장으로 표현할 수 있다. 결국 에너지를 알게 되면 전자기파의 파장을 알 수 있다.

$$E = \frac{hc}{\lambda}$$

E: 광자의 에너지 (단위: 줄, J), h: 플랑크 상수 (6.626 × 10⁻³⁴), c: 광속, λ: 파장

X선의 진동수는 약 30페타헤르츠^{PHz}~30엑사헤르츠^{EHz} 범위로, 이는 현대 컴퓨터 프로세서 속도의 수백만 배에 달한다. 우리의 상상력을 초월하는 진동수다. X선의 파장은 약 10^{-11} 미터(0.01 나노미터)에서 약 10^{-8} 미터(10 나노미터)에 걸쳐 있다. X선의 에너지는 대략 100전자볼트^{eV}~100킬로전자볼트^{keV}로, 가시광선보다 수천 배 강하기 때문에 절대 얕잡아 볼 빛이 아니다. 이처럼 매우 짧은 파장과 높은 진동수는 X선이 높은 에너지를 가지는 이유이며, 가시광선보다 훨씬 강력한 전자기파임을 보여준다. 병원에서 X선을 철저히 관리하는 이유도 이러한 높은 에너지와 짧은 파장이 인체 조직에 미치는 영향 때문이다.

X선의 발견은 과학, 의학, 그리고 문화에 혁명적 변화를 가져왔다. 의학적으로는 인체 내부를 비침습적으로 관찰할 수 있게 해 진단의학의 새 시대를 열었다. 골절은 물론 종양, 결핵 등 다양한 질병을 진단했다. 게다가 그 파괴력으로 암 치료의 새로운 장을 열

었다. 의학 뿐만 아니라 과학적으로는 X선 회절 X-ray diffraction을 이용한 결정학을 통해 물질의 원자와 분자 구조를 연구할 수 있게 했다. 이를 통해 물질의 화학적 결합, 원자의 위치, 그리고 분자의 3차원 구조를 밝혀냈다. 로잘린드 프랭클린 Rosalind Franklin은 X선 회절 기술을 이용해 DNA의 결정적인 사진을 얻었고, 이는 제임스 왓슨 James Watson과 프랜시스 크릭 Francis Crick이 DNA의 이중 나선 구조를 제안하는 데 핵심적인 역할을 하며 현대 생물학과 생명공학의 기초를 마련했다.

    X선은 우리의 문화적 개념도 바꾸었다. 투시할 수 있는 능력은 오랫동안 신화와 과학소설의 주제였지만, X선은 그것을 현실로 만들었다. 물질의 불투명성에 대한 우리의 기본 가정이 무너졌고, 숨겨진 것을 볼 수 있다는 개념은 예술과 문학에도 영향을 미쳤다. 아인슈타인의 상대성이론, 플랑크의 양자역학과 함께 X선의 발견은 19세기 말 많은 과학자들이 물리학의 모든 것이 거의 밝혀졌다고 믿었던 시기에 새로운 물리학의 시대를 열었다. 이는 우리가 얼마나 자연의 복잡성을 과소평가하는지, 그리고 얼마나 많은 발견이 우연한 관찰에서 비롯되는지를 상기시킨다. 뢴트겐이 X선을 발견한 순간은 우리가 자연의 비밀 노트를 훔쳐본 첫 페이지였다. 그 이후로 우리는 더 많은 페이지를 넘기며 원자의 세계, 나아가 우주의 근본 법칙에 대한 이해를 넓혀왔다. 그리고 흥미롭게도, 우리가 매일 사용하는 X선은 여전히 뢴트겐 시대의 원리와 크게 다르지 않다. 과학의 발전이 얼마나 견고한 기반 위에 서 있는지 펀더멘털이 얼마나 중요한지 보여주는 증거일 것이다.

    존재가 소중한 건 인간이 바라보기 때문이라고 했다. X선은 우리가 이전에 볼 수 없었던 세계를 볼 수 있게 해주었다. 그렇게 보이지 않던 세계가 보이게 되면서, 우리는 그 존재의 소중함을 새롭게 깨닫게 되었다. 과학의 가장 큰 선물은 어쩌면 이런 깨달음일지도 모른다.

Chapter 4.
고요 속의 소리

입체 Stereoscopic-
차원을 넘어 본다는 것은
그만큼 진실에 가까워지고 있다는
의미다.

1. X선과 인체 조직의 화학적 상호작용

X선은 양극에서 발생하지만, 그 에너지를 조절하는 것은 음극에 가하는 전압이다. 음극은 일종의 '전자 공장'이라 할 수 있다. 허나 상상하는 것처럼 복잡한 장치는 아니다. 그저 백열전구의 필라멘트와 비슷한 금속 조각에 불과하다. 과거 에디슨이 천 번의 실패 끝에 발명한 그 백열전구가 사실은 X선 장치의 먼 조상이었다.

이 필라멘트는 까다로운 자격 조건이 있다. 높은 전압으로 전자들을 음극으로 밀어 넣으면, 내부에서는 마치 클럽에서 벌어지는 광란의 파티처럼 전자들끼리 격렬한 충돌을 한다. 그 열기는 섭씨 2천 도가 넘는다. 가정용 오븐 최고 온도의 거의 10배에 달하는 열이다. 필라멘트는 이런 지옥불 같은 온도에서도 녹지 않고 견뎌야 한다. 동시에 저항이 낮아 전자들이 쉽게 흐를 수 있어야 한다. 강력한 X선을 만들기 위해서는 이 열전자들이 클럽에서 젊은이들이 쏟아져 나오듯 많이 튀어나와야 한다. 전압을 올리면 전자의 양은 물론, 그 속도도 증가한다. 이 가속된 전자들이 양극과 충돌하면서 X선의 에너지 크기가 결정된다.

X선이 어떻게, 어떤 형태로 만들어지는지가 중요한 이유는 무엇일까? 그것은 X선이 태어난 방식에 따라 용도가 다르기 때문이다. 공항이나 항만의 보안용 X선과 물질 분석에 사용하는 X선은 같은 가족이지만 다른 종류다. 흉부 진단에 사용하는 X선과 방사선 치료에 사용하는 X선도 서로 다르다. 심지어 같은 흉부라도 유방 조직을 검사할 때와 폐를 촬영할 때 사용하는 X선이 다르다. 포유류의 폐는 갈비뼈라는 단단한 케이지에 갇혀 있어, 폐 조직을 보려면 먼저 뼈를 투과해야 한다. 반면 유방 조직은 뼈와 같은 방해물이 없기에 투과율이 낮은 X선을 사용한다. 이는 마치 다양한 두께의 안개를 통과해야 하는 자동차 헤드라이트의 밝기를 조절하는 것과 비슷하다. 짙은 안개에는 강한 빛이, 옅은 안개에는 약한 빛이 적합한 것처럼.

X선이 인체를 보여주는 방식

X선이 사물과 인체 조직을 투과할 수 있지만, 모든 물질이 X선을 동일하게 통과시키지는 않는다. 과학에서 말하는 투과율은 흡수율과 반비례 관계에 있다. X선은 물질의 화학적 성분과 밀도에 따라 다르게 흡수된다. 이것이 바로 X선이 인체 내부를 시각화하는 데 중요한 역할을 하는 근본 원리이며, 의학 영상 기술의 핵심이 된 이유이기도 하다.

밀도가 높은 조직은 마치 사람들로 가득 찬 콘서트장처럼 많은 물질을 포함하고 있다. X선이 이런 복잡한 군중 사이를 통과하려면 더 많은 상호작용이 일어날 수밖에 없다. 결국 밀도가 높은 조직은 X선을 더 많이 흡수한다. 또한 조직을 구성하는 원소의 종류에 따라서도 X선 흡수율이 달라진다. 원소의 원자 번호가 클수록, 즉 원자가 무거울수록 X선을 더 많이 흡수한다. 무거울수록 전자가 많고, X선은 기본적으로 원자의 전자와 상호작용하기 때문이다.

뼈는 주로 칼슘과 인이라는 상대적으로 무거운 원소로 구성되어 있으며, 높은 밀도를 가지고 있다. 따라서 뼈는 X선을 많이 흡수하여 X선 이미지에서 하얗게 나타난다. 근육, 지방, 장기와 같은 연조직은 상대적으로 밀도가 낮고, 주로 수소, 탄소, 산소라는 가벼운 원소로 구성되어 있다. 이들 원소는 X선을 덜 흡수해 이미지에서 회색 계열로 나타난다. 그리고 폐와 같이 공기가 있는 부위는 텅 빈 경기장처럼 밀도가 매우 낮아 X선을 거의 흡수하지 않고 통과하여 이미지에서 검게 나타나는 것이다.

이러한 흡수 메커니즘 덕분에 X선 이미지는 다양한 조직을 명확하게 구분할 수 있게 해준다. 뼈는 밝게, 연조직은 회색으로, 공기층은 검게 보이는 이 대비가 의사들에게는 인체 내부의 지도가 된다. 빌헬름 뢴트겐이 우연히 X선을 발견한 순간은 역사상 가장 중요한 '유레카' 순간 중 하나였다. 의학은 X선 발견 이후로 완전히 달라졌다고 해도 과언이 아니다. 갑자기 인류는 피부라는 장벽을 넘어 살아 있는 인체 내부를 들여다볼 수 있게 되었다. 일반적인 X선 촬영은 골절이나 조직의 상태를 검사하는 데 충분하지만, 때로는 더 정밀한 관찰이 필요하다. 이때 CT 스캔이라는 진화된 기술이 등장한다. 흥미롭게도 CT 스캔이 더 특별한 방사선을 사용하는 것은 아니다. 단지 일반 X선을 여러 방향에서 촬영한 후 컴퓨터로 재구성하는 기술적 진보일 뿐이다. 마치 같은 배우를 다양한 각도에서 촬영하여 3D 영상을 만드는 것과 비슷하다.

결국 X선은 우리 눈으로는 볼 수 없는 세계를 보여주는 마법 같은 도구다. 인체라는 신비로운 우주의 행성들과 은하계를 탐험할 수 있게 해주는 빛. 전자의 무도회에서 시작된 이 빛이 인간의 생명을 구하는 가장 강력한 도구 중 하나가 되었다. 눈에 보이지 않는 이 빛이 보여주는 세계가 있기에 지금의 현대 의학이 존재한다.

2. 의학을 혁신한 수학자의 상상

굉음을 내는 도넛 모양의 거대한 장치에 누워 눈을 감고 있으면 내 몸이 우주라는 생각이 든다. 아주 먼 과거, 밤하늘이 보여준 우주의 모습은 인간에게 상상의 영역이었다. 지금은 우주의 모습이 더 이상 그 영역에 있지 않다. 과학 기술은 눈에 보이지 않는 암흑 깊은 곳의 우주를 꺼냈다. 하지만 보이는 것이 전부는 아니다. 허블 망원경, 그리고 그 뒤를 이은 제임스웹 망원경이 보여준 건 단지 아름다운 우주의 모습만이 아니었다. 사진에는 또 다른 정보가 있다. 바로 시공간이다. 우주에 흩어진 별과 은하를 4차원 공간으로 보여준 것이다. 평면에 흩어진 우주 사진은 3차원 공간은 물론 시간이라는 차원을 담고 있었다. 의료 진단 장치인 CT 역시 2차원에 불과한 평면 정보를 한 차원 높여 공간으로 확대하며 의료 암묵지를 제거했다. 숨겨진 차원을 드러내는 마법과도 같은 사건이다.

X선의 등장은 의료에서 혁명과도 같은 큰 사건이지만, 조직과 상호작용하는 X선의 특성으로 여전히 암묵지는 존재했다. 우리가 얻어낸 X선 사진은 이 광선이 지나는 길에 놓인 여러 조직에 흡수

되며 스크린에 도달할 때까지 남아 있던 X선이 만들어낸 이미지이다. 그러니까 수많은 조직의 흡수율 적분값으로 그린 그림자인 셈이다. 이 결과가 필름과 스크린에 나타나기 때문에 2차원 정보만 얻을 수 있다. 물론 이것만으로도 큰 혜택이었다. 전쟁에서 총상이나 골절을 입은 환자의 상태를 알 수 있었으니 말이다. 하지만 뼈는 X선 흡수가 높아 X선의 진행방향에 존재하는 다른 조직의 정보를 흐릿하게 만든다. 특히 뼈로 감싸져 있는 뇌의 경우 여전히 암묵지였다. 병변이 있는 신체 기관이나 조직을 일정 간격으로 썰어내어 그 단면들을 보는 건 모든 의료인들의 바람이었을 것이다. 그렇다고 진단을 위해 물리적인 절단을 할 수 없는 일이다.

1917년, 오스트리아의 한 수학자가 순수하게 학문적 호기심으로 발표한 논문이 있었다. 당시 그는 자신의 연구가 수십 년 후 현대 의학을 혁신할 것이라고는 상상도 못했을 것이다. 요한 라돈 Johann Karl August Radon 의 이야기는 순수 수학이 어떻게 실제 세계를 변화시킬 수 있는지를 보여주는 멋진 예시다. 투명한 유리 상자 안에 여러 개의 투명 구슬을 넣어두었다고 생각해보자. 직접 보지 않고 상자를 열어 만질 수도 없는 상태에서 구슬들의 정확한 위치를 어떻게 수학적으로 계산할 수 있을까? 라돈은 이런 문제를 수학적으로 해결하는 방법을 제시했다. 한 가지 가정은 그림자였다. 그의 아이디어를 이해하기 위해, 이런 상상을 해보자. 한 장의 종이에 빨간 동그라미, 파란 세모, 노란 네모를 그려놓았다. 이제 이 종이를 여러 각도에서 빛으로 비춰보면 어떻게 될까? 정면에서 비추면 세 도형의 그림자가 나란히 보인다. 45도에서 비추면 일부 도형이 겹쳐 보인다. 90도에서 비추면 또 다른 모양으로 보일 것이다.

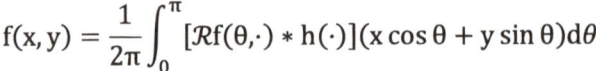

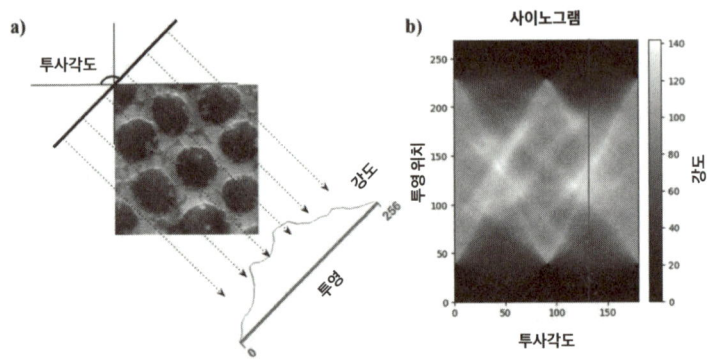

라돈 변환 및 사이노그램의 시각화. 변환은 사전 처리된 위상 이미지(a)를 가져와 이미지와 함께 투사 각도에서 나오는 광선(점선 화살표)을 따라 이미지의 강도 값의 적분을 계산한다. 투사 각도는 0도부터 180도까지 다양하며 광선의 적분을 캡처하고 수평으로 쌓아 사이노그램이라는 이미지를 형성한다.

이렇게 각도마다 다르게 보이는 '그림자'들의 정보를 수학적으로 기록한 것이 바로 라돈 변환이다. 신체 단면의 함수 f(x,y)에 대해 특정 각도에서의 선적분을 계산하는 수학적 변환이다. 이때 얻어지는 데이터를 각도와 그림자의 축으로 그래프를 그리면 파동의 사인파와 비슷한 모양이 되는데, 이것이 바로 사이노그램Sinogram이다. 그렇다면 이 사이노그램에서 어떻게 다시 원래의 영상을 얻어낼 수 있을까? 이것이 바로 '역라돈 변환'의 영역이다. 마치 퍼즐을 맞추듯이, 각 각도에서 얻은 정보를 수학적으로 역추적하는 것이다. 흥미로운 점은 이 과정이 수학적으로 완벽하다는 것이다. 충분한 각도에서 충분한 데이터를 수집하면, 이론적으로는 완벽한 3차원 재구성이 가능하다. 라돈은 이렇게 여러 각도에서 본 '그림자들'

의 정보만으로도 원래의 모양을 수학적으로 완벽하게 복원할 수 있다는 것을 증명했다. 이것이 바로 '라돈 변환'과 '역라돈 변환'의 핵심 원리이다.

이 이론이 CT 스캐너의 원리이다. 이는 사물의 그림자를 만들어 낼 수 있는 X선이 있었기에 가능했다. CT는 Computer Tomography의 약자인데, 말 그대로 컴퓨터 단층촬영이란 의미다. 한 장의 단면을 얻기 위해 360도에서 수많은 그림자 데이터를 얻고 이를 역투영하는 것이다. 컴퓨터가 사용되는 이유는 수학적 계산을 하기 위해서이다. CT 스캐너의 개발은 단순한 기술의 진보가 아니라, 인간의 지적 탐구가 어떻게 현실을 변화시키는지를 보여주는 대표적인 사례다. 라돈의 수학적 이론은 오랜 시간 동안 잊혀졌다가, 20세기 중반에 이르러 미국의 물리학자 앨런 코맥Allan Cormack과 영국의 공학자 고드프리 하운스필드Godfrey Hounsfield에 의해 재발견된다. 요한 라돈이 개발한 적분 기하학 이론이 CT 재구성 알고리즘의 토대였다. 1963년 앨런 코맥이 X선 흡수 계수 분포의 재구성 문제를 독자적으로 해결했고, 하운스필드는 코맥의 이론을 바탕으로 세계 최초의 CT 스캐너를 개발했다. 흥미로운 것은 코맥은 라돈의 이론을 몰랐고 독자적으로 수학적 해법을 개발했다는 사실이다. 하운스필드 역시 초기에 코맥의 논문도 몰랐다가 1970년대에 논문을 발견한다. 1971년 10월 1일 런던 앳킨슨 몰리Atkinson Morley 병원에서 인간 뇌 영상을 획득하는 데 성공한다. 이듬해 영국방사선학회에서 공개한 후 1973년 EMI사에서 상용 헤드 스캐너인 EMI Mark I을 출시하며 세상에 등장했다. 하운스필드는 초기 연구 당시 라돈과 코맥 이론을 몰랐으나, 후속 연구에서 이론적 근거를 확립하게 된다.

둘은 서로를 모르고 후행 연구에서 이론적 연결이 되며, 라돈 이론은 복수의 독립적 기여를 한다. 두 사람은 이 공로로 1979년 노벨생리의학상을 공동 수상한다. 순수 수학의 이론이 첨단 기술로 구현된 놀라운 예시이다.

CT 스캐너는 X선을 신체의 한 단면에 투과시킨다. 이때 X선은 신체의 다양한 조직을 통과하며 그 강도가 감쇠한다. 뼈는 X선을 많이 흡수하고, 근육이나 지방은 상대적으로 적게 흡수한다. 이렇게 감쇠된 X선 신호는 검출기에 포착되어 2차원 이미지인 사이노그램으로 변환된다. 마치 한 편의 교향곡이 악보에 기록되듯, 신체의 단면 정보가 각도와 위치에 따라 암호화된 정보가 한 장에 기록된다. 그런데 이 사이노그램은 그 자체로는 아무런 의미가 없다. 암호문처럼 보이는 데이터를 해독하지 않으면, 그 속에 담긴 신체의 구조를 알 수 없다. 역라돈 변환이 암호를 푸는 첫 번째 열쇠이다.

역투영의 기본 아이디어는 간단하다. 그림자 데이터를 마치 시간을 되돌리듯 다시 원래의 공간으로 투영하면, 신체의 단면을 복원할 수 있다. 이는 여러 각도에서 찍은 사진을 겹쳐 원래의 물체를 재구성하는 것과 같다. 그러나 이 과정에는 한 가지 문제가 있다. 역투영만으로는 영상이 흐릿해진다는 점이다. 마치 안개 낀 거울을 보는 것처럼, 세부적인 구조가 명확하게 보이지 않는다. 실제로는 X선의 산란이나 노이즈 때문에 약간의 왜곡도 생긴다.

선명함을 위한 두번째 열쇠는 필터링이다. 필터링은 역투영 과정에서 발생하는 흐림 현상을 보정하는 작업이다. 이 아이디어는 1960년대 초, 앨런 코맥에 의해 구체화되었다. 코맥은 X선 데이터를 수학적으로 처리하여 선명한 영상을 얻는 방법을 연구했고, 이를 통해 역투영의 문제점을 해결했다. 필터링은 사진을 선명하게 보정하는 것과 같다. 그림자 데이터에 특수한 수학적 필터를 적용하면, 역투영 과정에서 발생하는 흐림 현상이 제거되고, 선명한 영상을 얻을 수 있다. 이 과정은 푸리에 변환(Fourier Transform)과 같은 고급 수학적 기법을 활용한다. 예를 들어, CT에서 자주 사용되는 'Ram-Lak 필터'는 마치 음악의 이퀄라이저처럼 특정 주파수 대역을 강조하거나 약화시킨다. 경계선은 선명해지고, 불필요한 흐릿함은 제거된다. 이를 통해 신체의 미세한 구조까지도 정확하게 재현할 수 있다. 이 두 과정을 통해 사이노그램은 마침내 우리가 이해할 수 있는 3차원 영상으로 변환된다.

실제 의료 현장에서는 이런 과정이 더욱 복잡하다. 진단을 받아본 사람은 숨을 참으라는 안내를 받을 것이다. 그림자 데이터를 얻는 동안 움직임은 신호의 잡음이 되기 때문이다. 숨과 관계없이 움직이는 기관이 있다. 예를 들어, 심장 CT를 찍을 때는 심장이 계속 움직이기 때문에 시간에 따른 변화까지 고려해야 한다. 이를 위해 현대의 CT는 '시간 분해능'이라는 개념을 도입했다. 마치 고속 카메라로 찍은 것처럼, 심장의 한 박동 주기 동안 여러 장의 영상을 얻어내는 것이다. 더 나아가, 최신 CT 기술은 '반복적 재구성 방법'이라는 새로운 접근법을 사용한다. 이는 퍼즐을 맞출 때 여러 번 시도하면서 점점 더 정확한 그림을 완성해가는 것과 비슷하다. 컴퓨터가 첫 번째 추정치를 만들고, 이를 실제 측정된 데이터와 비교하면서 계속해서 영상을 개선해나가는 것이다.

CT 스캔 기술은 오늘날에도 계속 발전하고 있다. X선 물리학과 수학적 알고리즘의 융합과 개발을 통해 의료 영상의 정확도와 안전성을 지속적으로 개선하고 있다. 최신 연구들은 저선량 노출 최소화와 고속/고해상도 영상 구현, 이중 에너지 CT와 인공지능과 머신러닝(AI/ML) 기반 영상 재구성에 집중되고 있다. 그러나 그 핵심에는 여전히 라돈, 코맥, 하운스필드와 같은 선구자들의 지적 유산이 자리잡고 있다.

3. 조영제가 몸에 들어오면 왜 뜨거울까

혈관 속에 혈액이 흐르고 있는 사실을 누구나 알지만, 혈류의 속도를 감각으로 느끼는 사람은 거의 없다. 동맥 혈류 속도는 평균 초당 30센티미터이고 심장 판막 근처에서는 평균 초속 1.3미터이며 최대 1.8미터를 흐르기도 한다. 혈액이 액체임을 감안하면 무척 빠른 속도다. 혈류 속도는 혈관의 크기, 위치, 그리고 심장의 펌프 작용에 따라 다르다. 대체적으로 단면적이 작은 동맥에서는 혈류가 빠르고 압력이 높고, 동맥보다 단면적이 큰 정맥에서는 혈류가 상대적으로 느리고 압력이 낮다. 간혹 영화나 드라마에서 혈관 상해로 인해 피가 솟구치는 장면으로 혈류의 속도를 가늠할 수 있겠지만, 평소 우리의 몸은 혈류의 속도를 전혀 느끼지 못한다. 사실 느끼지 못해야 정상적으로 살아갈 수 있다. 인간의 몸은 우주만큼이나 신비롭고 복잡한 세계다. 우리는 매일 몸을 사용하지만, 그 내부에서 일어나는 일들을 제대로 알지 못한다. 그래서 변화가 없는 한 존재조차 잊곤 한다. 어쩌면 잊고 있는 상태가 가장 건강한 상태일 것이다. 그런데 혈관에 조영제가 들어오면 혈관 내부에 변화가 생긴다. 이 변화로 우리 몸에 혈액이 흐르고 있다는 것을 알게 된다.

조영제는 CT촬영에서 영상의 품질을 높이기 위해 사용되는 화학 물질이다. 조영제는 보통 바륨Barium이나 한때 요오드라 불리던 아이오딘 화합물Iodinated Compound을 사용한다. 바륨(Ba)과 아이오딘(I)은 X선을 잘 흡수하는 특성을 가지고 있다. X선은 물질을 통과할 때 매질의 밀도와 구성 원자 종류에 따라 흡수되는 정도가 달라진다. 원자 번호가 높은 무거운 원소는 마치 두꺼운 커튼이 빛을 차단하듯, X선을 흡수해 혈관과 조직의 경계를 더욱 선명하게 보여준다. 정맥에 주사된 조영제 물질은 심장을 거쳐 동맥을 타고 온몸으로 빠르게 전달되는데, 이 과정에서 우리는 몇 가지 현상을 경험한다. 대표적으로 강렬한 열감과 메스꺼움이 있다. 아이오딘 원자가 높은 농도로 들어있는 화학 물질이 평균 초속 30센티미터 속도로 퍼지는 현상을 열감으로 느끼고 동시에 혀끝에서 목젖까지 비릿한 맛이 맴돈다. 이 순간 우리 몸은 무슨 일을 겪는 것일까? 조영제 자체가 뜨거운 걸까? 단순한 부작용일까, 아니면 몸이 보내는 어떤 신호일까?

이는 조영제로 인한 혈관의 구조적 변화와 생리적 요인 때문이다. 혈관을 흐르는 혈액은 유체(액체나 기체처럼 흐르는 물질)이다. 유속과 유량 등 유체의 상태는 유체를 실어 나르는 통로인 혈관의 구조와 직접적으로 연관이 있다. 유체역학하면 가장 먼저 떠오르는 법칙이 베르누이의 원리이다. 18세기 스위스 출신 수학자 다니엘 베르누이Daniel Bernoulli가 제안한 이 이론은 비행기 날개의 양력 생성 원리를 설명하며 자주 등장한다. 유체가 빠르게 흐르는 곳에서는 압력이 낮아지고, 느리게 흐르는 곳에서는 압력이 높아진다. 비행기 날개의 윗면에서 공기의 속도가 빨라지고 압력이 낮아져 양력이 발생한다는 내용이지만, 사실 비행기는 나비에-스토크스 방정식, 경계층 이론, 뉴턴의 작용-반작용 법칙 등 훨씬 더 복잡한 법칙들로 설명되며 운행된다. 단, 베르누이 법칙은 액체를 운송하는 파이프 시스템에서 압력강하와 유속을 제어하는 데 유용하게 사용된다.

혈관도 일종의 파이프라고 가정하면 혈관 내 혈류에서도 베르누이 원리가 적용된다. 대동맥과 같은 큰 동맥에서는 다른 혈관에 비해 혈액이 빠르게 흐르고 점성 효과가 상대적으로 적으므로 베르누이의 원리가 적합하다. 하지만 속도와 압력이 열감으로 연결되기에는 인과관계가 부족하다. 조영제를 넣었다고 특별히 물리량이 변하지 않기 때문이다. 게다가 온몸에 퍼져 있는 혈관들은 대동맥보다 작기 때문에 베르누이의 원리만을 적용하기 쉽지 않다. 베르누이 원리는 유체가 비압축성이고 점성이 없는 이상적인 조건에서 적용되는 이론이기 때문이다. 혈액은 좁은 통로를 지날 때 점성이 높은 물질로 여겨지기 때문에 이론에 수정된 모델이 필요하다.

조영제가 혈관 속으로 들어가면, 당연히 혈관 속 액체 성분에 변화가 온다. 그러면 혈관 내의 삼투압에 변화를 일으킨다. 삼투압이란, 용액 내의 농도 차이로 인해 발생하는 압력을 말한다. 결국 조영제는 혈액의 농도를 변화시키고, 이로 인해 혈관 내부의 압력이 달라지게 되는 것이다. 결과적으로 혈관 주변 세포로부터 체액을 빨아들이며 혈관을 확장시키는데, 혈관의 확장은 혈류의 속도를 증가시킨다. 마치 강물이 좁은 협곡을 지나 넓은 평야로 흘러들어가며 속도가 빨라지듯, 혈액도 확장된 혈관을 통해 더 빠르게 흐르게 된다. 혈관이 확장되면, 그 부위로의 혈류량 역시 증가한다. 도로가 넓어지면 더 많은 차량이 지나갈 수 있는 것과 같다. 이렇게 증가된 혈류는 체내의 열을 피부 표면으로 더 많이 전달한다. 이는 체온 조절 메커니즘의 일부로, 체내 열을 피부를 통해 방출하는 과정이다. 냉각 시스템이 과열된 엔진을 식히듯, 우리 몸도 혈류를 통해 열을 조절한다. 그런데 어느 정도로 확장이 되길래 평소와 다른 강렬한 열감을 느끼는 걸까. 이런 열감이라면 혈관 직경에 상당한 변화가 있을거라 감각적 짐작이 든다. 하지만 확장된 혈관 직경의 변화는 아주 작다. 이런 작은 변화에도 유속과 유량은 커진다. 감각은 잠시 접어두고 과학으로 이해를 할 차례다.

이 과정을 이해하기 위해서는 푸아죄유의 법칙Poiseuille's Law을 들여다볼 필요가 있다. 이 법칙은 점성을 가진 유체가 원통형 관을 통해 층류Laminar Flow*로 흐를 때, 유량과 압력 차이, 관의 반경, 길이, 그리고 유체의 점도 간의 관계를 설명하는 물리 법칙이다. 푸아죄유의 법칙을 적용하면 혈류의 속도와 혈관의 반지름, 혈액의 점성, 그리고 혈관의 길이 사이의 관계를 설명할 수 있다. 이 법칙에서 주목할 부분은 다른 조건이 동일하다는 가정에서 혈관의 체적 혈류량(Q)이 그 반지름의 네 제곱에 비례하여 증가한다는 사실이다. 즉, 혈관이 조금만 확장되어도 혈류의 속도는 급격히 빨라진다. 가령 직경이 5밀리미터인 혈관의 반지름이 20%가 증가하면 혈관 직경은 6밀리미터가 되지만 혈류량은 100%가 넘는 2.06배나 증가한다. 조영

---

* 유체 입자가 평행 층을 따라 부드럽고 질서 있게 흐르는 상태. 입자 간 혼합이 거의 없으며, 유속이 낮고 점성이 높은 환경에서 발생한다. 반대 개념은 난류(Turbulent Flow)로 유체 입자가 혼란스럽고 불규칙적인 경로를 따라 흐른다. 소용돌이(eddy)와 같은 난류는 유속이 높고 점성이 낮은 환경에서 흔하다. 폭포, 빠르게 흐르는 강물, 항공기 주위의 공기 흐름이 사례다.

제로 인한 혈관의 확장으로 혈류량이 많아지고 이로 인해 열감이 발생하는 것이다. 방정식을 적어보았지만, 반지름(r)의 4 제곱만 이해하면 된다. 방정식을 꺼낸 이유는 이런 수학적 기호들이 얼마나 빠르게 정보를 전달할 수 있는지 예를 든 것이다.

$$Q = \frac{\pi \Delta P r^4}{8 \eta L}$$

푸아죄유의 법칙에 의하면
저항은 관(L)이 길수록, 유체의 점도(η)가 클수록, 관의 반지름(r)이 작을수록 커진다.

또한 혈류 증가는 세포의 대사 활동을 촉진시킨다. 세포는 더 많은 에너지를 소비하며, 이 과정에서 더 많은 열을 생성한다. 이는 마치 공장의 생산량이 증가하면 더 많은 열이 발생하는 것과 같다. 이렇게 생성된 열은 피부의 온도 감각 신경을 자극하여 뇌에 전달한다. 이는 염증 반응이나 체온 조절과 같은 생리적 과정의 일부로 발생하는 작용이다. 이 별것 아닐 것 같은 신호는 이러한 복합적인 과정으로 발생해 우리가 느끼는 그 강렬한 열감으로 이어지는 것이다. 그러나 이 열감은 단순히 물리적인 현상에 그치지 않는다. 우리 몸이 얼마나 정교하게 설계되어 있는지를 보여주는 한 예이다. 혈관의 확장, 혈류의 증가, 열감의 발생은 모두 우리 몸이 외부의 변화에 어떻게 반응하는지를 보여주는 신호다.

4. 고요 속에도 소리가 있다

"침묵은 가장 완벽한 소리다."
이 문장은 음향학자들이 종종 인용하는 역설적 표현이다. 소리의 본질을 탐구하다 보면, 들리지 않는 것이 가장 강력한 메시지를 전달할 때가 있다는 사실에 직면하기 때문이다. 『어린 왕자』에서 중요한 것은 눈으로 보이지 않는다는 문장과 같은 맥락이다. 인간의 귀가 포착하지 못하는 초음파의 세계는 그러한 역설이 적용되는 영역이다. 박쥐의 어두운 비행, 고래의 심해 대화, 의사들의 초음파 탐침―이 모든 것은 보이지 않는 소리가 만들어내는 기적이다.

1794년, 이탈리아 동물학자 라차로 스팔란차니Lazzaro Spallanzani는 박쥐가 시각이 아닌 청각을 사용하여 장애물을 피한다는 것을 실험적으로 입증했다. 그는 박쥐가 눈을 가리거나 제거한 후에도 정상적으로 비행하는 반면, 귀를 막으면 장애물에 충돌한다는 것을 관찰했다. 당시 학계는 이를 '제6감'으로 설명했다. 초음파Ultrasound의 존재를 알지 못했기 때문이다. 초음파와 관련된 과학적 원리는 1938년 도널드 그리핀Donald Griffin과 로버트 갈람보스Robert Galambos에 의해 밝혀졌다. 이들은 실험을 통해 박쥐의 입에서 발생하는 초음파와 귀의 구조적 특성이 결합된 결과임을 증명했다. 종에 따라 차이가 있지만, 놀랍게도 박쥐는 5킬로헤르츠에서 200킬로헤르츠 대역의 초음파를 1초에 10~50번까지 발사하며, 0.1밀리미터 정확도로 물체의 위치를 판단한다. 인간이 개발한 최첨단 레이더 시스템처럼 주파수 조정 능력을 가진 셈이다. 고래의 경우 더 극적이다. 향유고래는 230데시벨의 클릭음을 저주파 (20헤르츠 ~20킬로헤르츠) 대역으로 방출한다. 제트기 엔진 소리가 140데시벨 정도임을 감안하면 압도적인 세기다. 물론 물속 데시벨과 공기 중 데시벨은 측정 기준이 다르므로 직접 비교는 어렵다. 고래의 초음파는 수심 1,000미터 아래에서도 10킬로미터 이상 전달되어 개체 간 소통은 물론 먹이 추적에 활용된다. 흥미롭게도 공기의 800배에 달하는 해수의 높은 밀도와 압력이 초음파 전달을 가속시키는 매질로 작용한다.

저주파는 파장이 길어 에너지 손실도 적다. 반면 박쥐의 초음파는 30미터 이상 전달되지 않는다. 공기 중에서는 분자간 거리가 멀고 음파 파장이 짧아 에너지 손실이 크기 때문이다. 이 두 생물의 공통점은 매질에 따른 주파수 선택이다. 고래가 저주파 대역을 사용하는 것은 장거리 통신을 위해 파장을 길게 조정한 진화적 적응 결과다. 반면 박쥐는 공기 중에서의 빠른 감쇠를 상쇄하기 위해 고주파와 연사 속도를 극대화했다. 자연이 풀어낸 이 두 생물학적 음향 시스템 전략은 인간이 개발한 레이더 및 소나 시스템에 영감을 주었고 장애물 회피 및 목표 탐지 기술에 결정적 단서를 제공했다.

인간의 과학 기술은 자연을 이해하고 복제한 산물인 경우가 대부분이다. 1958년 스코틀랜드 글래스고 산부인과의 의사 이안 도날드

Ian Donald는 철강소 노동자들의 초음파 결함 탐지기를 의료에 응용할 수 있는 가능성을 발견하고 실제 태아 영상을 얻었다. 당시 X선 검사의 방사능 위험에 시달리던 의학계는 이 발견에 열광했다. 그러나 문제가 하나 있었다. 탐침을 피부에 대는 순간, 초음파가 사라지는 것이다. 초음파는 매질(물, 조직 등)을 통해 전파되며, 공기층에서는 거의 완전히 반사된다. 연구에 따르면, 초음파의 대부분이 공기와 조직 경계에서 반사되어 효과적인 이미징이 불가능했던 것이다.

여기서 물리학의 기본 법칙이 해결사로 등장한다. 매질의 고유한 물성인 특성 음향 임피던스Acoustic Impedance는 음파가 매질을 통해 전달될 때 음파의 진행을 방해하거나 저항하는 정도를 나타낸다. 이는 음압(p)acoustic pressure과 입자 속도(v)particle velocity의 비로 정의되며, 결국 매질의 밀도와 음속의 곱으로 계산된다.

$$Z = \rho \cdot c$$

Z: 음향 임피던스 (kg/(m²·s)), ρ: 매질의 밀도 (kg/m³),
c: 매질 내 음속 (m/s)

음향 임피던스의 단위인 레일(Z, Rayl)은 음향학에 큰 기여를 한 레일리 경을 기리기 위해 명명되었다. 존 윌리엄 스트럿 레일리John William Strutt Rayleigh 덕분에 우리는 하늘이 왜 파란색인지 알게 됐다. 레일리 산란Rayleigh Scattering 법칙을 만든 물리학자인 그는 관심을 빛의 파동에서 음파까지 확장한다. 매질간 음향 임피던스의 차이가 0.1%만 넘어도 초음파는 매질 경계면에서 반사된다. 그렇다면 공기의 임피던스는 몇 레일일까? 공기의 밀도는 섭씨 20도에서 1.21 kg/m³,

음속은 343 m/s이다. 둘을 곱한 음향 특성 임피던스는 415 레일이다. 물의 경우, 밀도 998 kg/m³, 음속 1,481 m/s로, 음향 특성 임피던스가 1,478,038 레일이다. 공기와 물의 음향 특성 임피던스 차이가 3,500배 정도 된다. 당연히 피부와 탐침 사이에 공기층은 임피던스 차이가 매우 커서 신호는 사라진다. 이를 해결하기 위해 고안한 것이 초음파 겔이다. 글리세린 기반의 미끄러운 젤리 물질은 임피던스를 1.5×10^6 레일로 조절해, 공기와 피부 접촉면 경계를 사실상 제거한다. 겔을 사용하지 않을 경우 영상 품질이 관찰이 의미없을 정도로 저하되며, 이는 비유하자면 수영장 바닥을 유리창 너머로 보려는 것과 같다. 이후 1970년대에는 실시간 영상이 가능한 기술이 개발되었고, 1980년대에는 도플러 기술이 도입되어 혈류 측정까지 가능해졌다.

의료영상 기술의 두 거인인 CT와 초음파는 각기 다른 철학을 구현한다. CT 스캔이 X선의 투과력을 이용해 360도 단면 영상을 생성하는 반면, 초음파는 2~18메가헤르츠 대역의 음파 반사 패턴을 실시간으로 해석한다. 그러나 초음파의 약점은 여전히 뼈나 공기 기관을 통과하지 못한다는 점이다. 폐나 장 검사에 CT가 선호되는 이유다. 초음파의 최대 분해능(0.1밀리미터)은 일반적인 CT(0.5밀리미터)보다 우수하지만, 깊이 20센티미터 이상 탐지시 해상도가 급격히 떨어진다. 음파가 조직을 통과하며 흩어지는 산란이 누적되기 때문으로, 의료물리학자들은 '주파수-깊이 트레이드 오프'라 부른다. 고주파를 사용할수록 표면 근처의 미세 구조는 선명하게 보이지만, 심부 조직은 흐릿해지는 것이다. 그럼에도 여전히 진단 장비로 사용되고 있다. CT는 정밀한 디테일을 통해 인체의 구조적

미를 드러내지만, 방사선이라는 그림자를 남긴다. 반면 초음파는 안전하고 실시간으로 펼쳐지는 생동감 넘치는 영상으로, 우리에게 잊지 못할 내부의 풍경을 선사한다. 이 두 기술은 경쟁하기보다는, 서로 다른 상황에서 최적의 선택지를 제공하는 듀엣을 이룬다.

한편, 최근 광음향 효과를 이용한 새로운 이미징 기술(PAI)Photoacoustic Imaging이 공개되었다. 레이저로 조직을 가열하면 열팽창에 따른 음파가 발생하는 원리를 응용한 것으로, 기존 탐침보다 10배 높은 콘트라스트 영상을 제공한다. 더 나아가 인공지능 알고리즘은 초음파 신호에서 미세한 암 세포의 패턴을 식별한다. 2023년《네이처 메디신》에 게재된 논문에 따르면 AI학습으로 유방암 조기 진단 정확도가 유의미하게 향상되었다. 그러나 여전히 자연이 인간을 압도하는 지점이 있다. 박쥐의 초음파 뇌 처리 속도는 0.1ms 이내인 반면, 최신 초음파 기기는 박쥐에 비해 큰 차이의 처리 지연이 발생한다. 생체 모방 공학자들은 박쥐의 청각 피질 구조를 연구하여 이를 개선하려는 노력을 진행 중이며, 2030년경 실시간 4D 초음파 영상의 상용화를 목표로 하고 있다.

우리가 '고요'라고 인지하는 순간에도 몸속에서는 음파의 교향곡이 연주되고 있다. 심장 판막의 진동(20~75헤르츠)도 소리를 낸다. 연구에 따르면, 첫 번째 심장이 내는 음의 주파수는 평균적으로 46헤르츠에서 시작하며, 일부 200헤르츠까지 확장될 수 있다. 이는 심장 판막이 열리고 닫히는 과정에서 발생하는 음향 신호와 관련이 있다. 또한 혈류의 와류(1~2킬로헤르츠) 역시 생명 현상의 숨은 리듬이다. 의료 초음파가 포착하는 것은 이 거대한 합주곡 중 극히 일부에 불과하다.

5. MRI, 인체 내부를 들여다보는 자석

인덕션 조리기기의 작동 원리는 전자기 유도 현상을 기반으로 하며, 이 과정에서 와전류(Eddy Currents)가 중요한 역할을 한다. 인덕션 내부에는 코일이 있고 고주파 교류 전류가 흐르며 주변에 자기장을 생성한다. 자성을 가진 금속 조리 용기 바닥 부분에는 자기장에 의해 유도 전류가 발생하는데, 유도된 전류는 소용돌이 형태로 흐르며 이를 와전류라고 한다.

전류는 전자의 흐름이다. 금속 내부에는 자유전자로 가득 차 있고 금속 양이온이 빽빽하게 배열돼 있다. 와전류로 인한 이들 입자간 충돌이 저항이다. 충돌로 손실된 에너지는 열로 발생한다. 근육통이나 관절염에 사용하는 파스처럼 여러 목적으로 피부에 붙이는 패취제가 있다. MRI를 찍을 때에는 이런 패취제 사용에 대해서 주의를 기울여야 한다. 패취제에는 안정적인 약물 전달을 위해 미량의 알루미늄과 같은 금속 성분이 포함되는 경우가 있다. MRI는 강력한 전자기력을 가지고 있어서 패취제 속의 미량의 금속 성분에 와전류가 발생해 과열되고 피부 화상을 입을 가능성이 있다.

해부학은 의학의 뿌리이자, 인간의 몸을 이해하는 첫 번째 열쇠다. 피부 아래에 숨겨진 구조를 하나씩 밝혀내는 이 학문은 의사가 질병을 진단하고 치료하는 데 필수적인 지도를 제공한다. 해부학 없이는 심장이 어떻게 뛰는지, 폐가 어떻게 공기를 가두는지, 뇌가 어떻게 생각을 하는지 알 수 없다. 이는 마치 지도 없이 미지의 대륙을 탐험하는 것과 같다. 해부학은 단순히 몸의 구조를 배우는 것이 아니라, 생명의 신비를 하나씩 풀어내는 과정이다. 그렇기에 해부학은 의학의 시작이자, 끝없는 탐구의 여정이다.

해부학의 커다란 혁명은 신체를 훼손하지 않고 내부를 볼 수 있는 도구의 등장이다. X선을 이용한 CT가 피를 흘리지 않는 칼이었다면 자기공명영상(MRI)Magnetic Resonance Imaging은 마치 인체 내부를 들여다보는 마법사의 수정구슬과 같다. 물론, 이 기계가 실제로 마법을 부리는 건 아니지만, 그 작동 원리는 분명 마법에 가까운 과학적 기적이다. 인체 내부를 아주 훌륭하게 '구경'하는 장치이기 때문이다. CT는 카메라의 셔터를 빠르게 누르는 것처럼, 인체 내부를 단편적인 '스냅샷'으로 기록한다. 뼈처럼 밀도가 높고 '거칠고 단단한' 모습을 포착하는 데는 탁월하지만, 연조직의 미묘한 변화는 잔잔한 수면 위에 비치는 그림자처럼 희미하다. 한마디로, CT는 인체의 섬세한 연조직이나 미세한 병변을 잡아내는 데는 한계가 있다. 응급 상황에서 빠르게 인체의 큰 윤곽을 파악하는 데는 아주 유용하지만, 인체의 세밀한 이야기를 들려주지는 못하는 것이다. 하지만 MRI는 가능하다. X선이나 초음파처럼 대상을 통과하는 파동을 이용하는 게 아니라, 몸속 원자들이 보내는 미세한 신호를 엿듣는 방식으로 말이다. 이 놀라운 차이는 단순한 촬영 방식의 차이가 아니라, 인체를 구성하는 물리적·화학적 원리와 이를 응용한 과학 기술의 차이라고 할 수 있다.

자기공명영상은 1940년 이래로 문헌에 기술되어 온 핵자기공명(NMR)Nuclear Magnetic Resonance이라는 물리적 현상을 사용한다. 처음부터 응용 프로그램은 주로 자기공명 분광법(MRS)Magnetic Resonance Spectroscopy을 사용하는 화학 분야에 나타났다. NMR 영상은 1970년 이후에 등장했고, 대중의 인식과 수용을 높이기 위해 핵(또는 핵)이라는 단어가 제목에서 삭제되고 MRI가 채택된다. MRI에 대한 기본 설명은 광범위한 문제이므로 여기서는 간략하게만 다뤄보자.

MRI는 그 자체로 한 편의 예술이다. MRI의 마법은 강력한 자기장과 고주파 펄스를 이용해 인체 내부의 수소 원자핵에 숨겨진 비밀스러운 움직임을 포착하는 데 있다. 이제 이 수소가 MRI라는 무대에서 어떤 배역을 맡는지 살펴보자. 수소 원자핵(수소는 원자번호가 1이므로 양성자 한 개가 핵인 셈이다)은 양자역학의 법칙에 따라 미세한 자전 운동처럼 '스핀SPIN'이라는 운동량을 가진다. 물론 실제 스핀 물리량은 양자역학적인 내재적 성질로, 우리가 인식하는 고전적 회전과 다르다. 마치 수많은 작은 나침반이 제각각 방향을 가지고 몸 안에 있는 셈이다. 정상적인 상황(외부 자기장의 작용 없이)에서 개별 양성자의 회전축 방향은 완전히 무작위다. 외부적으로 조직 전체는 자기적 특성을 보이지 않는 강한 외부 자기장에 노출된 후 몸에 있는 수소 원자에게 두 가지 주요 변화가 발생한다. 외부 자기장이 가해지면 이 나침반들이 일제히 한 방향으로 정렬된다. 몸은 순간적으로 자석이 되는 셈이다. 수소 원자핵은 에너지를 흡수하여 스핀 방향이 바뀌거나 기울어지는데, 일반적으로 90도 또는 180도

회전한다. 그리고 양성자는 자신의 축을 중심으로 '회전'하는 것 외에도 다른 유형의 운동을 시작한다. 소위 회전하며 일정하게 흔들거리는 팽이처럼 세차 운동을 수행하는 것이다. 이 진동을 라모어 진동수 Larmor frequency라고 한다.

이제 모든 준비가 끝났다. 정렬된 수소핵들을 흔들 차례다. 특정 주파수 대역의 전자기적 신호인 고주파 펄스(RF)를 측정 부위에 가한다. 고주파 펄스는 MRI에서 핵심적인 역할을 하는 신호이다. 강력한 자기장에 정렬된 수소 원자핵(양성자)의 스핀 상태를 변화시키기 위해 사용한다. 이때 RF 주파수는 자기장의 세기와 각 핵종의 자기 특성에 따라 결정하는데 앞에서 언급한 세차 운동에 해당하는 라모어 주파수에 맞춰 생성한다. 세차 운동을 더 증폭시키는 작업이다. MRI장치는 라모어 주파수와 동일한 주파수를 사용해 원자핵을 자극하며 일종의 공명 현상을 일으키는 것이다. MRI에서 고주파 펄스는 라모어 주파수에 맞춰 조율되어야만 특정 핵종을 자극할 수 있다. 결국 MRI는 선택적으로 수소 원자핵의 신호를 감지할 수 있게 된다.

$$f = \frac{\gamma}{2\pi} B_0$$

f: 라모어 주파수(Hz), γ: 원자핵의 고유상수인 자화율(수소는 42.58HMz/T),
B0 : 외부 자기장 세기(테슬라, T)

잠시 동안이지만 이런 외부 자극에 의해 수소핵의 평온한 일상이 깨진다. 고주파 펄스가 멈추면, 외부자극이 사라진 수소 원자핵이 다시 자기장의 품으로 돌아가 원상태로 재정렬하게 만든다. 그 순간, 수소핵은 에너지를 방출한다. 복귀 과정에서 방출되는 미약한 신호를 MRI코일(안테나 같은 역할)로 수집해 이미지를 생성한다. 물론 이 과정에서 수소핵은 많은 정보를 에너지로 방출한다. 수소핵이 주변에 있는 물질들과 상호작용을 하거나 수소핵간의 상호작용으로 스핀 방향이 불규칙해지는 정도가 정보로 되는 것이다.

여기서 중요한 질문이 나온다. "왜 수많은 원소 중에 유독 수소 원자핵에 집중하는가?"이다. 답은 간단하다. 인체의 대부분을 구성하는 물은 사실상 수소 원자들의 집합체이다. 이처럼 풍부한 수소 원자는 MRI에서 인체의 훌륭한 '대리인' 역할을 톡톡히 해내며, 인체 내부의 다양한 조직과 환경을 정밀하게 구분할 수 있도록 돕는다. 각각의 조직에 존재하는 수소핵이 자기장에 재정렬하는 속도, 즉 복원 시간이 미묘한 차이를 지닌다. 이 미세한 시간차는 오케스트라에서 각 악기가 내는 음색의 미묘한 차이를 구분하는 것과 같다. 그 결과, MRI는 연조직의 섬세한 변화, 염증, 종양까지도 한 점 한 점 섬세하게 그려낸다. MRI의 원리가 다소 복잡해 보이지만, 요약하자면 '강력한 자석 앞에서 수소 원자가 줄을 선 뒤, 특정 주파수에 맞춰 흔들리고, 다시 제자리로 돌아올 때 내놓는 신호를 포착해 이미지를 만든다'는 식이다. 수소 원자핵의 스핀은 마치 작은 회전하는 팽이와 같다. 비유하자면 어린 시절에 가지고 놀던 팽이가 기울었다가 다시 곧게 서면서 미세한 진동을 내는 것과 비슷하다. 이 팽이는 외부 자기장이 없을 때는 무작위로 회전하지만, 강력한 자기장이 가해지면 모두가 일정한 방향으로 정렬된다.

MRI 기계는 이 자기장을 생성하는데, 보통 1.5테슬라(T)에서 3테슬라 사이의 자기장을 사용한다(테슬라Tesla는 자기장의 세기를 나타내는 단위이다). 지구의 자기장이 약 0.00003테슬라에 불과한 반면, MRI에서 사용되는 자기장은 그야말로 수만 배, 심지어 수십만 배 강력하다. 사실 지구 자기장을 느끼는 사람은 없을테니 적절한 비교가 쉽지 않겠다. 냉장고 문을 붙잡는 정도의 자석 힘은 0.001~0.01테슬라이다. MRI 자기장은 이 힘의 수백, 수천 배가 되는 셈이다. 최신 MRI 기계들은 7테슬라까지도 사용되는데, 이는 인체 내부의 모든 수소 원자핵을 거의 만류할 정도의 압도적인 자기력을 제공한다. 테슬라 값이 높아질수록 MRI의 해상도는 물론, 신호의 세밀한 차이를 감지할 수 있는 능력도 증가한다. 그러나 이와 같은 강력한 자기장은 때로는 인체에 부담을 주기도 한다. 예를 들어, 자기장에 노출된 미세한 금속 부품들이 과열되어 문제를 일으킬 수 있다. MRI는 세심한 주의가 필요한 도구이다.

 MRI가 제공하는 이미지 역시 CT처럼 흑백이나 단순한 흑백 영상이 아니다. 이 이미지는 작가가 캔버스 위에 세심하게 붓질한 결과물처럼, 인체 내부의 복잡한 풍경을 생생하게 드러낸다. 그리고 이 모든 과정은 강력한 테슬라 단위의 자기장, 미묘한 수소 원자핵의 스핀, 그리고 그들의 이완시간이 한데 어우러져 이루어지는 기적과도 같다. 왜냐하면 각 조직의 수소핵이 만들어낸 미세한 시간 차이 (T1, T2 이완시간)가 만들어내는 다양한 명암의 조화이기 때문이다.

 MRI에는 두 가지 시간의 비밀이 숨겨져 있다. MRI의 이미지가 얼마나 섬세하고 정밀한지는 바로 수소 원자핵이 자기장에 복귀하는 과정에서 나타나는 T1과 T2 이완시간 덕분이다. T1 이완시간은 수소 원자핵이 자기장의 방향으로 돌아가면서 에너지를 방출하는 속도를 의미한다. 이 속도는 조직마다 다르게 나타나는데, 예를 들어 지방 조직은 빠르게 T1 이완을 보이는 반면, 물이 많은 조직은 좀 더 느리게 돌아간다. 결국 조직의 해부학적 구조를 알 수 있게 한다. T2 이완시간은 수소 원자핵들 간의 상호작용으로 인한 에너지 손실을 의미한다. 이때 발생하는 미세한 시간 차이는 각 조직의 특성에 따라 달라지며, 염증이나 종양과 같이 비정상적인 조직에서는 T2 이완 시간이 더 길어지는 경향을 보인다. 결과적으로 병리학적 변화를 알 수 있게 하는 것이다. MRI는 이러한 미세한 시간의 차이를 감지하여, 인체 내부의 다양한 조직과 병변을 구분하는 데 탁월한 능력을 발휘한다.

MRI라는 기계는 단순한 의료 장비를 넘어, 인체 내부의 비밀을 풀어내는 열쇠다. CT가 인체의 뼈와 큰 구조물을 빠르게 보여주는 반면, MRI는 연조직의 세밀한 차이, 미세한 병변, 그리고 심지어 분자 수준의 상호작용까지도 감지한다. 이는 단순한 기술 발전의 결과가 아니라, 물리학과 화학, 그리고 양자역학이 만나 이루어낸 경이로운 결과물이라 할 수 있다.

6. 구조 그 이상을 바라보다

"눈에 보이지 않는 것을 어떻게 볼 수 있을까?" 이 질문은 과학자들을 수세기 동안 사로잡았다. 19세기 X선의 발견이 인체 내부를 엿보는 첫 번째 창을 열었다면, 20세기 후반에 등장한 PET-CT와 fMRI는 그 창을 통해 흘러나오는 빛을 해석하는 혁명적인 렌즈이다. 이 두 기술은 단순히 구조를 보여주는 것을 넘어, 살아 움직이는 인체의 '생리학적 이야기'를 읽어낸다. 마치 영화를 보듯, 이제 세포의 대사에서 뉴런의 불꽃까지 실시간으로 목격할 수 있게 된 것이다.

"암세포는 당을 좋아한다." 암세포가 정상 세포에 비해 많은 양의 당을 에너지로 사용하기 때문에 생긴 말이다. 그렇다고 암환자가 당섭취를 제한하면 암이 사라질까? 절대 그래서는 안 된다. 정상 세포도 대사를 위해 포도당이 필요하기 때문이다. 암세포를 키우는 주요 요인이 당은 아니다. 또한 당을 섭취하면 암에 걸린다는 것도 오해다. 모든 것은 과유불급이다. 화학에서 입버릇처럼 나오는 말이 있다. 많은 양이 많은 일을 하게 마련이다. 아무튼 암세포가 당을 좋아하는 건 맞다. 이 단순한 사실이 PET-CT의 핵심이다.

 1970년대, 과학자들은 암세포가 정상 세포보다 포도당을 더 빨리 흡수한다는 것을 발견했다. 여기서 아이디어가 터졌다. 그렇다면 인간의 기술로 얻을 수 있는 신호를 방출하는 물질을 포도당에 결합하고 그것을 몸속에 주입하면, 암세포가 이 달콤한 유혹을 집어삼키는 순간을 포착할 수 있지 않을까? 라는 질문이 시작이었다. 물론 몸속에서 방출하는 신호는 강해야 한다. 신체 조직과 기관을 이루는 물질에 흡수되지 않고 몸 밖으로 방출돼야만 관측이 가능하다. 지금까지 설명된 X선은 조직의 화학성분에 따라 흡수 정도가 달랐다. 반대로 돌아오는 길도 마찬가지다. 그렇다면 X선보다 더 강한 방사선이면 몸 밖으로 모두 탈출이 가능하다는 얘기다. 방사원을 몸 안에 넣어도 될까? 비록 강한 방사선이지만 미량이고 반감기가 짧다면 인체에 큰 부담을 주지 않을 것이라는 전제가 있어야 한다. 물론 방사성 물질이 끼치는 폐해가 전혀 없진 않겠지만, 정확한 검사로 인한 이득이 막대하게 크다. PET는 양전자방출단층촬영이라는 Positron Emission Tomography의 줄임말이다. 단어에 있는 '방출Emission'과 '단층촬영Tomography'은 이해했다면 '양전자Positron'만 확인하면 된다. 양전자는 무척 생소하다. 왜냐면 전자Electron는 일반적으로 음전하를 띠고 있다고 알고 있었기 때문이다. 양전자는 전자의 반물질 형태이고 질량은 전자와 같지만 +1의 전하를 띤 입자이다. 생소한 이유는 자연에서 희귀하기 때문이다.

 반물질이 물질과 만나면 소멸하는 것이 물리학 법칙이다. 양전자는 우주방사선 충돌시 생기지만, 지구 환경에선 즉시 주변 전자와 충돌하고 감마선을 방출하며 사라진다. 이 불안정성이 양전자를 일상에서 접하기 어렵게 만든다. 하지만 병원에서는 쉽게 접할 수 있다. 방사성 동위원소 붕괴시 생성되기 때문이다. PET 검사에는 이런 방사성 동위원소가 사용된다. 이중 대표적인 물질이 플루데옥시글루코스(FDG)Fludeoxyglucose이다. FDG는 포도당 유사체에 방사성 동위원소인 플루오린-18(^{18}F)을 결합한 물질이다. 포도당 분자식($C_6H_{12}O_6$)과 FDG의 분자식($C_6H_1{}^{118}FO_5$)은 구조가 비슷하다.

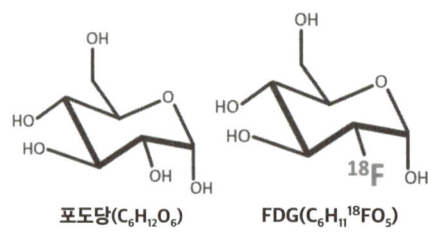

포도당($C_6H_{12}O_6$)　　FDG($C_6H_{11}{}^{18}FO_5$)

포도당 분자식과 FDG의 분자식

화학에서 유명한 말 중 하나가 "구조가 기능을 만든다."이다. 구조가 비슷하면 같은 기능을 시작하려는 경향성이 높다. 수용체는 모양이 맞아야 일을 시작한다. 마치 대체 감미료처럼 몸은 FDG를 당처럼 여긴다. 몸으로 들어간 FDG는 포도당 대사가 활발한 조직에 모인다. 하지만 몸은 이 분자를 에너지로 만들지 못한다. 이제 FDG에 있는 플루오린이 비로소 제역할을 시작한다. 적을 제거하기 위해 잠입한 첩보원처럼 임무를 수행한다. 임무에 주어진 시간은 얼마 되지 않는다. 임무 수행 능력이 110분마다 절반으로 떨어지기 때문이다.

플루오린-18의 핵에는 9개의 양성자와 같은 수의 중성자가 있다. 언뜻 보면 문제가 없어 보인다. 대부분 양성자 수만큼 중성자가 존재한다고 생각하기 쉽기 때문이다. 하지만 주기율표에서 플루오린의 원자량을 보면 19에 가깝다. 비율로 보면 플루오린-19(^{19}F, 양성자 9개와 중성자 10개)가 안정한 동위원소인 셈이다. 자연에 그리 많지 않은 존재인 플루오린-18은 불안정한 동위원소이다. 자연은 항상 안정한 상태, 평형상태로 흐른다. 불안정한 동위원소는 안정한 상태로 돌아가기 위해 양성자 하나를 중성자로 바꿔버린다. 그리고 완전히 다른 원소가 된다. 플루오린-18은 양성자가 8개인 산소-18(^{18}O, 양성자 8개와 중성자 10개)로 바뀐다. 원소의 정체성은 양성자 수에 달려 있는데, 마치 핵의 양성자 뭉치가 깨진 것 같다고 하여 '붕괴Decay'라는 용어를 사용한다. 이 현상을 베타 붕괴β+ decay라고 한다. 물론 공짜는 없다. 대가를 치러야 하므로 그만큼 에너지가 감소되고 감소된 에너지는 붕괴 과정에서 양전자와 중성미자Neutrino를 방출한다.

$$p \rightarrow n + e^+ + \nu_e$$

p: 양성자, n: 중성자, e$^+$: 양전자, νe: 중성미자

전기적으로 중성인 중성미자는 물질과 거의 상호작용을 하지 않는다. 당연히 일반적인 검출기로도 관측하기 어려운 입자이다. 방출된 중성미자의 방향이 어딘지 몰라도 된다. 몸을 뚫고 나와 지구 반대편을 통과해 먼 우주로 갈 수 있으니 관심을 가질 필요 없다. 몸을 바꾼 중성자는 핵에 남아 있으나 양성자의 변신은 아직 끝이 아니다. 방출된 양전자가 남아 있기 때문이다. 우리 몸의 조직이나 세포 등 어떤 물질에도 전자는 가득하다. 전자의 반물질인 양전

자는 주변 전자와 바로 충돌해 쌍소멸Annihilation을 일으키며, 약 511 k전자볼트eV를 가진 광자 두 개를 서로 반대 방향(180도)으로 방출한다. 바로 감마선이다. 이를 검출기가 포착하면 광자를 보낸 위치를 알 수 있고 3D 이미지로 재구성이 가능하다.

여기서 아이러니가 있다. 방사선은 암을 발생할 수 있는 요인인데, 암을 찾는 기술이 '방사선'을 사용한다는 점이다. 마치 불을 끄기 위해 불꽃을 던지는 것처럼 말이다. 하지만 PET-CT에 노출되는 방사선량은 미량이며, 플루오린-18의 반감기가 짧아 신체에 축적되지 않는다. 과학자들은 위험과 이익의 저울질 끝에, 생명을 구하는 데 방사선의 힘을 빌리기로 한 것이다. F-18 FDG는 PET용 방사성의약품이다. 물론, 이런 의약품에는 F-18 FDG만 있는 것은 아니다. 하지만 F-18 FDG의 적수가 될 만한 약품이 드물다. PET영상계의 '고인 물'이라는 별명이 붙을 정도다. 1976년에 개발된 약품이 지금까지 사용되는 데에는 이유가 있는 법이다.

현대 의학에서 암을 진단하고 치료 과정을 추적하기 위해서는 영상진단이 필수이고, 이를 위해 CT나 MRI를 촬영한다. 하지만 모양과 크기 같은 형상을 볼 뿐이다. 가령 CT에서는 암 주변 림프절의 크기에 변화가 없어도 암세포가 자라고 있을 수 있다. 결국 PET은 해부학적 변화를 고려하지 않더라도 암세포의 분포나 활성도를 포도당 대사의 정도로 평가해 암진단의 정확도를 높인 것이다. 대신 PET은 신체의 지리적 위치를 알기 어렵다. 이것은 비행기에서 내려다 본 대지 위 밤풍경과 비슷하다. 도시에는 불빛의 많고 지방이나 산악 지역에는 빛이 드물다. 도로는 혈관처럼 보인다. 이런 PET 결과와 CT의 물리적 결합은 어두운 지구의 야경에 대낮처럼 지도를 입히는 효과를 준다. CT와 결합되면서 해부학적 구조와 대사 활동을 동시에 보여주는 혁명이 완성되었다.

이러한 융합의 또다른 혁신이 fMRI(기능적 자기공명영상)functional magnetic resonance imaging이다. 인류는 늘 질문으로 도전한다. 이번에는 MRI가 조직에 분포한 물질 정보로 몸에서 들려주는 이야기를 알 수 있다면 뇌 활동 역시 알 수 있겠다는 의문이었다. "생각할 때 뇌가 빨간색으로 빛날 수 있지 않을까?" 과학은 이 철학적 질문에 생물학적 답변을 제시한다. 1990년대 초, 세이지 오가와Ogawa Seiji는 혈액 속 헤모글로빈의 자성 변화가 MRI 신호에 영향을 준다는 것을 발견했다. 폐에서 혈액 속 헤모글로빈이 산소를 얻고 동맥을 타고 온 몸으로 여행을 하며 세포에 산소를 전달하고 정맥을 타고 돌아온다. 이 헤모글로빈의 산소 유무에 따라 혈액 색깔이 달라진다. 헤모글로빈의 중심에는 철 원자(Fe)가 박혀 있고 산소와 결합하면 반자성(약한 자성)을 띠고, 산소를 방출하면 상자성(강한 자성)을 띤다는 것을 알아낸 것이다. 비산소화 헤모글로빈의 상자성은 주변 조직의 자기장을 왜곡시켜 MRI 신호를 감소시킨다. fMRI가 이 미세한 자성의 차이를 포착해 뇌 활동 지도를 그려낸다.

혈류 증가와 신호 변화는 fMRI의 핵심 원리로, 뇌 활동과 혈액 산소화 상태의 관계를 설명한다. 이것을 볼드 효과BOLD Effect, Blood Oxygen Level Dependent라 부른다. 뉴런이 활성화되면 해당 부위에 산소가 풍부한 혈액이 쇄도한다. 산소가 박힌 헤모글로빈의 자기적 성질 변화가 주변 자기장 왜곡을 줄게 하고 MRI 신호의 세기를 강하게 만든다. 컴퓨터는 이를 '활성화된 영역'으로 해석한다. 바다 위 파도가 달이 숨긴 중력의 비밀을 알려주듯, 혈액의 산소 농도가 뇌가 간직한 비밀을 배반하는 순간이다. fMRI는 뇌과학의 지도를 다시 그렸다. 사랑, 거짓말, 창의성 같은 추상적 개념이 특정 뇌 영역과 연결되는 것을 보여주며, 철학과 심리학의 영역에 생리학적 증거를 제공했다. 그러나 이 기술도 완벽하지는 않다. 혈류 변화는 뉴런 활동보다 수초 늦게 발생하기 때문에, 실시간 측정에는 한계가 있다. 이는 마치 번개를 본 후 천둥 소리를 기다리는 것과 같다.

PET-CT와 fMRI는 서로 다른 원리지만, 공통점이 있다. 첫 번째는 '보이지 않는 적과의 전쟁'이다. PET-CT는 전이암을 찾아내며, fMRI는 조현병 환자의 뇌 연결 이상을 포착한다. 그리고 '시간의 풍경'을 보여준다. PET-CT는 대사 활동의 '속도'를, fMRI는 뇌 활동의 '흐름'을 보여준다. 같은 숲을 계절별로 관찰하는 셈이다. 흥미롭게도 두 기술은 서로의 한계를 보완하기도 한다. PET-CT의 낮은 공간해상도(4-5밀리미터)는 fMRI의 고해상도(1~3밀리미터)로, fMRI의 시간지연은 PET-CT의 실시간 대사 추적으로 채워진다. 물론 표준 3테슬라 fMRI의 해상도는 2-4밀리미터로, 1밀리미터는 초고자기장 조건에서만 가능하다. 7테슬라급 MRI에서는 밀리초 단위의 신경 신호를 포착해 시간 지연을 극복하기도 한다. 물론 7테슬라급은 아직 연구용에 그쳐 임상에 제한적이지만, 이 분야는 계속 발전하고 있다. 2010년대에는 'PET-MRI'라는 하이브리드 장비까지 등장하며, 인체 읽기의 새 장을 열었다.

이러한 과학 기술이 가져온 변화는 의학에만 국한되지 않는다. 우리가 거인들의 사유에만 의지했던 철학적 의미에도 도전한다. '인간에게 자유의지가 과연 존재하는가?'에 대한 fMRI 연구는 결정론적 뇌 활동 패턴을 보여주며 논쟁을 촉발시키기도 했다. 법정에서의 거짓말 탐지 기술로 사용하려는 fMRI 적용 시도는 윤리적 문제를 야기했다. 인공지능 역시 이 영역에서 가만히 있을 리가 없다. 2023년, 딥러닝 알고리즘이 PET-CT 이미지에서 인간의 눈이 놓친 전이암을 발견한 사례가 보고되었다. 그러나 여전히 미해결 과제는 남아 있다. PET-CT 1회 검사 비용(약 200만 원)과 fMRI의 낮은 접근성(전 세계 MRI 장비 5만 대 중 1%만 fMRI 가능)이 진단의 사각지대를 만들고 있다.

1783년, 라부아지에가 "호흡은 느린 연소"라고 선언했을 때, 그는 세포 수준의 대사를 상상하지 못했을 것이다. PET-CT와 fMRI는 그러한 상상을 현실로 만들었다. 이제 우리는 암세포의 포도당 갈증을 관찰하고, 사랑에 빠진 뇌의 빛나는 순간을 목격한다. 과학의 렌즈는 계속 진화한다. 양자센서 기반 MRI, 나노입자를 이용한 초고해상도 PET의 등장이 예고되며, 인체 읽기의 다음장은 이미 쓰여지고 있다. 그러나 기술이 정교해질수록 드러나는 것은 한 가지다. '단순한 구조 이상을 바라보는 것이 아닌, 생명의 복잡성에 대한 겸손함'이다. 59개 원소로 이루어진 인간이 만들어낸 기술이, 역설적으로 인간의 신비를 더 깊게 만드는 순간이다.

7. 창조의 바탕은 파괴다

방사선, 우리에게 익숙하면서도 친근하지 않은 대상이다. 사람들에게 방사선은 파괴의 상징으로 여겨지기 때문이다. 이유가 어떠하든 현대 의학의 도움을 받으려 한다면 그 절차의 맨앞에 있는 이 대상을 피할 수 없다. 방사선이 파괴적이지만, 이 대상이 우리를 통과한 후 남긴 흔적은 이후 모든 의료 행위의 프로토콜을 명징하게 만든다. 암묵지가 명백지로 되는 이득이 파괴에 따른 손실보다 월등하게 크다.

캄브리아기 폭발 Cambrian explosion 이후 단세포가 아닌 다세포로 구성된 유기체에게 주어진 중요한 시험, 그 시험을 통과한 이후 수백만 종의 생명체가 지구에서 살아가는 데 모든 빛이 필요하진 않았을 것이다. 생존과 번식에서 각 생명체에게 허락한 영역의 전자기파는 전체가 아닌 극히 일부였고 그것으로 충분했다. 유기체들은 각자의 방식대로 조화를 이루며 각자의 지위에서 존재했다. 생명의 진화에서 물체의 외형을 식별하는 건 중요했다. 자신보다 큰 포식자에게 잡아먹히지 않으려면 도망가야 했고 자신보다 작은 먹이를 찾아야 했다. 물론 여전히 눈이 없는 생명체가 존재한다. 바다 깊은 곳에서는 빛이 거의 없으니 눈이 필요가 없다. 결국 이들은 입을 벌린 채 돌아다녀야 먹잇감을 얻을 수 있다. 유기체의 눈은 빛 때문에 생겨난 기관이다.

자연은 불필요한 것을 만들지 않는다. 가령 꿀벌은 인간이 볼 수 없는 자외선도 볼 수 있다. 자외선은 가시광선의 가장 짧은 파장에서 조금 더 짧아진 것 뿐이다. 인간의 시세포는 이 경계를 지난 파장의 빛에 반응하지 않는다. 결국 꽃은 곤충과 인간에게 다른 색으로 보인다. 자외선은 벌에게 숨어 있는 활주로를 보여주어 화분을 찾게 하고, 식물은 번식을 유혹하는 수단으로 사용한다. 반면 자외선을 허락하지 않은 인간에게 꽃은 아름다움을 제공한다. 인간이 눈으로 즐기는 동안 곤충과 식물은 번식할 수 있는 시간을 얻는다. 그 시간과 기다림의 끝에 인간은 달콤한 꿀과 열매를 얻는 것이다. 이게 자연의 섭리다. 엄밀하게는 인간이 특정한 빛에 적응한 게 맞지만, 한계는 자연선택의 결과다. 인간이 자리한 생태계 지위에서 필요한 빛만 훔쳐낼 수 있게 설계됐다.

인간이 생존하는 데에는 가시광선 영역을 벗어난 빛을 감지할 능력은 그다지 필요하지 않는다. 유럽의 도심 카페에 앉아 거리 풍경을 보며 휴식을 취하고 싶다면, 오히려 시각적 초능력은 방해물이다. 거리를 지나는 사람들이 사뭇 달리 보일 것이다. 똑같은 모습의 뼈대와 그 사이로 흐릿한 내장이 음식물과 함께 꿈틀거리며 분당 7-80회를 뛰는 심장의 모습으로 펼쳐진다면, 누구도 보고 싶지 않을 것이다. 초능력은 휴대폰으로 감지되는 전파, 혹은 달리는 자동차의 GPS수신기에 잡히는 전파도 감지할 것이다. 영화 『매트릭스』에서 이를 재현한 장면이 있었다. 영화에서는 전파가 하늘에서 비가 내리듯 흐르고 있었지만 실제로 전파는 이렇게 흐르지 않는다. 가령 볼 수 있다면, 온 세상은 빛으로 가득차 보일 것이다. 노출을 크게 한 디지털 카메라 센서는 모든 광자를 받아들이고 전자로 포화된다. 풍경은 사라지고 하얗게 화면을 덮을 것이다. 세상은 감출 것을 적당히 덮어 두어야 아름다운 법이다.

하지만 이 생각도 지극히 인간중심적 사고이다. 생존의 측면에서는 맞지만 번식과 지속가능의 측면에서는 다른 빛의 존재가 필수적이다. 진화생물학을 조금이라도 엿보았다면 방사선과 같은 빛의 파괴력이 우리가 여기까지 진화하는 데 결정적 역할을 했다는 것을 쉽게 알 수 있다. 새로운 것은 그냥 나오는 것이 아니다. 파괴를 바탕으로 만들어진다. 유전자의 파괴로 인한 돌연변이가 생물 다양성에 얼마나 많은 기여를 했고, 그 파괴의 여러 요인 중 방사선도 주요한 지위에 있다는 것을 알 수 있다. 방사선의 가장 큰 특징이 여기에 있다. 유전자를 파괴하려면 이 빛은 조직과 기관, 세포 안쪽까지 파고 들어가는 투과력이 있어야 한다. 하나 더, 생체분자 내 원자의 결합을 분리할 정도로 에너지가 커야 한다.

방사선의 소리 없는 파괴력은 커다란 대가를 치르고서야 알게 된다. 제2차 세계대전의 종말을 불러 왔던 두 개의 폭탄이 일본의 두 도시에 투하된 후 15만 명이 사망한다. 핵폭발의 위력은 상상을 초월했다. 낙진에 있던 방사능 물질은 지속적으로 방사선을 발산하고 있었다. 초기 폭발에서 살아남은 이들은 방사선에 피폭되며 서서히 몸속 세포 조직이 파괴되고 결국 수개월이 지나 사망했다. 방사선을 발산한 물질은 불안정한 원자였다. 세상에서 가장 작은 물질이 지구상에서 가장 파괴력을 가진 존재로 부각된 것이다. 대부분의 과학적 산물은 두 얼굴을 가진다. 원자의 파괴력이 멸망의 도구로 사용됐지만, 동시에 질병 진단과 치료의 기회를 선사했다. 의학에서 방사선은 그야말로 혁명이었다. 의학의 발전은 방사선의 발견 전과 후로 나눌 수 있을 정도다. 방사선의 투과력과 파괴력 때문이다. 인간의 몸을 상처없이 들여다보고 깊숙한 곳에 칼을 대지 않고도 환부를 제거하고자 하는 건 의학에서 결핍이었다.

Chapter 5.
죽음과 생명 사이

치료 Therapy-
죽음과 생명,
창조와 파괴라는 양날의 검

1. 죽음과 생명 사이

병원의 방사선과 입구에는 특별한 도형이 붙어 있다. 둥근 원 안에 있는 선풍기 날개 혹은 프로펠러 날개를 닮은 도형이다. 다트 과녁처럼 보이기도 한다. 세 개의 날개, 즉 삼엽 마크로 그려진 표식은 위험 구역임을 사람들에게 인지시키기 위한 방사선주의표지(radiation warning symbol)이다. 도안이 처음부터 이렇지 않았다. 초기에는 마치 해적선의 펄럭이는 깃발에 그려진 형상처럼 해골이 그려져 있었다. 하지만 1946년 캘리포니아 버클리방사선 연구소에서 세 종류의 방사선인 알파α, 베타β, 감마γ선 방출을 상징하는 삼엽 표식이 등장했다. 1953년 미국원자력위원회(AEC)는 삼엽 마크의 배경색을 황색으로 하고, 삼엽 마크는 적자색으로 규정했다. 1975년 국제표준화기구(ISO)가 이 삼엽 마크를 표준으로 정했다. 그러다 2007년에 유엔(UN)이 선풍기 모양의 삼엽 마크가 위험성을 알리기 부족하다는 판단으로 직관적인 도안을 제시했다. 붉은 바탕의 삼각형 안에 초기 사용한 해골과 방사능의 삼엽 마크 그리고 대피하라는 신호로 비상구로 탈출하는 사람의 도안을 우겨 넣었다. 20년이 다 되어가는데도 실제로 이런 마크를 본 적이 거의 없다. 여전히 주변에는 삼엽 마크가 눈에 띤다. 과학이 그렇듯, 간결하고 추상적인 원래의 디자인이 승리한 셈이다. 당시 유엔이 직관적이지만 다소 우스꽝스런 도안을 꺼낸 이유는 그 위험도에 사람들이 자극을 받지 않아서다.

독일 함부르크의 성 게오르그 병원 앞에는 특별한 추모비가 있다. 거기에는 수백 명의 이름과 함께 다음과 같은 추모글이 적혀있다.

"Den Röntgenologen und Radiologen aller Nationen Ärzten Physikern Chemikern Technikern Laboranten u Krankenschwestern welche ihr Leben zum Opfer brachten im Kampfe gegen die Krankheiten ihrer Mitmenschen Sie waren heldenmütige Wegbereiter für eine erfolgreiche und gefahrlose Anwendung der Röntgen u Radiumstrahlen in der Heilkunde Unsterblich ist der Toten Tatenruhm"

"모든 민족의 엑스선 및 방사선학자들, 의사들, 물리학자들, 화학자들, 기술자들, 실험실 직원들 및 간호사들에게 바칩니다. 그들은 인간의 질병과 싸우기 위해 목숨을 바쳤습니다. 그들은 의학에서 엑스선과 라듐 방사선을 성공적이고 안전하게 활용하게 한 영웅적인 선구자들이었습니다. 죽은 자들의 공적은 불멸입니다."

방사선 연구로 목숨을 잃은 과학자들을 기리는 이 비석에는 1936년 처음 세워질 당시 15개국 169명의 이름이 새겨졌고, 1959년에는 359명으로 늘어났다. 이 명단에는 마리 퀴리와 그녀의 딸 이렌졸리오-퀴리 Irène Joliot-Curie도 포함되어 있다. 마리 퀴리는 우리에게 전설처럼 기억되는 과학자다. 그녀는 '방사선'이라는 이름을 처음 명명했으며, 폴로늄과 라듐을 발견해 1903년 노벨물리학상, 1911년 노벨화학상을 받았다. 한 번 받기도 어려운 노벨상을 두 번 받은 유일한 여성 과학자다. 더욱 놀라운 사실은 그녀가 라듐 정제법을 특허로 등록하지 않았다는 점이다. 모든 이가 그 혜택을 공유하길 원했기 때문이다.

퀴리는 "과학은 그 자체로 아름답다."고 말했다. 그러나 그 아름다움에는 치명적인 대가가 따랐다. 마리 퀴리는 백내장으로 거의 실명 상태였고, 손가락은 방사선으로 인한 화상을, 그리고 결국 백혈병으로 생을 마감했다. 딸 이렌도 같은 병으로 죽었다. 암을 치료한다고 믿었던 도구가 정작 그들의 생명을 앗아간 비극적 아이러니였다. 당시 방사능을 연구하던 학자들의 40%가 암으로 사망했다는 통계는 충격적이다. 방사선의 위험성은 1929년, 유럽 우라늄 광산 광부들의 50%가 폐암에 걸렸다는 보고가 나오면서 본격적으로 알려졌다. 우라늄이 붕괴되며 라듐으로, 라듐은 다시 라돈으로 변환되는 과정에서 방출되는 방사선과 라돈 기체가 원인이었다. 불안정한 원자는 안정을 찾아 변화하며, 그 과정에서 방사선을 내뿜는다. 마치 사람들이 평화를 찾아 끊임없이 움직이는 것처럼 말이다.

1920년대에는 라듐이 놀랍게도 만병통치약으로 팔렸다. 1차 세계대전 병사들의 시계 숫자판에는 라듐을 칠해 어두운 곳에서도 시간을 볼 수 있게 했다. 시계공장 여성 노동자들—'라듐 소녀들'이라 불렸다—은 붓을 입으로 핥으며 시계 숫자를 그렸다. 뉴저지의 U.S. 라듐 코퍼레이션에서 일하던 이 여성들은 처음엔 '마법 같은 물질'을 다루는 특권에 자부심을 느꼈다. 밤에는 그들의 옷과 머리,

피부가 어둠 속에서 푸른 빛을 발했다. 그러나 곧 '라듐 턱Radium jaw'이라 불리는 끔찍한 병이 나타났다. 턱뼈가 문자 그대로 부서지며 썩어 들어갔다. 회사 의사들은 이를 '인산 중독'이라고 진단하거나 성병 탓으로 돌렸다. 결국 1939년 용감한 여성들의 법정 투쟁 끝에 산업 방사선 기준이 마련되었지만, 당시 대부분의 '라듐 소녀들'은 이미 사망한 후였다.

인류 역사상 가장 유명하고 치명적인 방사선 사건은 아마도 원자폭탄일 것이다. 놀랍게도 맨해튼 프로젝트에 참여한 물리학자들조차 핵폭탄 폭발 후 방사능 낙진이 가져올 장기적 피해를 예측하지 못했다. 로버트 오펜하이머J. Robert Oppenheimer는 최초의 핵실험 성공 후 힌두 경전 바가바드 기타Bhagavad Gita의 구절을 인용했다. "나는 이제 죽음이 되었다, 세상의 파괴자가." 그의 이 말은 방사선의 양면성을 예언적으로 담고 있었다. 핵물리학자들은 에너지의 새로운 원천을 발견했지만, 동시에 전례 없는 파괴력도 함께 풀어놓은 것이다. 일본 히로시마와 나가사키의 '생존자들-'히바쿠샤被爆者'라 불리는-은 폭발 직후의 화상과 외상에서 살아남았지만, 이후 수십 년간 방사선 노출로 인한 암과 유전적 변형까지 겪었다. 이후에도 1979년 스리마일 섬, 1986년 체르노빌, 그리고 2011년 후쿠시마 사고는 원자력의 위험성을 다시 한번 상기시켰다. 특히 체르노빌 사고는 역사상 최악의 원자력 재앙으로, 사고 초기에 투입된 '리퀴데이터Liquidators'들 중 상당수가 훗날 방사선 질병으로 사망했다.

후쿠시마 원전 사고로 인해 대중은 베크렐(Bq)과 시버트(Sv)라는 낯선 단위를 접하게 됐다. 1베크렐은 1초 동안 방사성 물질이 붕괴할 때 방출되는 방사능의 강도다. 반면 시버트는 방사선이 인체에 미치는 영향을 측정한다. 이 두 단위는 모두 과학자 이름에서 따왔다. 베크렐은 방사능을 발견한 프랑스 물리학자 앙리 베크렐, 시버트는 스웨덴의 방사선 방호학자 롤프 시버트, 그리고 베크렐이 나오기 전까지 사용한 단위인 큐리(Ci)는 마리 퀴리의 이름이다.

방사선은 원자 수준에서 다양한 형태로 작용한다. 알파 입자는 종이 한 장으로도 막을 수 있지만 체내로 들어가면 위험하다. 베타 입자는 더 깊이 침투하지만 얇은 금속으로 막을 수 있다. 감마선은 가장 침투력이 강해 콘크리트나 납으로만 차단된다. 시버트 단위의 차원은 에너지를 질량으로 나눈 단위다. 그러니까 피폭대상이 단위 질량당 흡수한 에너지 정도를 말하는 흡수선량이다. 엄밀하게는 이 단위 차원은 의미가 없다. 여기에 사람에게 유해한 피해 정도를 가늠하는 가중치들이 곱해지기 때문이다. 방사선은 종류에 따라 에너지 크기가 다르고 이에 따라 미치는 영향이 다르다. 그래서 값을 보정하기 위한 방사선 가중치도 곱해진다. 또한 신체 조직에 따라 피해 정도가 다르다. 가령 피부와 생식 기관은 20배 정도 차이가 난다. 이를 조직 가중치라 해서 수식에 반영한다. 단위 차원의 의미보다 시버트 단위량 그 자체로 의미를 두면 된다. 전리 방사선은 물질 원자에서 전자를 제거해 이온을 형성하고, 이렇게 형성된 이온들은 DNA와 단백질을 손상시킨다. DNA가 손상되면 세포는 죽거나 돌연변이가 생겨 암으로 발전할 수 있다.

우리는 일상에서 자연적으로 연간 2.4~3.5밀리시버트^{mSv}의 방사선에 노출된다. 흉부 X선 검사는 0.1밀리시버트, CT 검사는 7~15밀리시버트다. 유럽이나 북미로 비행기 여행을 하면 극지방 상공에서 우주방사선에 노출되는데, 이는 CT 검사 한 번과 맞먹는다. 항공기 승무원들은 하늘을 나는 동안 보이지 않는 우주의 총알과 마주하고 있는 셈이다. 우주 방사선은 지구 생명체의 진화에도 영향을 미쳤다. 지구 대기와 자기장이 우주에서 오는 강력한 방사선의 대부분을 차단하지만, 일부는 여전히 지표에 도달해 DNA에 돌연변이를 일으켜 진화의 원동력 중 하나로 작용했다. 방사선 피폭의 위험성은 총량보다 피폭 속도가 중요하다. 20년 동안 1시버트에 피폭되는 것과 며칠 만에 같은 양에 피폭되는 것은 완전히 다른 문제다. 인체는 손상된 DNA를 복구하는 능력이 있지만, 짧은 시간에 대량으로 망가진 유전자는 모두 복구하기 어렵다. 천천히 자라는 잡초는 관리할 수 있어도, 갑자기 정원 전체를 뒤덮는 잡초는 감당할 수 없는 것과 같다. 인류는 이런 사실을 꽤 늦게 알았다. 일본의 두 도시에 내린 검은 비를 맞고도 시간이 한참 지나서다.

1986년 우크라이나 체르노빌 사고는 역사상 최악의 사고이다. 방사선에 직접 피폭되어 수십 명이 사망했고 수천 명이 방사선에 피폭됐다. 영국 셀러필드 핵폐기물 재처리 공장에서는 방사성 물질 누출 사고가 지속적으로 일어나 인근 마을의 높은 백혈병 발병률이 논란이 됐고, 20세기 후반 코소보 전쟁에서 사용된 철갑탄용 열화우라늄탄으로 군인은 물론 수천 명의 분쟁 지역 주민이 암에 걸렸다. 일본 후쿠시마 원전 사고는 기록을 다시 썼다. 지금까지 이런 역사를 통과한 이유로 의료 진단이나 치료 과정의 방사선 피폭을 두려워하는 것은 당연한 일이다. 하지만 방사선은 양날의 검이다. 방사선의 가장 큰 역설은 정상 세포에는 암을 유발하는 '파괴'의 상징이지만, 암세포에는 '복구'와 '회복'의 도구가 된다는 점이다. 이 양날의 검은 올바르게 다루면 생명을 구하지만, 잘못 다루면 생명을 앗아간다. 매년 수백만 명이 방사선 치료로 암에서 회복된다. 죽음의 도구가 생명의 도구로 변모한 것이다.

인류는 방사선의 위험성을 파악하는 데 너무 많은 희생을 치렀다. 20세기 초반 과학자들은 방사선의 특성을 이해하기 위해 자신의 몸을 실험실로 삼았다. 방사선을 발견한 많은 선구자들이 자신이 발견한 것의 희생자가 되었다. 그 희생 덕분에 오늘날 우리는 방사선을 이해하고 안전하게 활용할 수 있게 되었다. 성 게오르그 병원 추모비에 새겨진 글귀처럼 "죽은 자들의 공적은 불멸"이다. 그들의 희생이 있었기에 오늘날 방사선은 진단과 치료의 필수 도구가 되었다. 피해자가 되었던 과학자들이 궁극적으로는 인류의 생명을 구하는 영웅이 된 셈이다. 이것이 과학의 진정한 아름다움이자 역설이다.

대부분 사람들은 방사선이 인체는 물론 생명체에게 위험하다는 것을 막연하게 알고 있다. 하지만 보이지 않는 방사선에 피폭되는 경우 어떤 과정이 일어나는지 정확하게 모르고 있다. 사실 방사선에 어느 선까지 피폭되어야 '안전'한 것인지에 대해 지금까지 논쟁이 있는 게 사실이다. 연간 피폭량인 시버트의 숫자는 그저 권고의 숫자일 뿐이다. 확실한 결론은 내려지지 않았다. 전리 방사선에 노출되지 않도록 조심하는 것 이상의 어떤 것도 확실한 것은 없다. 확실한 것은 전리 방사선이 생명체에 에너지를 전달해 물리적인 구조를 무너뜨리고 화학적인 성질을 변화시킨다는 것이다. 그렇다고 그 매커니즘이 어렵거나 복잡하지는 않다. 방사선이 제일 먼저 하는 일의 대상은 산소와 물이다.

방사선의 역사는 발견의 흥분, 무지로 인한 비극, 그리고 이해를 통한 구원이라는 인류 과학 여정의 축소판이다. 우리는 보이지 않는 힘을 발견했고, 그 대가를 치렀으며, 마침내 그것을 길들였다. 하지만 방사선은 여전히 우리에게 경외심과 두려움을 동시에 불러일으키는 존재다. 인간의 호기심과 지식 추구가 가져온 양날의 검이다.

2. 산소와 물, 그 중간지대의 존재들

암이라는 질병의 발현 과정은 이제 상당히 명확하게 밝혀졌다. 노화나 다른 요인으로 세포의 유전자가 변형되는 것이 시작이다. 설계도가 망가진 세포는 회복이 불가능하거나, 복구되더라도 오류를 지닌 채 재생된다. 문제는 이 세포가 정상 세포와 달리 마치 어린아이의 상상력처럼 무한대로 자라려 한다는 점이다. 수정 후 급속하게 증가하는 배아 세포처럼 무한정 증식하며 크기를 키운다. 종양으로 변해버린 조직은 결국 주변 기관의 제 기능을 방해한다. 방사선에 피폭되면 여러 증상이 나타나지만, 대부분의 종착역은 암이다. 그 이유는 방사선이 생체 세포의 소기관이나 효소, 특히 DNA를 파괴하기 때문이다. 20세기 초 유럽에서 방사능을 연구했던 학자 중 40%는 암으로 사망했다. 당시 실험 재료를 공급하던 유럽의 유일한 우라늄 광산이 체코슬로바키아에 있었는데, 그곳 광부의 절반이 폐암에 걸렸다. 이런 통계는 방사선과 암 사이에 뭔가 불길한 관계가 있음을 암시한다.

그렇다면 방사선은 어떻게 세포를 공격할까? 방사선이 생물에 미치는 영향을 이해하려면 복잡한 전문용어의 숲을 헤매게 될 것 같지만, 사실은 그렇지 않다. 거대한 폭발이나 화재에도 단 하나의 도화선이나 최초 발화지가 있듯, 이 복잡한 과정에도 놀랍도록 단순한 출발점이 있다. 의외로 그 출발은 거창하지 않은 경우가 대부분이다. 실제로 그 시작은 믿기 어렵게도 물이었다. 그렇다고 특별한 물도 아니다. 산소와 수소 두 개가 결합해 존재하는, 우리가 매일 마시는 바로 그 H_2O다. 방사선이 물분자의 결합을 끊어내며 사달이 나기 시작한 것이다. 이 정보가 새로운 사실도 아니었다. 방사선을 쐬면 물이 쪼개진다는 사실을 처음으로 이야기한 사람은 바로 앙리 베크렐이다. 하지만 당시에는 물의 분리가 이렇게 엄청난 매커니즘을 가지고 있는지 알지 못했을 뿐이다.

요즘은 초등학생도 물을 분리하는 방법을 안다. 물은 아주 작은 에너지로도 분리할 수 있다. 일반적인 알카라인 전지(1.5V, 1000mAh)로도 충분하다. 전지에 연결된 양쪽 전극을 물에 넣으면 기포가 올라오는 것을 볼 수 있다. 물분자는 자신의 결합을 끊어내고 양쪽 전극에서 기체로 모인다. 화학자처럼 반응식을 써보자.

$$H_2O \rightarrow 2H + O$$

앞서 이야기했듯, 반응식이나 방정식은 과학의 언어다. 간결하지만 의미는 충분히 전달된다. 그런데 아쉽게도 이런 반응은 자연계에서 거의 일어나지 않는다. 자연은 언제나 안정을 추구하기 때문이다. 자연에서 산소와 수소가 안정한 상태로 존재하려면 기체인 산소 분자(O_2)와 수소 분자(H_2)가 돼야 한다. 결국 두 개의 기체를 만들려면 적어도 두 개 이상의 물분자가 필요하다. 반응식을 수정해보자.

$$2H_2O \rightarrow 2H_2 + O_2$$

반응식이 제법 그럴듯해 보인다. 이 반응식에 숨겨진 정보는 산화와 환원 반응이 동시에 일어난다는 것이다. 전기 분해 실험에서는 양쪽 전극에 각각 수소와 산소 기체가 모인다. 화학에서 산화는 수소 양성자를 잘 간수하지 못해 벌어지는 현상이다. 산소 기체는 물이 산화하며 수소 양성자와 전자를 내어놓고 발생한다.

$$2H_2O \rightarrow 4H^+ + 4e + O_2$$

반대 전극에서는 네 개의 수소 양성자와 전자 네 개가 반응해 수소 분자를 만든다. 수소 기체는 환원되며 발생한다.

$$4H^+ + 4e \rightarrow 2H_2$$

자연이 이렇게 인간의 사고처럼 더하기와 빼기를 한꺼번에 해낸다면 편리하겠지만, 자연은 무척 꼼꼼한 성격이다. 마치 세금 계산을 하는 회계사처럼 일을 하나하나 진행한다. 1+1+1+1이라는 계산을 암산으로 4를 얻는 것이 아니라, 1+1=2, 2+1=3, 3+1=4와 같은 방식으로 단계를 밟는다. 여기서 주목해야 할 점은 전기를 이용해 두 물 분자로 두 기체를 만드는 과정이 아니라, 방사선이 한 개의 물 분자에 일으키는 변화다. 실제 방사선에 의한 물의 분해 반응에서 제일 먼저 일어나는 과정은 이렇다. 물 분자에서 수소 양성자 한 개와 전자가 떨어져 나오고, 산소와 수소 한 개는 여전히 결합된 분자 상태로 존재한다.

$$H_2O \rightarrow H^+ + e^- + \cdot OH$$

여기서 H^+는 전자 하나를 잃은 수소 원자, 즉 양성자다. e^-는 분리된 전자이고 $\cdot OH$는 오비탈에 전자(•)를 한 개 가지고 있는 수산화라디칼이다. 실제로 물의 전기분해 과정은 이 과정을 네 번 반복해야 비로소 전자 4개와 양성자 4개를 만들 수 있고, 이를 통해 수소 기체와 산소 기체가 생성된다. 앞서 언급했듯 화학은 전자의 학문이다. 네 번의 전자를 떼어내는 과정을 추적해보면 실제 어떤 일이 벌어지는지 알 수 있다. 전자를 떼어낼 수 있는 재료가 하나 더 늘었다. 바로 수산화라디칼(•OH)이다. 전자가 떨어져 나간 OH는 순간적으로 다른 OH와 반응해 과산화수소(H_2O_2)를 만든다. 그리고 수소 분자와 전자 하나를 더 잃으며 과산화라디칼(•O_2)이 생성된다. 마지막으로 네 번째 전자가 떨어져 나가며 산소 분자(O_2)가 된다. 이렇게 물이 산소 기체로 반응하는 과정에서 여러 중간 생성물이 차례로 생긴다. 방사선이 물질을 대상으로 전자를 하나씩 분리하며 물질이 변하는 순서를 그려보면 아래와 같다.

$$H_2O \rightarrow \cdot OH \rightarrow H_2O_2 \rightarrow O_2\cdot \rightarrow O_2$$
물　　　수산화라디칼　　과산화수소　　과산화라디칼　　산소

물론 이 반응은 연속 반응이 아니다. 방사선은 어느 단계든 개입한다. 이런 병렬적 과정에서 중간 생성물로 수산화라디칼, 과산화수소, 과산화라디칼이 차례로 생긴다. 이제 이 중간 생성물 중 라디칼에 집중할 필요가 있다. 라디칼은 화학에서 매우 중요한 용어다. 일상에서 '라디칼(래디컬)Radical'이라는 용어는 종종 '급진적'이거나 '과격하다'는 의미로 사용된다. 흥미롭게도 화학에서도 같은 의미로 사용하는데, 바로 라디칼 반응Radical reaction이다. 이름에서 풍기는 것처럼 이 반응은 마치 반항적인 십대처럼 급진적이고 과격하다. 단어의 사전적 의미 그대로 받아들여도 좋을 만큼 이 반응은 활발하고 폭력적이다. 단일 원자든 분자든 핵 주변에는 오비탈이 존재한다. 이는 전자가 존재할 수 있는 공간이다.

화학의 강한 결합은 대부분 이 오비탈에 전자쌍(2개의 전자)을 공유하며 이루어진다. 한 개의 오비탈에는 전자 한 쌍으로 채워지는 것이 안정하다. 그런데 어떤 이유든 오비탈에 전자가 하나만 있는 경우가 있다. 짝을 이루지 못한 전자를 가지고 있으면서 독립적으로 존재할 수 있는 물질이 '자유라디칼'이다. 오비탈에 전자가 없는 것보다 '한 개'만 존재하는 것이 훨씬 불안정하다. 불안정하다는 의미는 반응성이 좋다는 뜻이다. 마치 솔로 파티에 온 사람이 필사적으로 짝을 찾으려 하는 것처럼, 자유라디칼은 다른 물질과 무차별적으로 반응한다.

사실 이런 중간 단계의 물질은 언급된 세 종류 물질보다 더 많다. 여기서는 전자의 변화만 언급했지만, 중간 물질이 수소 양성자를 얻어 다른 중간생성물을 만들기도 한다. 예를 들어 과산화라디칼은 양성자가 붙어 하이드로퍼옥실라디칼($HO_2 \bullet$)이 된다. 이 물질 역시 강한 반응성을 지닌 물질이다. 그리고 더 심각한 것은 이런 라디칼 물질이 생체 분자들과 반응하며 또 다른 라디칼 물질을 생성한다는 것이다. 이 연쇄 반응의 감당 못할 속도를 두고 총의 방아쇠를 당기기 전에 사람이 맞는다고 하는 우스갯소리까지 등장한다. 그러니 항산화 영양제로 자유라디칼(활성 산소도 마찬가지)의 활동을 원천적으로 저지한다는 것은 불가능에 가깝다.

    결론적으로 방사선이 직접 세포나 조직을 공격하는 것이 아니다. 방사선은 지구에서 가장 평범한 물질, 생명에 가장 많고 없어서는 안 될 물질인 물을 무장한 군인으로 탈바꿈시키고, 그 물질들이 우리 몸을 공격하는 셈이다. 이는 평화로운 마을의 주민들이 갑자기 광기에 사로잡힌 폭도로 변하는 공포영화의 시나리오와 다를 바 없다. 물론 우리 주변에는 자연 방사선이 있고, 매일 우리 몸은 먼 우주로부터 날아오는 우주 방사선도 맞이한다. 우리 몸은 어느 정도 항산화 능력이 있어 이런 중간 생성물의 공격에도 방어할 수 있다. 행여 유전자가 손상되어도 복구해낼 수 있다. 문제는 양이다. 무장 군인들이 끝도 없이 지속적으로 침투해 벌이는 라디칼 물질의 전략이 특별하다는 것이다. 일상의 평화로운 물이 어떻게 우리 몸의 가장 치명적인 적이 될 수 있는지, 그 흥미로운 화학적 변신은 생명과 죽음 사이의 미묘한 균형을 보여주는 놀라운 예다. 물, 산소, 모두 생명의 물질이다. 그 중간 언저리는 전부 적이고 어쩔수 없는 동행을 해야 한다. 어쩌면 암은 다세포 생물의 숙명일지도 모르겠다.

3. 방사능 피폭과 혈액암

 히로시마 원폭 생존자들의 통계를 보면 백혈병은 방사능 피폭의 척도처럼 여겨질 정도로 그 상관관계가 뚜렷하다. 백혈병이 시작되면 푸른 멍 같은 반점이 피부에 나타나고 백혈구가 급격히 증가하며 덩어리를 형성한다. 혈액암은 단순히 국소적인 문제가 아니라 전신을 순환하는 체계 자체의 붕괴를 의미한다. 마치 도시의 수도관이 오염된 것과 같다. 국소적 문제는 오염부위만 처리하면 되지만, 전체 수도관이 오염되면 도시 전체가 위험에 처하는 것과 같은 이치다. 그래서 혈액암은 다른 어떤 암보다 치명적이다. 몸 전체를 순환하며 모든 세포에 영향을 주고 치료도 어렵다. 무엇보다 항상성을 순간적으로 무너뜨려 심장을 멎게 만들기 때문에 환자에게 적절한 치료의 기회도 주지 않는다.

 방사능 피폭은 다른 여러 암을 발생하게 하지만, 유독 혈액암이 많다. 우리 몸을 이루는 60여 가지 원소 중에서도 방사선의 첫 번째 표적은 가장 흔한 물질인 물이다. 그런데 여기서 역설이 발생한다. 물은 생명 유지에 필수적이지만, 방사선을 만나면 우리 몸을 파괴하는 주범으로 돌변한다. 이는 마치 충직한 경호원이 돈을 받고 암살자에게 문을 열어주는 것과 같다. 방사선이 물 분자를 때리면 물은 전자를 잃고 '이온화'된다. 앞에서 수산화라디칼(•OH)과 같은 공격적인 분자 조각들이 만들어진다는 사실을 다뤘다. 이들은 화학계의 폭주 기관차와 같아서 주변의 모든 것과 무차별적으로, 그리고 맹렬하게 반응한다. 전자 한 개의 거대한 나비효과가 시작되는 것이다.

라디칼이란 개념을 과학계에 처음 등장시킨 건 1900년 미국 미시건 대학의 화학자 모지스 곰베르그Moses Gomberg였다. 당시 많은 동료 과학자들은 불안정한 자유라디칼이 실제로 존재할 수 있다는 그의 주장을 비웃었다. 그는 유리 플라스크 속에서 트리페닐메틸라디칼을 합성했지만, 그가 발견한 것의 중요성은 반세기가 지나서야 제대로 인정받았다. 1954년에 버클리 대학의 덴햄 하먼Denham Harman이 노화의 메커니즘을 설명하며 인체 내 자유라디칼 이론이 정립되고 자유라디칼의 구체적인 행동 방식이 드러났다. 라디칼의 행동 방식은 특이하다. 일단 하나가 만들어지면, 이 라디칼은 다른 분자로부터 전자를 빼앗아 자신을 안정화시키려 한다. 그러나 이 과정에서 전자를 빼앗긴 분자 역시 새로운 라디칼이 된다. 이는 마치 좀비 영화에서 한 명의 감염자가 다른 사람들을 물어 감염시키고, 그 감염자들이 또 다른 사람들을 감염시키는 것과 같다. 덴햄 하먼은 노화와 방사선 손상의 메커니즘이 동일하다고 주장했다. 둘 다 자유라디칼이 몸속에서 연쇄적인 분자 손상을 일으키기 때문이란 것이다. 오늘날 우리는 노화의 원인이 결국 호흡하는 산소라는 아이러니한 진실을 알고 있다. 낡은 철 다리가 산소에 노출되어 녹슬듯, 우리의 세포도 천천히 산화된다. 중년을 지나며 항산화에 목을 매지 않는가. 방사선 피폭의 메커니즘은 단지 이 과정을 극적으로 가속화할 뿐이다.

물과 철의 치명적 공모

방사선이 만들어낸 중간 생성물 중 특히 주목할 만한 것은 과산화수소(H_2O_2)다. 우리는 과산화수소가 세균도 죽일 수 있는 능력이 있다는 것을 잘 안다. 많은 가정에서 상비약으로 소독제인 과산화수소를 갖추고 있을 테니 말이다. 상처가 없는 피부에 과산화수소를 뿌려보면 공기 방울이 보일 정도로 아주 느린 반응을 한다. 거의 반응이 없다고 해도 무방할 정도다. 그러나 이 물질의 온순함은 철(Fe)을 만날 때까지다.

헨리 존 펜톤Henry John Horstman Fenton이 1894년에 발견한 반응은 그의 이름을 역사에 남겼지만, 그 실용적 중요성은 수십 년 동안 간과되었다. 당시 그는 단순히 유기화합물의 산화에 관한 연구를 수행하고 있었다. 철 이온과 과산화수소의 혼합물이 타르타르산을 분해한다는 사실은 단지 화학 저널의 작은 각주로만 남을 뻔했다. 하지만 20세기 중반, 생화학자들이 이 반응이 세포 손상과 암 발생에 중요한 역할을 한다는 사실을 발견하면서 펜톤의 연구는 새롭게 조명받기 시작했다. 가정 상비약으로 소독에 사용되는 과산화수소가 상처에 닿으면 거품이 일어나는 반응은 혈액 속 카탈라아제catalase라는 효소 때문인데, 이 효소는 과산화수소를 물과 산소로 분해한다. 펜톤이 발견한 이 반응Fenton Reaction은 놀라울 정도로 단순하면서도 치명적이다.

$$H_2O_2 + Fe^{2+} \rightarrow OH^- + \cdot OH + Fe^{3+}$$

이 반응식이 특별한 이유는 오른쪽에 있는 •OH, 즉 수산화라디칼 때문이다. 이 라디칼 물질이 세균이나 바이러스 같은 병원체를 파괴한다. 물론 동시에 주변 정상 조직인 단백질과 지질인 세포막에도 손상을 준다. 과산화수소는 반응이 워낙 느려 철을 만나지 않으면 세포에 큰 문제를 일으키지 않는다. 그러니까 철을 만나기 전까지 과산화수소가 세포 깊숙히 들어가 유전자가 있는 핵 안으로 침투할 수 있는 것이다. 유전자 근처까지 접근한 과산화수소는 어떤 선택을 할까?

완벽한 폭풍의 무대

혈액이 방사선 피폭에 특히 취약한 이유는 이제 분명해진다. 혈액의 절반 이상은 혈장이며, 혈장의 90%는 물이다. 그리고 혈액에는 헤모글로빈이라는 단백질이 가득한 적혈구가 있다. 헤모글로빈의 중심에는? 그렇다. 바로 철이 있다. 헤모글로빈의 구조는 생명의 신비로운 우아함을 보여주는 걸작이다. 이 단백질은 네 개의 폴리펩티드 사슬로 구성되어 있으며, 각 사슬은 '헴' 그룹을 포함한다. 이 헴 그룹의 중심에는 철 원자가 자리잡고 있어 산소 분자를 효율적으로 붙잡을 수 있다. 진화는 이 구조를 수백만 년에 걸쳐 정교하게 다듬어 왔지만, 방사선 앞에서는 이 모든 정교함이 취약점으로 작용한다. 우주의 아이러니다.

방사선이 혈액을 통과하면, 물은 과산화수소와 다른 라디칼들로 변환되고, 이들은 곧바로 철과 만나 수산화라디칼을 생성한다. 이 수산화라디칼은 DNA를 손상시키고 세포막을 파괴하며, 특히 빠르게 분열하는 조혈 세포들(혈액 세포의 전구체)을 공격한다. 이것이 바로 방사선 피폭 후 백혈병과 같은 혈액암의 발생률이 높은 이유이다. 러더퍼드가 원자의 구조를 발견했을 때, 그는 원자가 마치 작은 태양계와 같다고 생각했다. 하지만 방사선의 영향을 본다면, 우리 몸은 오히려 거대한 화학 공장과 같다. 이 공장에서 방사선은 공정 라인을 방해하는 파괴적인 침입자이고, 물 분자는 쉽게 선동되어 반란을 일으키는 노동자들이다.

우리가 먹는 항산화제는 이런 자유라디칼과 먼저 반응하여 연쇄 반응을 감속하는 물질이다. 비타민 C나 E와 같은 항산화제는 라디칼에게 전자를 기꺼이 내어주어, 덜 반응성이 강한 형태로 바꾸는 일종의 '전자 기부자'다. 하지만 활성산소와 같은 라디칼 물질이 물과 산소에서 유래한다는 점을 생각해보라. 생체 내 물분자는 10^{27}개이다. 보충제로 섭취하는 한 알의 비타민이 담고 있는 분자 수는 우리 몸의 물 분자 수에 비하면 바닷가의 모래알 한 톨에 불과하다. 방사선 피폭으로 생성된 라디칼의 폭풍 앞에서 항산화제 보충제는 토네이도를 향해 부채질하는 것과 다를 바 없다. 방사능으로 인한 생명체의 손상 중 70-90%가 물로부터 시작된 연쇄반응 때문이라는 사실은, 방사선 피폭을 애초에 피하는 것이 얼마나 중요한지를 일깨운다. 방사선이 물을 만날 때, 그 변화의 결과는 너무도 파괴적이어서 마치 평화로운 마을에 갑자기 폭발한 화산처럼, 눈에 보이지 않는 분자 수준의 재앙이 전신으로 번져나간다. 생명의 원천인 물이, 방사선의 손길 아래에서는 가장 치명적인 파괴의 도구로 변하는 자연의 아이러니가 여기에 있다.

4. 보이지 않는 파동이 암을 사냥하는 법

과학은 자연의 폭발력을 다스리는 기술이라는 말이 있다. 과학은 인류의 병폐를 해결하는 열쇠를 쥐고 있는 동시에 멸망의 수단이 되기도 쉽다는 얘기다. 이 말의 의미는 방사선 분야에서 극명하게 드러난다. 1945년 8월, 일본 히로시마 상공에서 터진 원자폭탄은 인류에게 핵의 공포를 각인시켰다. 그러나 같은 물리 법칙이 1951년 캐나다 초원에서 기적을 일으키기 시작했다. 코발트-60 동위원소에서 뿜어져 나오는 감마선이 암세포를 공격하는 무기로 변모한 것이다. 핵분열을 가져온 죽음의 기술이, 역설적으로 생명을 구하는 도구로 재탄생하는 순간이었다.

1950년대 캐나다 초원의 한 대학 연구소에서 물리학자 해롤드 존스Harold Johns는 전쟁 잉여 물자를 뒤적이며 획기적인 아이디어를 구상 중이었다. 그의 시선을 사로잡은 건 핵무기 개발 과정에서 나온 금속 덩어리였다. 이 방사성 금속 막대기를 특수 장치에 장착하면 어떻게 될까? 이 단순한 호기심이 의학의 역사를 바꾸는 불씨였다. 1951년 자궁경부암에 걸린 네 아이의 엄마가 첫 실험 대상이었다. 4기의 암이었지만, 결과는 놀라웠다. 불치병으로 여긴 종양이 완치된 것이다. 치료에 사용된 이 금속 덩어리는 '코발트-60'이라는 방사성 동위원소였다. 코발트-60에서 방출되는 감마선은 1.17~1.33M전자볼트의 에너지를 지닌 채 암세포 깊숙이 침투한다. 코발트-60은 마치 연소되지 않는 불꽃을 영원히 태울 수 있는 마법의 장작처럼, 일정 기간 동안(대략 5년 정도) 꾸준히 감마선을 발산한다. 이 무기를 극도로 정밀한 치료 도구로 개량한 존스의 명성이 의학계에 알려졌고, 그는 1958년 암 연구 전문센터인 온타리오 암 연구소 OCI로 이적했다.

폭탄이라는 용어가 과격해서였을까? 코발트 치료기는 '감마나이프 Gamma Knife'라는 더 멋들어진 별칭으로 불린다. 서양판 '검객'처럼 들리기도 하는 감마나이프는 1967년 스웨덴 스톡홀름 스터즈빅 원자로 시설에서 첫 수술이 성공하면서, 핵 기술의 무대를 본격적으로 전쟁터에서 병실로 옮겼다. 현대 감마나이프의 작동 원리는 전략 폭격 작전을 연상시킨다. 이 원리는 '적은 힘이라도 한 점에 모으면 강해진다'는 물리학의 교과서적인 원리와 같다. 코발트-60으로 만든 초기 모델은 201개의 방사성 '탄두'가 반구형 구조물에 배열되어 있었다. 각 탄두는 핵미사일 발사관처럼 정확한 각도로 조준되며, 오직 종양 부위에서만 모든 에너지가 집중되도록 설계되었다. 마치 수백 명의 저격수가 동시에 한 표적을 노리는 것과 같다. 폭탄 설계자들이 '폭압' 개념을 이용해 건물을 무너뜨리듯, 감마나이프는 암세포 DNA에 분자 수준의 협응 효과 Synergistic Effect로 설명되는 축적 피해를 입힌다. 감마선 광자의 축적적 전리 작용이 DNA 이중 가닥을 끊어버리는 것이다. 각 감마선 광자는 미세한 전리 작용을 일으키지만, 여러 개 경로가 교차하는 지점에서는 분자 수준의 연쇄 폭발이 발생한다. 건강한 조직은 단일 경로의 낮은 에너지 공격만 받는 반면, 종양은 모든 방향에서 동시에 타격당하는 것이다.

물론 X선 역시 진단에 머무르지 않고 암 치료에 사용된다. 코발트 치료기가 동위원소라는 방사성 물질을 계속해서 사용해야 하는 번거로움이 있다면, 선형가속기(linear accelerator, 줄여서 '라이낙 LINAC'이라고도 부른다)는 간단하게 방사선을 방출하는 장치다. 가속이라는 이름부터 뭔가 거창해 보이지만, 원리를 쉽게 풀면 이렇다. 먼저 전자를 마치 스프링으로 쭉 당긴 다음 놓아주듯이 하면, 전자는 엄청난 전기장 속에서 빠르게 가속한다. 고속으로 달리던 전자가 '금속 표적Metal Target'에 충돌하면서 강력한 방사선을 만들어낸다. 이 X선(혹은 전자선)을 특정 부위에 조사照射해 암세포를 파괴한다. 코발트-60의 감마선보다 훨씬 강한 X선(6~20 메가전자볼트) 범위로 기술적 우위가 있다.

선형가속기는 사용자가 원하는 선량과 에너지를 비교적 자유롭게 조절할 수 있어서, 암 치료의 '맞춤형 옷' 같은 역할을 한다. 선형가속기는 2밀리미터 이내의 정밀도를 지니고 IMRT(강도조절방사선치료)와 IGRT(영상유도방사선치료)를 통해 종양 형태에 맞춘 맞춤형 치료가 가능하다. 실제 임상 현장에서는 암이 있는 위치, 크기, 주변 장기의 민감도 등을 고려해 방사선의 각도와 세기를 정밀하게 조정한다. 예컨대 '왼쪽 폐 하단에 있는 종양, 앞으로 다섯 세션 동안 매일 일정량의 방사선을 조사한다' 같은 지령을 주면, 선형가속기는 착실히 그 지시를 따라 움직인다. 선형가속기는 기계의 마모 정도만 주기적으로 확인하고 내부 튜브 등을 교체해주면 오랫동안 사용할 수 있으니, 코발트-60와 같은 방사성 동위원소처럼 반감기를 고려해 새 물질을 장착해야 하는 번거로움이 없다. 게다가 방사성 물질은 폐기 비용도 10억 원이 넘는다. 덕분에 현대 병원에서는 코발트 폭탄보다 선형가속기를 사용하는 경우가 훨씬 많다. 현재 코발트-60은 개발도상국에서 초기 비용 절감을 위해 도입돼 있다.

물론 X선에도 단점은 있다. X선은 빛이기 때문에 직진성이라는 물리적 성질을 갖는다. 신체 외부에 있는 방사선 방출 지점에서 신체 내부 암조직까지 연결한 직선 경로에 있는 모든 세포에 영향을 미친다. 과학 기술에 대해 가끔 놀랄 때가 있는데, 이런 단점 역시 보완해 주변 조직을 보호하는 메커니즘을 확인할 때다. 직진성의 빛을 마치 손으로 만지듯 여러 렌즈를 통해 경로를 조절한다. MLC(다엽콜리메이터)와 3D-CRT(컨포멀 방사선 치료기) 컨포멀 물리광학은 주변 조직 노출을 최소화한다. 의학의 힘이 닿는 목적지까지의 모든 경로가 과학으로 만들어지는 셈이다.

5. 보이지 않는 입자가 암을 사냥하는 법

1960년대, 나사 과학자들은 우주 방사선으로부터 우주비행사를 보호하기 위한 연구를 하고 있었다. 우주선을 구성하는 고에너지 양성자가 인체 조직을 통과할 때, 특정 깊이에서만 폭발적으로 에너지를 방출한다는 사실을 알고 있기 때문이다. 이 현상은 1903년 영국 입자물리학자인 윌리엄 헨리 브래그(William Henry Bragg)가 양성자와 알파 입자인 고에너지 입자를 연구하며 발견했다. 마치 투명한 유리창을 뚫고 들어온 총알이 수십 장의 책을 통과하다가 정확히 92쪽에서만 폭발하는 것과 같았다. 물리학자들의 이 우연한 발견이 의학계의 관심을 끌기는 그리 오래 걸리지 않았다. 정상 세포는 해치지 않고 암세포만 선택적으로 공격할 수 있는 이상적인 무기가 발견된 셈이었다. 우주에서 온 암 치료법인 셈이다.

전기적 성질을 가진 입자가 높은 에너지를 품으면 물질을 통과할 수 있다. 물론 중성미자처럼 거의 모든 물질과 반응하지 않는 입자는 지구 전체를 통과할 수도 있지만, 대부분의 입자는 물질을 통과하면서 조금씩 에너지를 잃게 된다. 마치 달리던 사람이 수영장

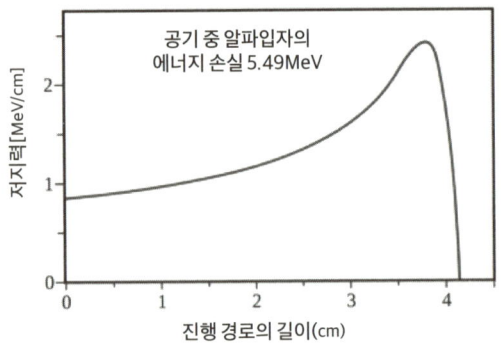

공기 중 5.49MeV 알파선의 브래그 곡선은 아래 엑스레이 빔과 달리 정점이 오른쪽에 있고 왼쪽으로 치우쳐 있다.

에 뛰어들어 물의 저항으로 속도가 줄어드는 것과 비슷하다. 흥미로운 점은 양성자나 중입자 같은 무거운 입자들이 물질을 통과할 때, 특정 깊이에 도달해서야 갑자기 모든 에너지를 방출한다는 것이다. 이 지점을 브래그 피크 Bragg Peak라고 부른다. 윌리엄 헨리 브래그가 처음 발견한 이 현상은, 마라톤 주자가 결승선을 앞두고 마지막 남은 에너지를 한꺼번에 폭발시키는 것과 같다. 이 현상을 암 치료에 응용할 수 있다는 사실은 물리학이 의학에 준 가장 우아한 선물 중 하나다.

정밀 유도 미사일

'양성자 치료기'는 말 그대로 양성자를 가속해 암세포에 정확히 꽂아 넣는 장치다. 양성자는 수소원자에서 전자를 떼어낸 원자핵으로, 양전하를 띠고 있다. 치료를 위해서는 이 양성자를 빛의 속도 절반에 가깝게 가속시켜야 한다. 양성자 치료기의 핵심은 '원형가속기 Cyclotron'다. 약 20톤의 초전도 자석이 둘러싼 직경 6미터의 진공

튜브 안에서, 수소 원자에서 분리된 양성자들이 마치 초고속 회전목마를 타듯 빛의 속도 약 66.6% (실제 230메가전자볼트 에너지시 속도는 199,654,300 m/s)까지 가속된다. 처음부터 이런 속도를 낼 수 없다. 이 과정은 비좁은 나선형 계단을 따라 쉬지 않고 달려 올라가는 것과 같다. 양성자는 1,000번 이상 원형 궤도를 돌며 매 순간 전자기파의 '에너지 킥Energy Kick'을 받는다. 회전목마에서 주변 사람들이 밀어주는 것처럼, 매 라운드마다 더 강력한 추진력을 얻는 것과 유사하다. 이렇게 축적된 에너지가 결국 암조직에 도달해 방출된다.

가속된 양성자 빔이 환자의 몸에 진입하면, 놀랍게도 피부나 근육 같은 정상 조직에서는 거의 에너지를 방출하지 않다가 종양이 있는 정확한 깊이에 도달해서야 모든 힘을 쏟아낸다. 국립암센터의 장비는 1밀리미터 오차 범위로 이 '에너지 폭탄'을 조준한다. 이는 20킬로미터 상공에서 날아간 전투기가 지상의 티스푼을 명중시키는 수준의 정밀도다. 과장이지만, 뉴턴이 이 기술을 보았다면 아마도 사과를 떨어뜨리기보다 허공에 띄웠을지도 모른다.

그러나 이 기술의 숨은 비용은 거대한 장비와 에너지 소비다. 200톤이 넘는 양성자 치료기는 공룡 한 마리를 병원에 들인 것과 같다. 규모 역시 농구장 3개의 설치 공간이 필요할 정도로 크다. 정밀함이 증가할수록 기술의 물리적 부피도 커진다는 아이러니가 여기에 있다. 가속기를 유지하려면 핵융합로 수준의 초전도 시스템이 필요하며, 1회 치료에 양성자 1조 개를 발사하는 데 드는 전력은 일반 가정의 한 달 사용량을 초과한다.

다행히도 과학자들은 이 거대한 장비를 축소할 방법을 찾아냈다. 최근 주목받는 '레이저 가속기' 기술은 강력한 레이저 펄스로 금박 표적을 타격해 순간적으로 양성자 빔을 생성한다. 이 방법은 기존 가속기의 크기를 냉장고 수준으로 축소했다. 물리학자들은 "이제 병원 지하에 핵융합로 대신 레이저 포인터를 설치하게 될 것"이라며 반농담을 던진다. 레이저 가속기는 미니멀리즘의 승리다. 거대한 증기기관차가 조그만 전기자동차로 대체된 것처럼, 현재 개발 중인 레이저 가속기 프로토타입은 실험실 규모지만, 2030년대 상용화시 냉장고 크기로 축소되며 방사선 치료실의 풍경을 완전히 바꿀 예정이다. 물리학자들은 과거의 거대 장비를 회상하며 '당시에는 암을 치료하는 데 80톤의 금속이 필요하다고 생각했지'라고 웃음지을 날이 올 것이다.

더 묵직한 펀치

양성자보다 한층 더 무거운 입자를 이용하는 방법도 있다. 바로 중입자치료 Carbon Ion Therapy다. 탄소 이온이나 그 외의 무거운 원소 이온(헬륨과 네온은 실험단계)을 가속해 암세포에 충돌시키는 이 방식은, 양성자보다 훨씬 강력한 파괴력을 자랑한다. "양성자도 충분히 무거운데 뭘 더 무겁게 쓰냐?"고 의문을 가질 수 있지만, 중입자는 양성자보다 에너지 집중 효과가 더 뛰어나다. 중입자는 암세포의 DNA를 더 효과적으로 손상시켜 회복 불가능한 상태로 만든다. 핵물리학자들의 표현을 빌리자면, "양성자가 권투 선수의 잽이라면, 중입자는 녹다운시키는 어퍼컷"이다. 물론 중입자 치료기의 장비 규모나 비용은 양성자 치료기보다 훨씬 더 헤비급이다. 치료 효과 또한 우수하다. 임상 결과 두경부암의 경우 2년 국소재발 생존율이 93.3%나 된다. 암세포 DNA를 거의 파괴한 결과다. 광자치료

대비 급성 피부염 발생율도 3.3%로 현저히 낮다. 전 세계적으로 중입자 치료기를 보유한 센터는 손에 꼽을 정도지만(2025년 기준 15개) 그 임상 결과는 매우 긍정적이어서 주목도가 높아지고 있다.

적을 내부에서 처리하다

지금까지 소개한 치료법들은 모두 환자의 몸 바깥에서 방사선이나 고에너지 입자를 쏘는 방식이었다. 하지만 이와 다른 접근법도 있다. 몸 안에 방사성 동위원소를 직접 집어넣는 브라키테라피 Brachytherapy가 그것이다. '근접 치료'라는 뜻처럼, 암이 자라난 주변에 방사성 물질을 심는 방식이다. 브라키테라피는 흔히 씨앗 형태의 작은 캡슐 안에 방사성 물질을 넣어 종양 부근에 삽입한다. 마치 적진 한가운데 첩보원을 심어 놓는 전략과 유사하다. 외부에서 공격하는 대신, 내부에서 차근차근 암세포를 무력화시키는 것이다. 특히 전립선암이나 자궁경부암처럼 접근이 용이한 국소화된 암에 효과적이다. 영구적 씨앗을 심거나 임시로 삽입할 수 있다.

이 방법의 가장 큰 이점은 정밀도다. 방사선이 매우 가까운 거리에서 조사되므로 주변 정상조직의 손상을 최소화할 수 있다. 환자는 통원치료나 짧은 입원으로 치료가 가능해 일상생활로 빠르게 복귀할 수 있다. 임시 삽입의 경우 일주일이면 치료가 가능하다. 19세기 의사들이 이런 기술을 보았다면 아마도 마법이라고 생각했을 것이다. 이 치료법의 간략한 설명만 들어도 굉장하지 않은가. 이에 대해서는 다음 장에서 조금 더 자세히 과학적 시선으로 다룰 것이다.

물리학에서 의학으로

코발트의 감마나이프부터 선형가속기, 양성자 및 중입자치료, 그리고 브라키테라피에 이르기까지, 방사선 치료는 다양한 형태로 발전해왔다. 각 방법은 마치 육군, 해군, 공군, 특수부대가 각자의 전문성을 가지고 있듯 고유한 장단점을 지닌다. 방사선은 때로는 파괴적일 수 있지만, 우리가 이 물리적 에너지를 얼마나 정교하게 제어하느냐에 따라 치유의 도구로 변모한다. 근대 물리학의 대발견이었던 원자력은 인류 역사에 빛과 그림자를 동시에 드리웠지만, 방사선 치료는 이 양날의 검을 의료 영역으로 끌어들여 암세포만 정밀하게 타격하는 데 성공했다. 이것이 바로 물리학과 의학의 아름다운 만남이다. 원자의 구조를 파헤친 물리학자들과 몸속 미세한 변화를 추적하는 의학자들이 손을 맞잡은 결과물인 셈이다. 아인슈타인이나 러더퍼드가 자신들의 연구가 암 환자의 생명을 구하는 데 쓰일 것이라고 상상이나 했을까? 과학의 역사는 이처럼 예상치 못한 방향으로 흘러간다.

물론 방사선 치료가 완벽한 것은 아니다. 여전히 피로감, 탈모, 피부 트러블 같은 부작용이 따를 수 있다. 그러나 기술의 발전에 따라 이러한 부작용은 점차 줄어들고 있으며, 정밀도는 높아지고 있다. 암과의 싸움은 쉽지 않지만, 현대 물리학이 제공한 눈에 보이지 않는 입자들이 우리의 가장 강력한 무기가 되었다. 인류의 호기심이 우주의 원리를 탐구하던 중 발견한 양성자와 중입자는, 우주에서 온 은하수 전사들처럼, 이제 우리 몸속 가장 두려운 적을 무찌르는 정예 부대가 되었다. 암세포를 향해 질주하는 미세한 입자들은 눈에 보이지 않지만, 매일 수많은 생명을 구하고 있다.

6. 암의 심장부에 심은 우주의 조각들

우주에는 아이러니가 넘쳐난다. 그중 가장 흥미로운 것은 아마도 우리 몸을 구성하는 원자들이 별의 죽음에서 태어났다는 사실일 것이다. 우리는 문자 그대로 별의 파편으로 이루어졌다. 그리고 더욱 아이러니한 것은, 이 별의 파편 중 일부가 우리를 죽음으로 몰아가는 암세포와 싸우는 무기로 사용된다는 점이다. 브라키테라피는 그 모순의 정점에 서 있다. 원자의 파괴적인 힘을 생명을 구하는 데 사용하는 의학적 기적이다.

죽음을 품은 별의 조각이 발견된 건 19세기 끝자락이다. 1898년 파리의 한 학교에 자리잡은 허름한 차고, 지붕이 새고 겨울 한파가 그대로 전해지는 이 초라한 공간은 과학사의 중대한 전환점이 시작된 장소였다. 마리와 피에르 퀴리는 이곳에서 역청 우라늄광Pitchblende 몇 톤을 녹이고, 끓이고, 증류하는 지루하고 고된 작업을 반복했다. 그들이 찾던 것은 베크렐이 우연히 발견한 이상한 '방사능'을 내뿜는 미지의 물질이었다. 영화에서라면 유레카를 외치며 화려한 발견의 순간이 있어야 할 테지만, 실제 과학은 그렇게 진행되지 않는다. 퀴리 부부는 수개월간 지루한 화학 실험을 반복하며 한 스푼의 물질을 얻기 위해 수톤의 광석을 처리했다. 1898년 7월, 그들은 첫 번째 새로운 원소를 발견했고 마리의 조국을 기리며 '폴로늄Polonium'이라 명명했다. 하지만 그들의 직감은 아직 더 강력한 무언가가 남아 있다고 말했다.

그리고 마침내 12월, 추위에 떨며 작업하던 그들은 두 번째 원소를 분리해냈다. 이 물질은 우라늄보다 무려 약 200만 배나 더 강한 방사능을 내뿜었다. 마리는 이 신비로운 물질에 라틴어로 '광선'을 의미하는 '라듐Radium'이라는 이름을 붙였다. 이 이름은 그 자체로 신비롭고 광채가 나는 듯했지만, 퀴리 부부는 자신들이 발견한 원소가 갖는 무시무시한 힘이나 의학을 혁명적으로 바꿀 것이라는 사실을 아직 알지 못했다. 1901년 호기심이 넘치던 피에르는 라듐 샘플을 자신의 팔에 올려두는 위험한 실험을 감행했다. 10시간 후, 그는 일기에 이렇게 기록했다. "붉은 반점이 나타났고, 화상과 같은 모양새가 되었다. 15일 후, 그 자리에는 여전히 상처가 있었다." 이 우연한 관찰이 의료적 적용 가능성을 제시했지만, 암 치료의 새로운 장을 열게 될 줄은 그도 상상하지 못했을 것이다. 그의 팔은 약 3주가 지나자 궤양이 발생했고 두 달 가까이 치료를 받아야 했다.

원자의 심장에서 분출되는 에너지

원자핵은 살아있다. 이 말은 단순한 은유가 아니라 물리학적 사실이다. 방사성 원소의 원자핵은 태어나고, 변형되며, 종종 폭발적인 방식으로 죽어간다. 불안정한 원자핵은 자발적으로 붕괴하며 세 가지 유형의 방사선을 내뿜는다. 알파 입자, 베타 입자, 감마선.

알파 입자는 헬륨Helium 원자핵의 또 다른 이름이다. 핵자는 양성자 2개와 중성자 2개로 구성되는데, 무겁고 느리게 움직여서 종이 한 장으로도 막을 수 있다. 베타 입자는 고속으로 움직이는 전자로, 알루미늄 몇 밀리미터나 인체 조직을 관통할 수 있다. 감마선은 입자가 아닌 순수한 에너지 형태의 전자기파로, 콘크리트 벽이나 납이 아니고서는 막기 어렵다. 원자력 발전소가 콘크리트로 지어진 데는 이유가 있다. 불안정한 원자핵은 시간이 지나며 절반이 붕괴된다. 다시 그 시간만큼 지나면 남은 불안정한 원자핵의 절반이 붕괴된다. 방사능 붕괴는 수학적으로도 우아한 과정이다. 그것은 다음과 같은 지수함수로 표현된다.

$$N(t) = N_0 e^{-\lambda t}$$

여기서 N(t)는 시간 t에서 남아 있는 방사성 원자 수, N_0는 초기 원자 수, λ는 붕괴 상수이다.

절반이 되는 데 걸리는 시간은 원소마다 다르다. 우리는 그 시간을 방사성 원소의 반감기($T_{1/2}$)라고 부른다. 반감기와 붕괴 상수(λ)는 다음 관계를 갖는다.

$$T_{1/2} = \frac{\ln(2)}{\lambda}$$

이 방정식은 사실 간단한 이야기를 들려주고 있다. 원자가 얼마나 빨리 변화하는지(λ)를 알면, 그 중 절반이 붕괴되는 데 걸리는 정확한 시간($T_{1/2}$)을 계산할 수 있다는 것이다. 다른 방식으로 설명해보자. 쿠키 항아리가 있고, 아이가 매일 남은 쿠키의 정확히 10%를 먹는다고 상상해보자. 남은 쿠키의 절반이 사라지는 데 얼마나 걸릴까? 이 방정식이 이 계산에 도움을 준다. 2의 자연로그(약 0.693)를 속도(하루당 0.1)로 나누면 쿠키의 절반이 사라지는 데 약 6.93일이 걸린다는 것을 쉽게 구할 수 있다. 늘 이야기하지만, 방정식이나 수식만큼 빠르고 정확하게 정보를 전달하는 장치는 흔하지 않다.

브라키테라피에서 주로 사용되는 요오드-125는, 위 방정식에 따라 약 59.4일의 반감기를 가진다. 약 60일마다 방사능 활동도 절반이 사라진다는 의미다. 암을 치료하는 데 사용되는 다른 동위원소들, 예를 들어 팔라듐-103(반감기 17일)과 이리듐-192(반감기 74일)도 비슷한 원리로 작동한다. 방사선이 생물학적 조직과 만날 때 벌어지는 일은 미시적 전쟁과도 같다. 고에너지 감마선이 세포를 관통하면서 물 분자와 충돌해 하이드록시라디칼(•OH)과 같은 불안정한 활성산소종을 생성한다. 이 분자적 미사일들은 DNA의 당-인산 골격을 공격하고 이중 나선을 끊어놓는다. 세포가 받는 방사선량 1그레이$_{Gy}$당 약 1,000개의 단일 가닥 절단과 40개의 이중 가닥 절단이 발생한다.

정상 세포는 이런 DNA 손상을 복구할 수 있는 정교한 시스템을 갖추고 있다. RAD51, BRCA1, BRCA2와 같은 단백질들이 손상된 DNA를 감지하고 복구한다. 하지만 암세포는 대개 미친 듯이 분열하느라 이런 복구 과정을 제대로 수행하지 못한다. 복구할 수 없는 심각한 DNA 손상이 쌓이면 세포는 시간표를 찍고 퇴근하듯 자살 프로그램(세포자멸사)을 실행한다. 물리학자의 시각에서 보면, 방사선 치료는 단순히 암세포에게 '너의 DNA를 수리할 수 없을 만큼 심하게 망가뜨릴 테니 스스로 죽는 게 낫겠다'고 설득하는 과정이다.

암의 심장부에 심는 원자의 씨앗

외부 방사선 치료는 몸 밖에서 방사선을 쏘아 암을 공격한다. 이 과정은 마치 적진에 폭격기를 보내는 것과 같다. 목표물을 파괴하려면 폭탄이 적진 상공을 지나야 하고, 그 과정에서 불가피하게 민간인 지역도 피해를 입는다. 외부 방사선 치료에서 건강한 조직이 받는 부수적 피해가 바로 이런 경우다. 브라키테라피는 이와 근본적으로 다른 접근법을 취한다. 그것은 적의 심장부에 스파이를 심는 것과 같다. 방사성 물질을 암 조직 내부나 바로 인접한 곳에 위치시켜 내부에서부터 파괴하는 전략이다. 여기에서 방사성 물질이 반감기를 갖는다 해도 주변 정상 세포에 미치는 피해가 있을 것이다. 하지만 역제곱 법칙Inverse Square Law을 교묘하게 이용하면 피해를 줄일 수 있다는 게 이 치료법의 핵심이다. 역제곱 법칙에 따르면, 방사선의 강도는 거리의 제곱에 반비례한다.

$$I \propto \frac{1}{r^2}$$

I는 방사선 강도, r은 방사선원으로부터의 거리

즉 거리가 두 배가 되면 방사선 강도는 4분의 1로 줄어든다. 이 단순한 물리 법칙이 브라키테라피의 핵심 원리다. 요오드-125 씨앗에서 5밀리미터 떨어진 곳의 방사선 강도는 1센티미터 떨어진 곳보다 4배 강하다. 이 날카로운 선량 감소 덕분에 암 조직은 치명적인 방사선을 받는 반면, 주변 건강한 조직은 상대적으로 안전하다.

브라키테라피는 크게 두 가지 형태로 나뉜다. 일시적 브라키테라피는 방사성 물질을 일정 시간 동안만 체내에 두었다가 제거하는 방식이다. 시한폭탄을 설치했다가 폭발 전에 회수하는 것과 같다. 보통 이리듐-192와 같은 강한 방사성 동위원소를 사용하며, 치료 시간은 수 분에서 수십 분 정도로 짧다. 자궁경부암, 자궁내막암, 식도암, 기관지암 등의 치료에 주로 사용된다.

영구적 브라키테라피는 쌀알보다 작은 방사성 '씨앗'을 암 조직에 영구히 심는다. 전립선암 치료에 주로 사용되는데, 길이 4.5밀리미터, 직경 0.8밀리미터의 티타늄 캡슐에 방사성 요오드-125나 팔라듐-103을 넣어 전립선에 심는다. 이 작은 원자로들은 몇 달에 걸쳐 서서히 에너지를 방출하다가 결국 방사능이 소멸된다. 씨앗 자체는 몸에 남지만, 더 이상 방사선을 방출하지 않는다.

폭발적인 힘, 그 부수적 피해

1945년 7월 16일, 뉴멕시코 사막에서 인류 최초의 핵실험 '트리니티'가 실시되었다. 그로부터 몇 주 후, 히로시마와 나가사키는 원자의 무시무시한 힘을 온몸으로 경험했다. 그 순간을 목격한 로버트 오펜하이머는 1965년 NBC 다큐멘터리 인터뷰에서 힌두 경전 바가바드 기타의 구절을 회상하는 장면이 있었고 실험 현장에서는 이렇게 말했다. "성공한 것 같네요. I guess it worked". 복잡한 감정을 담고 있는 듯한 문장이다. 지금 생각해보면 과연 그는 무엇의 성공을 말하고 있는지 사뭇 궁금해진다. 핵무기의 도덕적·윤리적 함의를 깊이 고민하지 않았을까 싶다. 브라키테라피는 파괴적인 원자력을 생명을 구하는 데 사용한다는 점에서 역설적이다. 암세포를 파괴하는 방사선의 원리는 원자폭탄의 파괴력과 근본적으로 같다. 차이점은 규모와 제어 수준이다. 원자폭탄은 통제되지 않은 핵반응으로 도시 전체를 파괴하지만, 브라키테라피는 나노스케일로 조절된 방사선으로 암세포만을 겨냥한다.

그러나 모든 강력한 무기와 마찬가지로, 브라키테라피도 부수적 피해를 수반한다. 전립선암 환자가 브라키테라피를 받은 후 겪을 수 있는 부작용으로는 배뇨 곤란, 빈뇨, 직장 출혈, 발기 부전 등이 있다. 자궁경부암 환자는 질 건조증, 질 협착, 방광염 등을 경험할 수 있다. 이는 방사선이 암세포뿐만 아니라 주변의 건강한 조직도 일부 손상시키기 때문이다. 역제곱의 원리도 암세포 주변 조직의 불가피한 파괴는 어쩔 수가 없다. 게다가 치료 과정에서 의료진의 방사능 피폭도 무시할 수 없다. 현대의 브라키테라피에서는 원격 후 충전 장치를 사용해 의료진의 방사선 노출을 최소화한다. 이 장치는 환자에게 빈 카테터를 먼저 삽입한 다음, 의료진이 안전한 거리에서 원격으로 방사성 물질을 카테터에 주입하여 작동한다.

맞춤형 원자력 의학의 미래

현대 브라키테라피는 초창기의 원시적인 형태와는 천양지차다. 1990년대만 해도 전립선암 환자들은 시술 후 '마치 내 전립선이 유리 파편으로 가득 찬 것 같았다'고 호소했다. 오늘날의 브라키테라피는 고해상도 영상 기술, 컴퓨터 시뮬레이션, 3D 프린팅 등의 발전으로 정밀도가 비약적으로 향상되었다.

현대 브라키테라피는 정확성에 있어 총알을 더 작은 총알로 맞추는 수준에 도달했다. 컴퓨터 알고리즘은 종양에 충분한 방사선이 전달되면서도 주변 중요 구조물에 대한 노출은 최소화하는 최적의 씨앗 배치를 계산한다. 하버드 의과대학의 앤서니 댈리코Anthony D'Amico

박사는 "옛날에는 전체 도시를 폭격했다면, 이제는 테러리스트가 숨어 있는 특정 건물의 특정 방만 정확히 타격할 수 있다."고 설명했다.

최근에는 인공지능이 이 과정에 활용되기 시작했다. 2019년 토론토 대학의 연구팀은 딥러닝 알고리즘을 통해 수천 명의 환자 데이터를 분석해 최적의 브라키테라피 계획을 수립하는 시스템을 개발했다. AI는 방사선 종양학 전문의보다 더 정확한 치료 계획을 제안하고 수천 가지 가능한 씨앗 배치 패턴을 수초 만에 분석할 수 있다. 이는 인간으로서는 불가능한 일이다. 실제로 2024년 유럽 방사선종양학회(ESTRO)에서 소개된 BRIGHT 프로젝트는 AI가 1,000개 이상의 씨앗 배치 패턴을 10초 내 분석해냈다.

3D 프린팅 기술도 브라키테라피를 혁신하고 있다. 캐나다 달하우제Dalhousie 대학과 중국 북경대학교 제3병원Peking University Third Hospital 등은 환자별 맞춤형 3D 프린팅 템플릿을 이용한 브라키테라피 기법을 개발했다. 이 템플릿은 환자의 CT 스캔을 바탕으로 제작되어 방사성 씨앗의 정확한 배치를 가능하게 한다. 이 기술은 특히 해부학적 구조가 복잡한 두경부암 치료에서 획기적인 정확도 향상을 가져왔다. 게다가 환자 맞춤형 어플리케이터 제작으로 선량 분포 최적화할 수 있다. 2021년 출시한 Adaptiiv 3DBrachy 소프트웨어는 디지털 설계부터 인쇄까지 24시간 이내에 완료되며, 기존 수작업 몰드 대비 오차를 0.1밀리미터 이하로 줄였다. 3D 프린팅 기술은 브라키테라피의 표준 치료 프로토콜로 자리잡았으며, 2025년 두경부암·자궁경부암을 중심으로 임상 적용이 확대되고 있다.

브라키테라피의 미래는 암세포만을 표적으로 삼는 '스마트 브라키테라피'로 향하고 있다. 방사성 동위원소를 나노입자에 결합시켜 특정 암세포만 찾아가도록 하는 기술이 연구 중이다. 이는 마치 각 암세포에 우편물을 배달하듯 방사성 입자를 전달하는 개념이다. 궁극적인 목표는 암세포와 정상 세포를 분자 수준에서 구별해 암세포만 정확히 겨냥하는 '마법 총알'을 만드는 것이다. 예를 들어, 금 나노입자에 방사성 팔라듐-103을 코팅한 '나노씨앗Nanoseeds'은 전립선암 치료에서 높은 치료 효율과 낮은 정상 조직 손상을 입증했다.

이와 함께 방사선에 민감하게 반응하는 약물과 브라키테라피를 병용하는 치료법도 개발되고 있다. 이는 방사선과 약물의 시너지 효과를 극대화해 더 적은 방사선량으로도 효과적인 치료가 가능하게 한다. 하버드 의과대학의 연구팀은 방사선에 노출되면 활성화되어 암세포를 공격하는 '방사선 감작제'를 개발했다. 이 약물은 건강한 조직에서는 비활성 상태로 남아 있다가 방사선에 노출된 종양 부위에서만 활성화된다.

액체 형태의 방사성 동위원소(Iotrex™ 등)를 이용한 브라키테라피도 연구되고 있다. 이 방식은 불규칙한 형태의 종양 치료에 효과적일 수 있다. 마치 암세포 사이의 모든 틈새와 구석구석을 방사능으로 채우는 것과 같다. 특히 수술로 완전히 제거하기 어려운 뇌종양이나 췌장암 같은 까다로운 암 치료에 큰 잠재력을 가지고 있다.

빛나는 별의 파편으로 암을 물리치다

마리 퀴리는 "세상에는 두려워할 것이 아무것도 없으며, 이해해야 할 것만 있을 뿐이다."라고 말했다. 두려움은 무지를 기반으로 하며, 지식이 두려움을 극복하는 유일한 수단이란 의미다. 브라키테라피는 원자의 비밀을 이해하고 이를 인간의 생명을 구하는 데 활용한 과학의 승리로 기억될 수도 있다. 또한 우리가 우주와 얼마나 깊이 연결되어 있는지 보여주는 증거이기도 하다. 138억 년 전 빅뱅에서 시작된 수소와 헬륨이 별의 핵에서 융합해 무거운 원소를 만들고, 그 별들이 초신성 폭발로 죽으면서 우주 공간으로 뿌려진 원소들이 모여 지구와 생명체를 형성했다. 이리듐-192는 6,600만 년 전 지구에 충돌한 소행성이 지구에 남겼다. 그리고 이제 우리는 그 우주의 파편들 중 일부를 조작해 우리를 죽음으로 몰아가는 암과 싸우고 있다. 과학자의 시각에서 볼 때, 우주는 단지 원자들의 무의미한 활동에 불과할지 모른다. 그러나 인간의 관점에서는 그 활동에 의미를 부여할 수 있다. 브라키테라피는 인간이 자연의 가장 기본적인 힘을 이해하고 조작해 생명을 연장하는 방법을 찾았다는 증거다. 이는 물리학자 리처드 파인만의 말을 상기시킨다. "자연은 복잡한 것을 단순하게 만드는 재능이 있다." 결국 복잡한 현상 뒤에는 단순한 원리가 있다는 의미다.

우주의 별들이 사라지면서 만들어낸 원소들이, 수십억 년 후 지구에서 인간의 생명을 구하는 도구가 되었다는 사실은, 존재의 놀라운 순환과 연결성을 보여준다. 이를 통해 우리는 아마도 프랑스의 생화학자 자크 모노가 말한 진실에 다가갈 수 있을 것이다. "우주에서 인간의 운명은 아무것도 아니지만, 그것이 인간의 존엄성을 손상시키지는 않는다." 아마도 과학은 단순한 기술이 아니라 존엄성을 실현하는 도구이지 않을까 싶다. 브라키테라피는 그 존엄성을 지키기 위한 인류의 끊임없는 노력의 증거다. 별의 먼지에서 시작된 생명체가 동일한 물리법칙으로 질병을 극복하는 과정만큼 존엄한 것이 우주에 또 있을까.

Chapter 6.
고통에서의 해방

고통 Pain-
마취는 긴 잠을 자는 것 같은 마법,
고통으로부터의 해방

1. 수술실은 왜 서늘한가

수술 대기실은 병동 내 다른 공간과 온도가 달랐다. 서늘한 공기가 온몸을 감쌌다. 홑겹의 수술복을 입고 있던 몸은 숨구멍 하나하나에서 서늘함에 반응했다. 한기가 온몸을 훑고 지나자 풍경이 눈에 들어왔다. 수술을 위해 대기중인 다른 환자들이 여럿 보였고 그 사이를 푸른색 옷을 입은 의료진들이 분주하게 움직이고 있었다. 여성 의료진 한 분이 다가와 자신을 담당 마취과 전문의라고 소개하고 내 신원을 확인했다. 바코드가 손목에 채워져 있음에도 그들은 매번 생년월일과 이름을 물었다. 긴장감과 건조한 공기 때문인지 선명한 목소리가 나오지 않았다. 그녀는 수술절차에 대해 상기시키고 나의 몸 상태를 확인했다. 다소 길게 느껴진 문진 과정은 규모 있는 수술 전에 거쳐야 할 당연한 과정이었다. 하지만 마취과 의사가 직접 챙기는 게 다소 의아했다. 마취과 전문의를 만날 거라고는 전혀 상상하지 못했다. 여전히 내 머릿속에는 담당 주치의의 얼굴과 외과 전문의를 그리고 있었기 때문이다.

수술실로 옮겨졌다. 그곳은 대기실보다 더 서늘했다. 내 몸은 시트와 함께 들려 수술대로 옮겨졌다. 처음 누워보는 수술대는 내가 예상했던 감각이 아니었다. 누운 게 아니라 단단한 수술대에 온몸이 끼워진 게 더 맞는 표현이다. 수술대가 이렇게 불편할 거라고 누구 하나 말해주지 않았다. 물론 이런 부분까지 알 필요는 없다는 걸 잘 알고 있었다. 산소호흡기가 끼워지고 손가락과 발가락에 센서가 연결됐다. 여러 전선과 튜브는 주변 모니터가 달린 기계에 나를 일치시키고 있었다. 기계들은 높은 음으로 일정하게 소리를 내고 있었다. 서로 동기가 되지 않는 경고음은 엇박자를 내고 있었다. 분주하게 의료진들이 들어오고 머리 위에 있던 여러 개의 등이 달린 조명 헤드에 전원이 들어왔다. 눈을 감았다. 눈이 부시기도 했지만 이제부터 내가 할 수 있는 일이 없었다. 긴장, 무력감, 한기가 동시에 엄습했다. '왜 이런 냉골 같은 온도를 만들어 놓았을까?'라는 의문이 들 법한데, 알고 보면 제법 그럴듯한 이유들이 존재한다. 냉장고에 들어간 생선이 오래 싱싱하게 보관되듯이, 인체를 다루는 수술실에도 몇 가지 과학적 근거가 작동한다.

병원이라면 일단 가장 먼저 떠오르는 단어가 있다. 바로 '감염'이다. 감염된다는 건, 외부에서 들어온 미생물이 몸속에 자리를 잡고 해를 끼친다는 뜻이다. 수술은 어찌 보면 몸을 일부러 열어 보는 일이다. 이 과정에서 조금이라도 정체불명의 세균이 환자의 상처에 도사리고 있으면 문제의 크기가 천정부지로 솟는다. 그래서 수술실에 들어서는 사람이라면 누구나 멸균 가운, 장갑, 마스크를 철저히 착용한다. 그런데 이 모든 준비에도 불구하고, 수술실 안 공기가 미지근하면 세균이 왕성하게 번식할 수 있다. 내내 따뜻하기만 한 호주 해안가에서 바닷물에 녹조가 가득 끼는 것처럼, 미생물도 온도가 오르면 증식 파티를 벌이기 쉽다. 차가운 환경은 이런 파티에 찬물을 끼얹는다. 세균은 온도가 낮아지면 번식 속도가 급격히 떨어진다. 물론 모든 세균이 똑같이 행동하는 건 아니지만, 대체로 저온 환경이 감염 예방에 유리하다는 건 오랜 실험과 임상 경험으로 입증된 사실이다.

수술을 하다 보면 출혈이 발생한다. 어느 수술이든, 손에 피 한 방울 묻히지 않고 마술처럼 끝낼 수만 있다면 참 좋겠지만 현실은 그렇지 않다. 특히 대량 출혈의 위험이 큰 수술에서는 '피가 얼마나 될까'가 팀 전체의 관심사다. 피가 뿜어져 나올 때 가장 황당한 건, 마치 수도꼭지를 잠그듯 간단하게 멈출 수 없다는 데 있다. 그래서 의료진은 혈관을 지혈하거나, 전기 소작기를 사용하거나, 때로는 약물을 투여한다. 그런데 이 모든 지혈 전략에 더해, 차가운 환경 자체가 출혈을 줄이는 데 일조한다. 사람 몸은 서늘함을 느끼면 혈관이 가늘어진다. 이는 혈관 벽에 분포된 평활근이 수축하는 현상이다. 그 덕분에 혈류량이 일시적으로 줄어들고, 출혈도 동시에 줄어든다. 물론 수술 중에는 세심한 지혈 조치가 기본이지만, 서늘한 온도가 살짝 더 도움을 준다.

인체가 살아가기 위해선 산소가 필수다. 그런데 몸이 따뜻해질수록 대사율이 올라가 산소 요구량이 늘어난다. 사람의 몸속 세포들은 끊임없이 영양소와 산소를 처리하면서 에너지를 만들어내는데, 온도가 오르면 이 소모가 더 활발해진다. 반대로 온도가 내려가면 세포가 잠시 에너지를 아껴 쓰는 모드로 전환한다. '겨울에는 곰이 동면을 통해 신진대사를 낮춘다'는 현상이 괜히 있는 게 아니다.

수술이 장시간에 걸쳐 이뤄지거나, 특정 장기(특히 심장이나 뇌)가 손상될 위험이 높은 상황에서는 체온이 올라가면서 세포가 과도하게 에너지를 소비하는 일이 달갑지 않다. 그래서 저체온 요법이 도입된 일부 심장 수술이나 뇌 수술에서는 환자의 체온을 인위적으로 낮추기도 한다. 그 과정을 지원하기 위해 수술실 자체의 온도를 낮게 유지하는 경우가 흔하다.

환자 입장에서 생각하면 왜 이렇게 얼음장 같은지 서운할지 모르지만, 수술실 속 또 다른 주인공, 의료진을 빼놓을 수 없다. 수술이라는 건 몇 분 만에 후다닥 마치는 일이 아니다. 수술 종류에 따라서는 몇 시간씩 꼼짝도 하지 않고 메스를 잡아야 하고, 서너 명의 팀이 머리를 맞대며 시야가 좁은 수술 부위를 함께 들여다봐야 한다. 그 와중에 의료진은 보호복, 수술가운, 장갑, 마스크, 모자 등으로 온몸을 꽁꽁 싸맨다. 이런 상태로 적당히 따뜻한 실내에서 땀을 뻘뻘 흘리다 보면, 집중력이 흐트러지기 딱 좋다. 따라서 수술실 온도를 낮추면, 오히려 의료진은 땀으로 인한 불쾌감을 줄이고 더 민첩하게 움직일 수 있다. 물론 정교한 수술 도중 손이 떨릴 정도로 춥다면 곤란하므로, 수술실 온도를 냉동 창고처럼 만들 수는 없다. 대략 18~23°C 정도가 적정 범위로 알려져 있다.

"이렇게 차가우면 환자는 안 추울까?"라는 의문이 자연스럽게 생긴다. 실제로 환자 일부는 수술실에 들어가기 전부터 이 냉기에 주눅이 들어서 두려움을 느끼기도 한다. 하지만 일반적으로는 환자를 수술대에 눕히면 피부 노출 부위를 최소화하고, 여러 장비와 보온 덮개로 체온을 지키려 노력한다. 수술 중 마취 상태에 들어가면, 환자는 스스로 몸 온도를 조절하기가 쉽지 않다. 마취가 체온 조절 중추에도 영향을 주기 때문이다. 그래서 원치 않는 저체온 상태가 발생하면 곤란하다. '왜 이렇게 냉장고처럼 만들어 놓고, 또 정작 환자 체온 관리에는 진땀을 빼냐'고 반문할 수도 있지만, 이는 역설적으로 환자의 심부 체온과 수술실 공기 온도가 다르기 때문에 벌어지는 풍경이다.

수술실 환경 온도가 20°C 근처라고 해서 환자가 그 온도를 그대로 체감하는 건 아니다. 오히려 여러 기기로 보온을 하고, 필요한 경우 주사액이나 수혈 혈액을 따뜻하게 유지하는 등 다양한 방법으로 몸속 온도 하락을 방지한다. 한편 수술 부위를 제외한 나머지 부분은 보온천 같은 담요를 덮어 준다. 그렇기에 '서늘한 방에 있지만 실제로는 체온이 안전하게 유지된다'는 이상하고도 정교한 시스템이 작동한다.

여전히 분주한 수술장과 신호음 사이로 누군가 다시 내게 말을 건넨다. 대기실에서 만난 마취과 전문의였다. 눈을 감았지만 그녀의 목소리를 기억하고 있었다. 나를 안심시키려는 말들이 오고갔다. 입에 호흡기를 끼고 있는 나는 고개를 끄덕여 그 말들을 이해하고 있다는 대답을 대신했다. 이제 혈관과 연결된 튜브로 마취가 시작된다는 이야기가 들렸다. 고개를 끄덕이고 살짝 눈을 떴다. 우유빛 액체가 손목에 연결된 관을 타고 흘렀다. 체온보다 낮은 액체가 곧 심장으로 들어가겠다는 생각을 할 즈음, 신기하게도 몸이 가벼워지며 늘어지는 느낌이었다. 아득한 곳으로 모든 것이 사라졌다. 우려가 섞인 근심도, 수술실에 있는 풍경과 의료진도, 불협화음으로 울리던 경고음들도 모두 사라졌다. 내게 이 모든 부재의 색은 흰색이다. 사라지면 지독한 어둠이라 상상했던 그곳은 어쩌면 백지처럼 무척 밝은 곳일지 모르겠다.

2. 의사가 된다면, 마취과를 선택할 것이다

눈을 뜬 건 수술 전 처음 마취과 선생님을 만났던 그 서늘한 방이었다. 이전과 달라진 건 머리 위에 수액과 약물 주머니가 더 달렸다는 것이다. 서늘함을 덜 느꼈던 건 두터운 담요 때문이었다. 복부는 묵직한 느낌이었다. 큰 수술을 했으니 몸이 성할 일이 아니다. 하지만 통증은 느끼지 못했다. 그 공간은 대기실이자 회복실이었다. 서늘한 공기는 마치 신선한 아침의 맛처럼 다가왔다. 깊은 잠을 자고 깬 것처럼 정신이 급속도로 맑아지기 시작했다. 나는 생년월일과 이름을 말하며 긴 여행을 마치고 전에 살던 세계로 무사히 복귀했음을 알렸다. 시계를 보니 4시간이 지나 있었다. 아주 편안했고, 아무 일도 없었던 것처럼 지나갔다. 잃어버린 4시간이었지만, 그 시간을 거치며 나는 중요한 진실 하나를 뒤늦게 깨달았다. 정신을 바짝 차리면 죽을 수도 있었다.

유독 친절했던 그 마취과 선생님을 지금까지도 잊을 수가 없다. 그가 단지 친절해서만은 아니었다. 수술실에서 마취의 세계로 입장하는 멋진 경험을 하며 위대함을 느꼈기 때문이다. 병실에서 회복을 하는 동안 나는 마취과에 관련해 자료를 뒤적거렸다. 화학 지식이 있던 터라 어렵지 않게 볼 수 있었다. 공부를 하며 새롭게 깨달은 것은 외과 수술의 최고는 마취라는 사실이다. 대부분 당연한 것들의 소중함을 알기 힘든 것과 마찬가지였다. 수술 대기실에서 떠올린 수많은 걱정 중에 미처 인지하지 못했던 걱정거리가 있었다. 바로 마취 사고였다. 상상할 수 있는 사건은 두 종류였다. 수술 중 각성 상태, 그러니까 마취가 깬다면 어떤 상황이 벌어질까 하는 생각이었고 다른 하나는 영원히 마취에서 깨지 못하면 어떻게 될까 라는 불안감이었다.

마취는 분명 잠과 다르다. 내 몸을 통제하는 모든 것을 다른 곳에 넘겨준 상태다. 피부를 절개하고 장기를 뒤적거리는 동안에도 고통은 내 것이 아니었다. 그저 긴 잠을 자는 것 같은 상태로 유지시키는 마법이었다. 엄밀히 말하면 잠은 아니다. 마취는 인체가 작동하는 시계를 멈추거나 바늘의 속도를 늦추는 것이다. 그래서 잠과 달리 마취로는 피로가 사라지지 않는다. 아무튼 그 마법과도 같은 일을 경험하고 나면 경험하지 않은 이들과 구분이 된다. 마치 영적 체험을 한 후 신앙 같은 것이 생긴 사람처럼 인간의 육체가 절대적 위치에서 벗어나게 된다. 자신의 의지가 지배한다고 믿었던 내 육체는 그저 어떤 메커니즘에 의해 구동되던 기계의 일부였다는 사실을 깨닫는다. 그래도 어떤 의지라는 것, 과학적 산물이 몸을 덮치더라도 이물질을 부정하는 일말의 의지, 혹은 의식이 존재할 거라는 믿음은 있다. 사실 그 의지를 마취과 의사들은 가장 두려워한다. 환자가 의지나 의식을 잃어야 그들이 성공할 수 있으니 말이다.

사전방문

결론적으로 마취 전문의가 나를 찾아온 이유는 꼭 필요한 절차였다. 전문용어로 프리비지트^{Previsit} 이다. 수술 전, 환자에게 마취 과정과 일련의 행위를 설명한다. 이 행위의 목적은 마취에 대한 두려움과 긴장감을 떨어뜨려 환자를 안심시키는 것이다. 그럴 경우 마취에 대한 순응도가 좋아지기 때문이다. 쉽게 말해 마취 유도가 잘 된다. 실제로 마취 중 각성이 되는 상황은 거의 발생하지 않는다. 마취 전문의가 지속적으로 환자의 마취 상태를 감시하고 있기 때문이다. 마취과 의사가 가장 두려워하는 것은 후두경련^{laryngeal spasm}이다. 마취의 시작은 정맥 혈관에 마취 유도제를 투여하며 시작한다. 과거에는 페노바르비탈^{Phenobarbital}*을 사용했지만, 최근에는 사회적 문제로 대중에 잘 알려진 프로포폴^{Propofol}**을 사용한다. 마취 유도가 성공해 환자 의식이 떨어지면 자발호흡을 하지 못한다. 이것이 잠과 마취가 다른 가장 큰 특징이다. 그대로 두면 숨이 멎을 수 있다. 당연히 큰 수술에서 환자는 스스로 호흡할 수가 없다. 가슴을 절개하는데 자발호흡이 가능할 리가 없다. 호흡과 관련한 근육이 손상되지 않았어도 마찬가지다. 마취제는 근육이나 신경이 작용하지 않게 하는 물질이다. 결국 인공호흡을 위해 바로 튜브를 기도에 삽관해야 한다. 그런데 후두경련이 생기면 기도가 줄어들고 튜브 삽입이 어려워진다. 그래서 프리비지트의 유무에 따라 후

---

*   바르비탈류에 속하는 약물로 뇌에서 신경흥분을 억제하여 진정, 수면, 항경련 효과를 나타낸다. 약물의 존성과 오남용 위험이 있어 향정신성 의약품으로 지정되어 있다.

** 프로포폴은 빠르게 단시간 동안 작용하며 정맥으로 투여되는 전신마취제이다. 수술이나 검사시 마취를 위해 사용되거나, 인공호흡기를 사용하는 환자를 진정시키기 위해 사용된다. 하얀색 액체 형태로 되어 있어서 우유주사라는 별명이 있으며, 다른 마취제들과 달리 빠르게 회복되고 부작용이 적다.

두경련의 발생빈도에 확실히 차이가 있다는 것이다. 마취 과정에서 환자가 정신을 바짝 차리면 호랑이에게 잡혀가도 살 수 있는 게 아니라, 죽을 수도 있다. 불안에 따른 무의식적 의식을 의학도 어찌지 못하는 것이다. 결국 마취에 대한 불안감은 아무런 도움이 되지 않는다. 그들을 믿어야 한다. 물론 그들이 단지 안심만 시키기 위해 사전방문을 하는 것이 아니다. 실제로도 수술장은 물론 문을 나갈 때까지, 회복실에서 의식이 돌아올 때까지 당신 곁에 있던 이들이 있다. 마취 전문의들은 내내 당신의 심장과 호흡, 혈액의 순환 등 몸에 이상한 변화가 있는지 지켜보고 있다. 마취는 의식과 감각의 상실이다. 다시 제자리로 돌려 놓으면 된다고 생각할 수 있지만, 마취 전문의의 역할은 우리가 알고 있는 지식 그 이상이다.

  마취를 한 몸은 뇌가 의식과 인지를 하지 않을 뿐 여전히 살아 있다. 수술시 마취 상태에도 몸은 자신의 의지와 상관없이 외과적 자극을 알고 있다. 날카로운 칼날이 피부를 절개한 순간 우리 몸은 아드레날린 화학 물질을 몸에 풀어 놓는다. 마치 컴퓨터 운영체제처럼 정신이 몸을 지배한다는 생각은 완벽한 착각이다. 우리 몸은 완벽하게 기계적으로, 때로는 화학적으로 작동하고 있었다. 이 지점에서 혼란이 온다. 나의 의식과 존재를 증명한 자아는 보다 신비롭고 영험한 무엇인가로 설명되어야 했다. 그러나 신과 종교, 영혼 같은 지상의 영적인 것을 추구하는 것들의 실체를 없애버린 과학이 결국 생명의 작동 원리를 풀어냈다. 아드레날린은 혈압을 높인다. 상처가 나면 혈액이 근육과 주요 장기로 빠르게 공급되도록 한다. 이는 신체가 빠르게 대응하고 필요한 에너지를 공급받기 위해서다. 평소 같으면 흥분 상태로 여기겠지만, 수술시 높아진 혈압은 큰 방해꾼이다. 마취의들은 혈압을 안정적으로 유지하도록 적정한 처방을 한다. 출혈 역시 마찬가지다. 외과 수술은 혈액의 손실을 피할 수 없다. 출혈은 결국 몸의 세포에 산소를 전달하는 능력과 혈압을 떨어뜨린다. 혈압을 감시하며 수혈의 양을 결정하고 조절하는 것도 마취 전문의의 몫이다.

체온, 심장 박동 등 모든 생체 활동을 나타내는 모니터를 지켜보고 장치들이 주기적으로 내던 신호음에 귀를 기울이고 있었던 사람들이 있었다는 걸 알아야 한다. 단지 그들은 우리가 의식을 잃고 있는 동안 곁에 있었기에 그 존재를 알지 못할 뿐이다. 당신의 수술이 성공적으로 끝났다면 외과 의사의 공도 크지만, 마취과 전문의와 스태프의 공이 절반 이상이다. 내가 치료를 마치고 매력에 빠진 두 학문이 영상의학과 마취학이다. 내가 의대에 가게 된다면 나는 주저없이 두 학문 중 하나를 선택할 것이다.

3. 의식의 경계를 넘는 화학적 여행

요즘은 큰 외과적 수술이 아니어도 건강검진의 장내시경 검사가 보편화 되면서 대부분 사람들이 수면 마취를 경험한다. 이는 전신 마취와는 차이가 있다. 전신 마취는 중추신경계를 완전히 억제하여 의식, 감각, 근육 반사 등을 모두 차단하는 상태를 만든다. 이 과정에서 근육 이완제와 진통제가 추가로 사용되며, 환자는 외부 자극에 전혀 반응하지 않는다. 수면내시경에서 사용하는 마취는 '의식하 진정'으로, 주로 프로포폴이나 미다졸람 같은 약물을 사용한다. 목적은 환자를 진정시키고 불안감을 줄이며, 가벼운 자극에 반응할 수 있는 상태를 유지하기 위함이다. 한편, '수면'이라는 용어 역시 환자의 이해를 돕기 위한 표현으로 실제로는 '수면'이 아니라 '진정' 상태이다. 뇌파나 신체 반응 측면에서 자연스러운 잠과는 다르다. 마취는 체내 시계를 멈춰버리거나, 진행을 늦춰 버리는 것이다. 그래서 마취로 잠을 잔들 피로가 사라지지 않는다.

매사추세츠 종합병원의 원형 수술실. 모여든 의사들은 회의적인 눈빛으로 치과의사 윌리엄 모턴 William Thomas Green Morton을 지켜보고 있었다. 모턴은 환자인 에드워드 길버트 애벗Edward Gilbert Abbott의 얼굴에 에테르를 묻힌 스폰지를 가져갔고, 몇 분 후 환자는 의식을 잃었다. 외과의사 존 워런이 메스를 들어 목의 종양을 절제했지만, 환자는 꿈쩍도 하지 않았다. 수술을 마친 워런은 경외심을 담아 선언했다. "여러분, 이것은 가짜가 아닙니다." 1846년 10월 16일, 인류가 의식을 통제하는 마법 같은 힘을 획득한 날이다. 모턴의 에테르 시연으로부터 180년이 흐른 지금, 마취는 의학의 일상이 되었다. 매년 수천만 명이 깊은 무의식의 바다로 들어갔다가 돌아온다. 뇌의 신경세포들은 끊임없이 전기신호를 주고받으며 의식이라는 광활한 우주를 형성한다. 그리고 마취제는 이 질서정연한 우주에 침입하는 블랙홀을 닮았다.

마취제 분자들은 뇌의 수용체에 달라붙어 신경전달물질의 기능을 방해한다. 이들은 주로 감마아미노부티르산(GABA)γ-aminobutyric acid 수용체에 작용해 억제성 신호를 강화하거나, NMDAN-methyl-D-aspartic acid 수용체를 막아 흥분성 신호(글루탐산)를 차단한다. 마치 오케스트라의 지휘자가 갑자기 모든 악기에 '쉼표'를 지시한 것처럼, 음악이 멈춘다. 뇌의 활동이 조직적으로 침묵한다. 이 과정은 단순한 수면과는 확연히 다르다. 수면 중에도 뇌는 꿈을 꾸고, 기억을 정리하며, 감각을 처리한다. 반면 마취 상태에서는 의식의 연속성이 완전히 끊어진다. 영국의 신경과학자이자 파킨슨병과 알츠하이머 연구의 최고 권위자인 수잔 그린필드Susan Greenfield는 신경 집합체Neuronal Assemblies 이론을 주장하며, 마취가 뉴런의 동기화를 방해해 '의식의 흐름'을 차단한다고 설명한다. 마취는 일시적으로 의식의 강을 댐으로 막는 것과 같다. 물의 흐름이 멈추면 강은 마치 고요한 호수와 같다. 신경 신호의 흐름이 멈추면 의식은 더 이상 의식이 아니게 된다. 의식의 네트워크를 해체함으로써 뇌의 조직적 침묵을 완성한다.

인류가 마취제를 발견하기 전까지 수술은 말 그대로 생지옥이었다. 19세기 초반까지 외과의사들에게는 속도가 가장 중요한 미덕이었다. 빠른 수술 속도로 알려진 스코틀랜드의 명의 로버트 리스턴Robert Liston은 다리 절단을 28초 만에 완료해 명성을 얻었다. 그 과정에서 환자의 비명은 당연한 배경음악으로 여겨졌을 것이다. 1842년 3월 30일, 미국의 시골 외과의사 크로포드 롱Crawford Williamson Long이 에테르로 환자를 마취시키고 목의 종양을 제거했다. 최초로 마취제를 외과 수술에 사용한 것이다. 그러나 그는 이 획기적인 사건을 즉시 발표하지 않았다. 결국 역사적 공로는 윌리엄 모턴에게 돌아갔다. 놀랍게도 과학자들은 에테르와 클로로포름 같은 초기 마취제가 '어떻게' 작용하는지 알기도 전에 이미 사용하고 있었다. 이는 우리가 중력의 정확한 원리를 이해하기 전에도 그 존재를 인정하고 사용했던 것, 비행기가 뜨는 원리를 모르는 상태에서도 항공기를 만든 것과 비슷하다. 인간은 때로 현상을 완전히 이해하기 전에 그것을 응용하곤 했다.

마취제의 분자적 탐험

현대 마취제는 크게 흡입 마취제와 정맥 마취제로 나뉜다. 흡입 마취제인 세보플루란Sevoflurane, 데스플루란Desflurane은 지방에 잘 녹는 성질(지용성)을 가진 에테르 물질이다. 이들은 폐에서 혈액으로, 혈액에서 뇌로 빠르게 이동한다. 신경세포막은 지질 성분으로 구성되어 있어 마취제 분자들이 쉽게 침투할 수 있는 완벽한 표적이다. 지용성이 높을수록 마취 효과도 강해진다. 마취제 분자들은 신경세포막의 지질 이중층에 끼어들어 이온 채널의 기능을 변화시킨다. 특히 GABA 수용체는 억제성 염소 이온의 유입을 증가시켜 신경세포의 흥분을 억제한다. 한편 프로포폴이나 케타민[Ketamine] 같은 정맥 마취제는 특정 수용체에 직접 작용한다. 프로포폴은 GABA 수용체를 활성화해 억제성 신호를 강화하고, 케타민은 NMDA 수용체를 차단해 흥분성 신호를 약화시킨다. 이들은 각각 다른 경로로 의식의 강을 차단하지만, 결과적으로는 모두 뇌의 대화를 일시적으로 멈추게 한다.

마취제를 개발하는 과정은 분자와 의식 사이의 교류를 이해하는 여정이었다. 초기 마취제 연구자들은 자신들의 발견을 직접 실험해보는 용감한(혹은 무모한) 접근법을 취했다. 영국의 험프리 데이비[Sir Humphry Davy]는 1800년대 초 아산화질소(웃음 가스, N_2O)의 효과를 스스로 실험하며 "나는 존재한다는 것 외에 아무것도 느끼지 않는 순수한 즐거움의 감각을 경험했다."고 기록했다. 그는 아산화질소가 치과 수술에 활용될 수 있다는 사실을 깨닫지 못했지만, 이 물질의 정신적 효과에 대한 그의 관찰은 후대 연구자들에게 영감을 주었다.

시간이 흐를수록 마취제 분자들의 구조와 기능에 대한 이해는 깊어졌다. 알코올, 클로로포름, 에테르 등 다양한 마취제가 지닌 공통점을 발견했다. 이 물질들은 모두 지질에 녹기 쉬운 성질을 가졌고, 이 성질이 마취 효과와 직접적인 상관관계를 보였다. 이 단순한 관찰은 후에 마취의 분자적 메커니즘을 이해하는 기초가 되었다. 현대 마취제 중 가장 널리 사용되는 프로포폴의 발견 역시 우연과 통찰이 만난 결과다. 1970년대 영국의 ICI[Imperial Chemical Industries] 제약회사에서 일하던 존 글렌[John B. Glen]은 새로운 단기 작용 정맥 마취제를 개발하던 중 우연하게 이 물질의 마취 효과를 발견했다. 1973년 화합물 라이브러리를 스크리닝 하던 중에 발견한 평범한 이소프로필페놀 유도체 중 하나가 후일 '프로포폴'로 알려질 물질이었다. 프로포폴의 화학명은 2,6-디이소프로필페놀[2,6-Diisopropylphenol]이다. 우유처럼 하얀 액체인 프로포폴은 빠른 회복 시간과 적은 부작용으로 현대 마취의 혁명을 가져왔다. 1989년에야 임상 사용이 승인되었지만, 오늘날 전 세계에서 가장 널리 사용되는 정맥 마취제가 되었다. 전 세계적으로 매일 수많은 환자가 프로포폴 마취하에 수술을 받는다.

흥미롭게도 마취제의 구조는 종종 자연에서 영감을 얻었다. 이보가인[ibogaine]은 아프리카에 자생하는 나무인 이보가[Tabernanthe iboga]의 뿌리에 있는 알칼로이드* 분자다. 중앙아프리카 브위티[Bwiti]족과 팽족 등은 집단의식이나 종교적 목적으로 이보가 뿌리 추출물을 써왔다. 소량은 각성제로, 대량은 환각과 신비체험에 사용한 것이다. 이보가는 20세기 초 유럽에 알려지고 이보가인 성분이 우울증이나 아편 중독에 효과가 있음이 밝혀졌다. 20세기 중반 이보가인은 유럽에서 한때 치료제로 쓰이기도 했지만, 심장 독성이라는 부작용이 심해 1970년대 미국을 비롯한 다수 국가에서 사용이 금지됐다.

현재 임상시험 중인 신경스테로이드[Neurosteroid] 계열 마취제들은 인체 내 스테로이드 호르몬과 유사한 구조를 가지고 있다. 이는 마

---

* 다양한 생물군에 자연적으로 존재하면서, 대개 염기로 질소 원자를 가지는 화합물의 총칭이다.

취 과학과 자연 사이의 깊은 연결을 보여준다. 아마도 의식을 조절하는 열쇠는 우리 몸 안에 이미 존재하는 분자들의 미묘한 변형에 있는지도 모른다.

뇌파로 본 의식의 지도

마취된 뇌는 어떤 상태일까. 지진계처럼 떨리는 바늘이 그려대는 진동 신호를 본 적이 있을 것이다. 뇌파 검사EEG는 마취 상태의 뇌를 관찰할 수 있는 창문이다. 정상적인 의식 상태에서 뇌파는 빠르고 불규칙하며 진폭이 낮은 베타파(13-25헤르츠)와 알파파(8-12헤르츠)가 우세하다. 이는 활발한 사고와 감각 처리를 반영한다. 반면 마취 상태에서는 느리고 규칙적이며 진폭이 높은 델타파(0.5-4헤르츠)와 세타파(4-8헤르츠)가 두드러진다. 흥미로운 것은 마취 중에 뇌의 여러 영역 간 '대화'가 끊어진다는 점이다. 통합 정보 이론에서는 의식을 뇌의 서로 다른 영역이 정보를 통합하는 능력으로 정의했다. 마취제는 이 통합을 방해해 의식의 붕괴를 일으킨다. 최근 연구에 따르면, 마취 상태에서도 일부 뇌 영역은 여전히 활동한다. 문제는 이들이 서로 대화하지 못한다는 점이다. 마치 교향악단에서 각 악기가 제각각 다른 곡을 연주하는 것과 같아, 의미 있는 음악—즉 의식—이 생성되지 않는 것이다.

신경과학자 스튜어트 함머오프Stuart Hameroff와 물리학자 로저 펜로즈Roger Penrose는 더 근본적인 수준에서 마취의 작용을 설명하는 양자 의식 이론Quantum Consciousness Theory을 제안했다. 이들은 뉴런 내부의 미세소관이라는 구조체에서 발생하는 양자 진동이 의식 현상에 기반한다고 주장한다. 투여한 마취제는 이러한 양자 진동을 방해하여 의식을 차단한다는 주장이다. 이 이론은 아직 많은 과학자들에게 회의적으로 받아들여지지만, 의식의 본질에 대한 물리학적 접근을 시도했다는 점에서 주목할 만하다.

2013년 미시간 대학의 연구팀은 마취 상태에서 의식이 어떻게 사라지고 돌아오는지를 영상화하는 데 성공했다. 그들은 프로포폴을 주입한 환자들의 뇌 활동을 fMRI로 관찰했다. 놀랍게도 의식이 사라지는 순간, 뇌의 여러 영역 사이의 정보 교환이 급격히 감소했다. 마치 도시의 전력망이 블랙아웃되는 것처럼, 뇌의 정보 네트워크가 순식간에 분절되었다. 더 흥미로운 점은 의식이 돌아오는 과정이 단순히 사라지는 과정의 역순이 아니라는 것이다. 마취에서 깨어날 때, 뇌의 원시적인 영역(뇌간과 시상)이 먼저 활성화되고, 이후 고차원적 사고를 담당하는 영역들이 점진적으로 회복되었다. 이러한 발견은 의식이 단일한 현상이 아니라 여러 층위의 복합체라는 것을 시사한다. 마취는 이 복합체의 기반을 일시적으로 제거함으로써 의식의 전체 구조물을 무너뜨린다. 의식은 크게 두 가지 핵심 요소로 구성되는데, 각성 상태(arousal)와 내용의 인식(awareness)이다. 마취제는 각성을 제거하고 인식을 차단함으로써 의식의 구조를 분해한다. 이는 혼수상태와는 구별된다.

마취의 역설과 미스터리

마취 과학에는 여전히 많은 미스터리가 남아 있다. 가장 큰 역설 중 하나는 같은 물질이 저농도에서는 흥분을, 고농도에서는 억제를 일으킨다는 점이다. 에테르나 알코올이 대표적인 예다. 이런 이중성은 의식이라는 현상의 복잡함을 보여준다. 또 다른 흥미로운 현상은 '마취 유도 각성'이다. 심각한 치매 환자가 마취제에 노출되었을 때 일시적으로 명료해지는 경우가 있다. 이는 손상된 뇌 회로가 마취제의 작용으로 일시적으로 재조정되는 것으로 추측된다. 이런 현상은 의식의 본질에 대한 새로운 단서를 제공한다.

마취와 관련된 또 다른 수수께끼는 '마취 중 인식'이다. 일부 환자들은 깊은 마취 상태에서도 주변의 대화를 기억하거나, 심지어 수술 중 통증을 느꼈다고 보고한다. 이 현상은 약 0.1%에서 0.2%의 환자에게서 발생하는 것으로 추정되며, 마취과 의사들에게는 악몽과도 같은 상황이다. 이 현상은 의식이 이진법적으로 켜지고 꺼지는 것이 아니라, 여러 층위로 존재하는 것을 시사한다.

의식과 마취에 관한 또 다른 놀라운 발견은 특정 마취제들이 서로 다른 방식으로 의식을 차단한다는 것이다. 케타민은 다른 마취제와 달리 뇌의 일차 감각 영역과 연합 영역 사이의 연결은 유지하면서, 연합 영역과 고차 인지 영역 사이의 연결만 차단한다. 이로 인해 케타민 마취하에서는 환자가 꿈과 비슷한 해리 상태를 경험할 수 있다. 이러한 특성 때문에 케타민은 최근 난치성 우울증 치료에도 사용된다. 기존 항우울제와는 다른 작용 기전과 빠른 효과로 인해 치료 저항성 우울증, 자살 위험이 높은 환자, 그리고 기타 정신과적 질환에서 주목받고 있다. 마취제가 정신건강 치료의 새로운 지평을 열고 있는 것이다.

인간 이외의 생물에서 마취의 작용은 더욱 미스터리하다. 놀랍게도 식물도 마취제에 반응한다. 마취제는 세포막의 유동성을 변화시켜 식물의 전기신호 전달을 방해한다. 의식이 없는 것으로 여겨지는 생물도 마취제에 반응한다는 사실은 마취의 작용이 의식보다 더 근본적인 생명 과정과 관련될 수 있음을 의미한다.

마취에서 깨어나는 과정은 단순히 마취제가 체내에서 제거되는 것 이상이다. 뇌의 각 영역이 다른 속도로 회복되며, 이 비동기성이 마취 후 섬망이나 악몽의 원인이 될 수 있다. 의식은 퍼즐조각처럼 하나씩 제자리를 찾아간다. 마취에서 완전히 깨어난 후에도 그 경험은 우리에게 깊은 질문을 남긴다. 우리의 의식은 어디에 있었는가? 시간은 어디로 사라졌는가? 마취 상태는 죽음과 유사한가? 이런 질문들은 의학을 넘어 철학의 영역으로 확장된다.

마취는 단순한 의학적 도구를 넘어 의식의 본질에 대한 탐구 창구다. 몇 방울의 화학 물질이 우리의 자아를 일시적으로 지울 수 있다는 사실은 의식이 얼마나 신비롭고 동시에 취약한지를 보여준다. 의식은 아마도 생물학이 다루는 가장 흥미롭고 복잡한 문제일 것이다. 마취 없이는 현대 의학의 많은 기적들이 불가능했다. 마취는 수술실의 고통을, 공포를, 기억을 제거했다. 하지만 더 중요하게, 마취 과학은 우리가 누구인지, 우리의 생각과 감정이 어디서 오는지에 대한 근본적인 질문을 던진다.

의식의 경계를 넘나드는 마취의 화학적 여행은 단지 의학의 이야기가 아니다. 그것은 인간 존재의 본질에 대한 이야기다. 원자들의 특정한 배열이 어떻게 자아와 의식, 그리고 현실 인식을 창조하는지에 대한 이야기다. 마취제의 작용을 이해하려는 노력은 결국 우리 자신을 이해하려는 노력이다. 그것은 과학이 우리에게 줄 수 있는 가장 위대한 선물 중 하나일 것이다.

4. 망각의 화학

회복실로 들어가던 그 순간을 아직도 선명히 기억한다. 주렁주렁 달린 수액과 약물들 사이에서 대체 어떤 것이 통증을 막아주는 진통제인지 분간할 수 없었다. 시간이 지나며 복부에서 밀려오는 통증을 호소하자, 간호사는 혈압과 산소 포화도 문제로 무통주사를 이미 중단했다는 사실을 알려주었다. 그 자리에서 내가 깨달은 것은 수술 직후 마취가 깨어날 때 나를 편안하게 해주던 그것이 통증을 제거한 것이 아니라 단지 내가 통증을 인식하지 못하게 한 것이라는 점이다. 그것은 망각의 화학이었다.

고통에 단계나 순위가 있을까? 인터넷에는 '인간이 느끼는 고통 순위'라는 제목의 자료들이 떠돌아다닌다. 마치 영화 〈인사이드 아웃〉에 등장하는 감정들처럼 통증도 크기와 깊이를 가진 개별 실체로 분류할 수 있다는 듯이 말이다. 사실 고통의 크기를 엄밀하게 비교하는 것은 불가능하다. 그나마 상대적으로 신뢰할 만한 맥길McGill 통증지수는 이 주관적 경험을 계량화하려는 인간의 집요한 노력을 보여준다.

마취는 본질적으로 고통을 제거하는 것이 주된 역할이다. 만약 통증을 질병의 범주에 넣는다면, 마취는 페인 클리닉pain clinic*이라는 광범위한 의학 치료의 일부분이다. 하지만 여기서 주목할 점은 마취가 고통의 근원을 제거하지는 않는다는 역설이다. 그것은 일종의 약물 중독 상태를 유도하여 통증 인식 자체를 차단하는 것이다. 엄밀히 말하면 제거가 아닌 망각이다. 망각은 인간이 생존을 위해 발달시킨 독특한 적응 메커니즘이다. 삶은 본질적으로 고통스럽다. 인류는 이 견디기 힘든 실존적 고통으로부터 도피하기 위해 종교를 발명했고, 영속적인 평화를 약속하는 사후세계를 창조했다. '다 잊고 힘내'라는 위로의 말은 우리 모두가 고통스러운 기억으로부터 벗어나길 원한다는 보편적 진실을 담고 있다. 그러나 자연적 망각이 쉽게 찾아오지 않는 인간에게, 고통을 화학적으로 차단하는 물질의 발견은 의학사에서 혁명과도 같았다. 바로 마취제와 진통제의 등장이다.

의학의 역사에서 흥미로운 점은 마취제와 마약의 경계가 생각보다 모호하다는 것이다. 그만큼 망각 메커니즘과 인간의 적응 사이 사회적 함의가 숨겨져 있다. 가령 현대 의학에서 엄격하게 관리되는 프로포폴은 대표적인 마취 약물이지만, 동시에 향정신성 의약품으로 지정되어 있다. 마이클 잭슨이 의존했던 바로 그 물질이다. 프로포폴이 마약류관리법에 의해 접근이 어려워지자, 최근에는 에토미데이트etomidate라는 약물이 사회문제가 되기 시작했다. 이는 마치 풍선 효과와도 같다. 한 쪽을 누르면 다른 쪽이 부풀어 오르는 현상

---

* 치료하기 어려운 통증을 다루는 진료과. 주로 신경통이나 두통, 암 말기와 같은 통증을 대상으로 한다.

이다. 이런 현상은 인간의 본질적 취약성을 보여준다. 감당하기 힘든 속도로 변화하는 현대사회에서 인류는 망각 효과를 내는 물질에 의존하게 되었다. 마약류 약물 중독이 반사회적 행동을 유발하기에 엄격하게 금지되고 있지만, 의학적 허가 아래에서는 외과 수술의 마취나 진통 목적으로 유용하게 사용된다. 이처럼 하나의 화학 물질이 맥락에 따라 다른 모습으로 존재한다. 2022년 미국 통증관리 간호학회ASPMN는 아세트아미노펜 처방 등 '비오피오이드 진통제 우선 사용' 원칙을 내세우면서도 '필요시 오피오이드 투여를 거부하지 말 것'을 권고한다. 이는 통증 자체를 질병으로 인정하면서도 화학적 의존의 위험을 관리하려는 노력의 일환이라고 볼 수 있다.

생존을 위한 화학 물질

인간의 몸은 놀라운 화학 공장이다. 상처로 출혈이 발생하면 몸에는 이전에 없던 물질들이 생성된다. 혈소판이나 조직이 파괴되고, 이 조각들과 혈장 안의 칼슘이온($Ca+$), 그리고 여러 인자가 관여해 트롬보키나아제Thrombokinase라는 단백질이 만들어진다. 이 물질이 혈장 속에 비활성 상태로 존재하던 프로트롬빈[**]Prothrombin과 반응하여 트롬빈[***]Thrombin이라는 활성 물질로 변환시킨다. 트롬빈은 다시 피브리노겐[****]Fibrinogen을 피브린[*****]Fibrin으로 만들고, 최종 반응물인 피브린이 혈구와 엉키며 혈액을 응고시킨다. 정상인이고 혈관

[**] 혈액 응고와 관련한 효소로 간에서 생성된다.
[***] 혈액 응고와 관련한 단백질 분해효소, 전구체는 프로트롬빈이다.
[****] 혈액 응고와 관련한 혈장단백질로 섬유소원이며 간에서 합성된다.
[*****] 피브리노겐이 중합된 섬유질 구형 단백질, 중합된 피브린이 혈소판과 엉키며 딱지를 형성한다.

손상과 같은 깊은 상처가 아닌 한 출혈은 멈춘다. 이 복잡한 연쇄반응은 출혈을 멈추는 생명유지의 핵심 과정이다. 유전적으로 트롬보키나아제 형성이 잘 안 되는 사람들이 있는데, 이들이 바로 혈우병 환자들이다. 단백질 형성의 방해는 곧 질병으로 작용한다. 이처럼 단 하나의 유전자 코드가 바뀌어도 전체 화학 반응 과정이 실행되지 않을 수 있다.

1895년 폴란드 생리학자 나폴레옹 사이불스키 Napoleon Cybulski는 혈압을 연구하던 중 우연히 부신에서 추출한 물질이 혈압을 극적으로 상승시킨다는 사실을 발견했다. 그는 이 물질을 'nadnerczyna'라고 명명했으며, 이는 폴란드어로 '아드레날린'을 의미한다. 이 발견은 호르몬 개념이 정립되기도 전의 일이었으며, 오늘날 신경내분비학의 토대를 놓은 사건이었다. 이후 1901년, 일본 화학자 다카미네 조키치 Jokichi Takamine가 소의 부신에서 아드레날린을 정제하고 이를 현대적 의미의 아드레날린 Adrenalin으로 확립했다. 아드레날린은 현대 문화에서 흥분의 대명사로 여겨지지만, 본질적으로는 '투쟁 또는 도피 fight-or-flight' 반응의 대표적 물질이다. 몸이 스트레스를 받거나 위험에 처하면 아드레날린은 자동으로 방출된다. 배우 제이슨 스타뎀이 출연한 할리우드 영화에서처럼 아드레날린이 계속 분비되어야 살 수 있는 극단적 상황은 아니더라도, 우리 몸은 위험 상황에서 아드레날린을 통해 생존 확률을 높인다.

1915년 월터 캐논 Walter Cannon은 하버드 대학에서 아드레날린과 스트레스 반응의 관계를 연구하며 '투쟁 또는 도피' 반응이라는 개념을 처음으로 제시했다. 그의 실험은 고양이에게 스트레스를 가했을 때 부신에서 아드레날린이 분비되는 현상을 관찰하는 것이었다. 이 실험은 오늘날의 동물 윤리적 기준으로는 문제가 될 수 있지만, 당시로서는 혁명적인 발견이었다.

흥미로운 것은 두려움과 같은 심리적 반응이 후천적 학습만이 아닌 선천적 유전 요소도 있다는 점이다. 막스 플랑크 연구소의 스테파니 헬 Stefanie Hoehl의 실험이 그 증거다. 생후 6개월 아이들을 대상으로 다양한 그림을 보여주며 동공확장 정도를 측정했는데, 뱀이나 거미와 같은 동물에 노출된 적이 없는 아이들도 이러한 이미지에 스트레스 반응을 보였다. 동공확장은 노르아드레날린 Noradrenaline 이 방출되어 몸을 각성상태로 만들면 일어나면 현상 중 하나였다.

진화는 우리가 위험을 인식하기 전에 두려움과 스트레스를 먼저 느끼도록 설계했고, 그 다음 화학 물질을 통해 위험으로부터 벗어나도록 만들었다. 아드레날린은 다양한 기능을 수행한다. 먼저 심박수와 혈압을 증가시켜 혈액을 근육과 주요 장기로 빠르게 공급한다. 간에서는 글리코겐을 포도당으로 전환해 혈당을 높인다. 기관지를 확장시켜 호흡을 더 쉽게 하고 세포에 산소 공급을 늘린다. 피부 혈관을 수축시켜 출혈을 줄이고 혈액이 주요 장기와 근육으로 우선적으로 공급되게 한다. 소화기관의 활동을 억제하여 에너지를 생존에 중요한 다른 장기로 보낸다. 특히 주목할 만한 것은, 아드레날린의 가장 놀라운 기능 중 하나인 통증을 일시적으로 둔화시키는 능력이다. 이는 자연이 설계한 가장 정교한 마취 시스템이라 할 수 있다. 아드레날린은 통증 신호 전달에 관여하는 특정 수용체를 일시적으로 차단한다. 이 과정은 마취제가 작용하는 방식과 놀랍도록 유사하다.

영화에서 총탄이나 흉기에 다쳤는데도 한참 후에야 부상의 정도를 알아차리는 장면을 본 적이 있을 것이다. 이는 단순한 영화적 과장이 아니라 실제 현상이다. 부상 후에도 몸이 빠르게 움직일 수 있도록 통증을 일시적으로 억제하는 것이다. 베트남 전쟁 중 부상당한 병사들의 70%가 현장에서 통증을 느끼지 못했다는 보고가 있다. 이들은 안전한 장소에 도달한 후에야 비로소 극심한 통증을 경험했다. 우리 몸은 이미 자체적인 마취 시스템을 갖추고 있는 셈이다.

고통의 복잡한 지도

통증의 지도는 생각보다 훨씬 복잡하다. 고통이라는 현상은 단일한 경로가 아닌, 신체의 다양한 부위에서 뇌로 전달되는 여러 통로를 통해 우리에게 도달한다. 이 통로들을 최초로 체계적으로 탐구한 과학자는 1965년 영국의 생리학자 패트릭 월Patrick Wall과 캐나다의 심리학자 로널드 멜작Ronald Melzack이었다. 이들은 '관문 통제 이론Gate Control Theory'이라는 혁명적 개념을 제시했다. 사실 나의 어린 시절의 경험에도 이 이론이 들어맞는다. 어린 시절 심한 치통으로 고통 받던 중 친구와 함께 공놀이를 하며 일시적으로 통증을 잊었던 경험이 있었다. 고통은 있었지만, 내 주의가 다른 곳으로 향했을 때 그것을 느끼지 못했다. 이들도 단순한 경험을 신경과학의 중요한 발견으로 연결했을지도 모른다. 그들의 이론은 통증 신호가 뇌로 전달되기 전에 척수에서 일종의 '관문'을 통과해야 한다고 제안했다. 이 관문은 주의 전환과 말초신경에서 오는 다양한 감각 신호들(촉각, 압박, 진동 등)에 의해 영향을 받으며, 이런 신호들이 통증 신호의 전달을 방해할 수 있다는 것이었다. 이것은 우리가 다쳤을 때 본능적으로 상처 부위를 문지르는 이유를 설명한다. 촉각 신호가 통증 신호의 전달을 일시적으로 차단하는 것이다. 상처 부위 피부와 근육의 대형 신경섬유를 활성화해서 척수에서 통증 신호를 억제하는 '관문 폐쇄' 현상을 일으킨다.

통증 신호의 전달에는 다양한 화학 물질이 관여한다. 조직 손상이 발생하면 손상된 세포에서 프로스타글란딘Prostaglandin, 브래디키닌Bradykinin, 히스타민Histamine과 같은 물질들이 방출된다. 이들은 통각 수용체를 자극하여 전기적 신호를 발생시킨다. 이 신호는 다시 척수로 전달되는데, 여기서 글루타메이트Glutamate와 같은 흥분성 신경 전달물질이 방출되며 주로 급성 통증을 관장한다. 만성 통증에는 서브스턴스 PSubstance P라는 신경펩타이드 물질이 방출된다.

기억되지 않는 고통의 철학

마취는 잊는 것의 과학이다. 그것은 통증을 제거하는 것이 아니라 통증을 기억하지 못하게 하는 것이다. 프루스트가 『잃어버린 시간을 찾아서』에서 무의식적 기억의 힘을 이야기했듯이, 마취는 의도적 망각을 통해 우리를 고통의 기억으로부터 자유롭게 한다. 하지만 존재라는 관점에서 무척 심오한 질문을 던진다. 경험되었으나 기억되지 않는 고통은 과연 존재하는가에 대한 철학적 질문이다. 존재하지 않는 상태에서의 자유에 대한 의미를 찾기는 쉽지 않다. 사실 마취 상태에서도 뇌의 통증 중추는 여전히 활성화된다는 것이 밝혀졌다. 다시 말해, 육체는 여전히 고통을 '경험'하지만, 의식은 그것을 '인식'하지 못한다. 이는 마취가 단순히 통증의 제거가 아닌 의식과 기억의 연결을 차단하는 현상임을 보여준다. 이것은 고대 그리스 철학자 에피쿠로스Epicurus의 명언을 떠올리게 한다. "죽음이 존재할 때 우리는 존재하지 않고, 우리가 존재할 때 죽음은 존재하지 않는다." 마찬가지로 마취 상태에서는 "고통이 있을 때 의식이 없고, 의식이 있을 때 고통의 기억이 없다."

이런 망각의 능력이 없다면 현대 의학은 존재할 수 없었을 것이다. 외과 수술은 물론이고, 치과 치료조차 견디기 힘든 고문이 되었을 것이다. 이처럼 망각은 때로 축복이다. 1847년 스코틀랜드 산부인과 의사 제임스 심슨James Young Simpson이 클로로포름을 출산에 도입했을 때, 종교계 일부는 격렬히 반발했다. '고통 속에서 아이를 낳으리라'는 성경의 말씀에 위배된다는 이유였다. 그러나 심슨은 창세기 2장 21절을 꺼내며 영리하게 반박했다. '하나님께서 아담의 갈비뼈를 취하실 때, 먼저 아담을 깊은 잠에 빠뜨리셨다'고 말이다. 이 일화는 고통에 대한 우리의 태도가 단순한 의학적 문제를 넘어 문화적, 종교적, 철학적 차원과 얽혀 있음을 보여준다. 그런데 통증과 같은 불편한 감각을 잊거나 차단하려는 이 노력이 결국 우리 존재의 일부를 잃게 하는 것은 아닐까? 이는 물리적 뇌의 작용과 주관적 경험 사이의 간극을 어떻게 설명할 것인가 하는 문제다.

의식의 스위치를 찾는 여행

현대 마취학의 발전은 눈부시다. 100년 전만 해도 수술 중 환자의 통증을 완전히 차단하면서도 생명 기능을 안전하게 유지하는 것은 불가능에 가까웠다. 하지만 오늘날에는 복잡한 뇌 수술 중에 환자가 깨어 있으면서 의사와 대화할 수 있는 '각성 마취'가 가능해졌다. 마취의 깊이를 정밀하게 조절할 수 있게 된 것이다.

2023년 발표된 획기적인 연구에서는 프로포폴 마취 상태에서도 뇌의 특정 부위가 '깨어 있는' 상태를 유지한다는 것이 드러났다. MIT 얼 밀러Earl K. Miller 교수가 이끄는 연구팀이 마취가 단순히 뇌 전체를 '끄는' 것이 아니라, 의식을 구성하는 신경 네트워크의 특정 연결을 선택적으로 차단한다는 것을 발견한 것이다. 마치 복잡한 컴퓨터 네트워크에서 특정 서버만 일시적으로 오프라인 상태로 만드는 것과 유사하다. 이러한 발견은 의식의 본질에 대한 우리의 이해를 근본적으로 변화시키고 있다. 의식이 단일한 현상이 아니라 여러 구성요소로 이루어진 복합적 상태라는 관점이 힘을 얻고 있다. 이는 철학적으로도 중대한 함의를 지닌다. 데카르트 이후로 서구 철학에서 의식은 분할될 수 없는 단일한 현상으로 여겨져 왔기 때문이다.

마취의 미래는 어떤 모습일까? 향후 20년 내에 환자 개인의 유전적 특성과 생리학적 상태에 맞춘 '맞춤형 마취'가 표준이 될 것이라고 예측한다. 이미 일부 선진 병원에서는 인공지능 알고리즘을 활용해 환자의 뇌파, 심박수, 혈압 등을 실시간으로 분석하여 최적의 마취 깊이를 유지하는 시스템이 도입되고 있다. 기술이 발전하면 약물 없이도 통증을 차단하는 '비침습적 마취'가 가능해질 수 있다. 영화 〈매트릭스〉에서처럼 기계에 연결되어 가상현실을 경험하는 날이 언젠가 현실이 될지도 모른다.

그러나 이런 기술적 발전 속에서도 근본적인 질문은 멈추지 않는다. 의식과 자아란 무엇인가? 마취와 통증의 과학은 단순한 의학적 문제를 넘어 우리의 존재 방식 자체에 대한 성찰로 이어진다. 그것은 화학에서 시작해 철학으로 끝나는 여정이다. 기억과 경험의 연속성이 깨졌을 때 '나'는 여전히 '나'인가? 프란츠 카프카Franz Kafka

가 그의 친구 오스카 폴락Oskar Pollak에게 보낸 편지의 문구가 떠오른다. "책은 우리 내면의 얼어붙은 바다를 깨는 도끼여야 한다." 마찬가지로, 마취와 통증 연구는 의식이라는 얼어붙은 바다를 깨는 도끼가 되어가고 있다.

5.   자연은 불필요한 것을
        만들지 않는다

생명체의 몸은 아주 오랜 시간 자연이 공들여 만든 섬세한 화학 실험실이다. 자연은 불필요한 것을 만들지 않는다. 특정 물질이 필요에 의해 여러 과정을 거쳐 최종적으로 몸에서 생성된다는 것은 이 물질을 받아내는 수신자 역시 존재한다는 의미다. 그래야 특정 기능을 수행할 수 있다. 생명공학이나 의학에서 이런 기능의 물질을 수용체(receptor)라고 칭한다. 모르핀이나 엔돌핀과 같은 물질을 받아주는 수용체를 통상 뮤-오피오이드 수용체(MOR, μ-opioid receptor)라고 부른다. 이름이 생소하지만 알고 보면 의외로 잘 알려진 이름이다. 이 이름의 유래는 아편에서 시작한다.

아편은 양귀비Papaver somniferum 식물의 유액을 건조시켜 얻는다. 아편의 정체는 1804년 독일의 약사 프리드리히 제르튀르너Friedrich Wilhelm Adam Sertürner에 의해 밝혀졌다. 아편에는 생리활성을 가진 알칼로이드 성분이 약 25종이 있지만, 사람들이 열광하는 효과를 내는 물질은 단 한 가지였다. 그는 양귀비에서 순수한 알칼로이드를 분리해 진통 효과가 있는 순수한 결정을 얻었다. 바로 모르핀Morphine이다.

이 발견이 알칼로이드 화학 분야의 시작이었다.

인체가 내부도 아닌 외부 식물에 있는 성분을 받아들일 준비가 되어 있다는 것은 신기하고 의심스러울 수밖에 없다. 모르핀을 받아낼 수용체가 있다는 의미는 이미 인간의 몸에 모르핀과 유사한 물질이 존재하고 있다고 가정할 수 있다. 이는 마치 낯선 기계에 딱 맞는 열쇠가 우연히 존재한다고 주장하는 것만큼이나 기이한 일이다. 낯선 자물쇠에 맞는 열쇠가 있다면, 그것은 우연이 아니라 그 자물쇠를 위해 설계된 것이라고 보는 게 합리적이다. 마찬가지로, 모르핀이 우리 뇌에 있는 수용체에 완벽하게 결합한다는 사실은 그 수용체가 원래 다른 목적—아마도 우리 몸 안에서 자연적으로 생성되는 물질을 위한 목적—으로 존재했다는 것을 암시한다. 이 흥미로운 의문은 결국 1970년대에 미국 존스홉킨스 대학 연구팀에 의해 풀렸다.

모르핀과 닮은 물질들

오피오이드Opioid는 모르핀과 유사한 작용을 하는 펩타이드* 물질이다. 이들은 불가사의한 열쇠처럼 우리 뇌의 특정 자물쇠에 딱 맞게 설계되어 있다. 화학자들의 세계에서 이 물질들은 마치 가문의 일원처럼 이름에 특별한 표식을 달고 있다. 화학 물질 이름의 끝에 '~오이드(oid)'가 붙는 경우를 종종 접하게 된다. 이는 성씨가 '-son'으로 끝나는 스칸디나비아 이름들(Johansson, Anderson)이 '~의 아들'을 의미하는 것과 비슷하다. X선 필름 이야기에서 언급되는

---

* 단백질을 구성하는 아미노산들의 짧은 사슬로, 아미노산의 카복실기와 아미노기의 탄소와 질소가 탈수 축합결합한다.

셀룰로이드^{Celluloid}, 식물에서 추출한 알칼리^{Alkali} 성분과 유사한 알칼로이드^{Alkaloid}, 그리고 스테롤^{Steral}과 유사한 고리 구조를 가진 스테로이드^{Steroid}와 같은 단어들이 그렇다.

 화학 물질 이름에서 접미사 '-oid'는 '같은' 또는 '닮은'을 의미하는 그리스어 '-oeidēs'에서 유래되었다. 많은 화학 물질 중 구조나 기능 또는 기원의 유사성을 띠는 물질이 있다. 단어의 어근에 따라 그 성질이 어근과 유사하거나 특성을 가지고 있음을 의미한다. 그러니까 오피오이드는 '모르핀과 닮은' 물질로 이해하면 된다. 오피오이드는 쉽게 말해 마약성 진통제이다. 인체에서도 발견됐지만, 마약이라는 이름으로 알려져 있으며 상당수 인공적으로 만들어졌다. 펜타닐, 메타돈, 트라마돌, 옥시코돈 등이 모두 합성 오피오이드 계열 물질로 분류된다. 이들은 모두 인간의 신경세포에 있는 수용체와 결합하여 통증을 완화시키는 작용을 한다.

 뮤-오피오이드 수용체는 모르핀의 첫 글자 m에 상응하는 그리스어 뮤(μ)로 명명되었다. 우리말로 번역하면 아편유사제수용체이다. 비록 인체에 있는 수용체지만 아편의 커다란 그늘에서 이름도 벗어나기 힘들 수밖에 없다. 모든 지식이 아편에서 시작했으니까.

우리 몸 안의 천연 진통제

 1973년 스코틀랜드의 약리학자 한스 코스털리츠^{Hans Kosterlitz}와 존 휴즈^{John Hughes}는 뇌에서 모르핀과 유사한 작용을 하는 엔케팔린^{enkephalin}을 발견했다. 이들은 실험실에서 밤을 새워가며 돼지의 뇌에서 추출한 미량의 물질을 분석했고, 마침내 인체가 스스로 만드는 진통 물질의 존재를 증명해냈다. 엔케팔린은 내인성 오피오이드 펩타이드로, 모르핀과 유사한 작용을 하는 물질이었다. 이는 마치 외계인이 지구에 방문했을 때 이미 우리가 그들의 언어를 말할 수 있다는 사실을 발견하는 것만큼이나 놀라운 일이었다. 수천 년 동안 인류는 양귀비 식물이 주는 효과를 경험했지만, 왜 그것이 작용하는지 이해하지 못했다. 그들의 발견은 우리 몸이 이미 그 열쇠를 가지고 있었다는 것을 보여주었다. 과학사에서 종종 그렇듯, 이 발견은 기존에 알려진 사실에 대한 의문에서 시작되었다. 1976년 초하오 리 Choh Hao Li와 데이비드 청 David Chung은 낙타 뇌하수체에서 여러 (α-, β-, γ-) 엔도르핀을 분리하고, 그 중 β-엔도르핀이 모르핀보다 800배나 강력한 진통 효과를 가진다는 것을 밝혔다. 이들은 엔도르핀 endorphine을 '내인성 모르핀 Endogenous Morphine'의 줄임말로 명명했다.

엔도르핀 외에도 여러 엔케팔린, 다이노르핀 Dynorphin과 같은 내인성 오피오이드들이 발견됐다. 이 물질들은 통증 신호를 억제하고 기분을 좋게 만드는 역할을 한다. 이들은 우리 몸 안의 작은 화학 공장에서 생산되는 분자 크기의 진통제다. 뇌는 고통을 느낄 때 자동으로 작은 방울의 진정제를 분비하는 정교한 시스템을 갖추고 있다. 자동차 엔진에 문제가 생겼을 때 자체적으로 오일을 분비해 손상을 최소화하는 것과 같다. 마라톤 주자들이 경험하는 '러너스 하이 runner's high'는 이러한 물질들의 방출 때문이다. 오래 달리다 보면 어느 순간 고통이 사라지고 황홀한 느낌이 찾아오는데, 우리 몸의 자연적인 모르핀 시스템이 작동하는 순간이다. 초기 인류가 먹이를 쫓아 장시간 달려야 했던 시절, 이러한 생화학적 보상 시스템은 생존을 위한 필수적인 장치였을 것이다. 최근 SNS에 엔도르핀이 러너스 하이의 주원인으로 언급되고 있으나, 최신 연구에서는 엔도칸나비노이드Endocannabinoids가 주요 역할을 한다는 것이 입증됐다. 실제로 엔도르핀은 혈뇌장벽을 통과하지 못하지만, 엔도칸나비노이드는 혈뇌장벽을 자유롭게 넘나들며 쾌감을 유발한다.

인간이 마약성 진통제에 중독되기 쉬운 이유도 여기에 있다. 모르핀이나 헤로인, 펜타닐과 같은 외부 물질이 우리 몸의 내인성 오피오이드 수용체에 결합하여 더 강력하고 지속적인 효과를 일으키기 때문이다. 외부 오피오이드는 내인성 오피오이드보다 최대 100배 정도 강력하다. 내인성 오피오이드 물질을 받아들이는 능력이 있었기에 모르핀과 같은 식물의 성분에도 몸이 반응한 것이다. 그렇지 않았다면 이는 그저 독이었을 것이다.

진화적 이점과 현대 사회의 역설

모르핀은 뇌와 척수에 있는 수용체와 결합해 진통 효과를 가진다. 엔도르핀과 같은 천연 진통제인 내인성 오피오이드 물질은 진화적으로 생존에 유리하게 작용해왔다. 고통스러운 부상이나 상황에서 통증을 줄여주어 생존 가능성을 높이고, 쾌감과 보상 시스템을 통해 종의 번식과 생존에 기여했다. 원시 시대의 인류가 다리에 심각한 부상을 입었을 때, 잠시나마 고통을 잊고 안전한 곳으로 대피할 수 있게 해준 것이 바로 이 시스템이었을 것이다.

하지만 암이나 외과 수술과 같은 극심한 통증을 견디기에는 내인성 오피오이드로 부족하다. 마치 집에 물이 새는 상황에서 작은 테이프로 막으려는 것과 같다. 작은 누수에는 효과적일지 모르나, 홍수가 날 때는 역부족이다. 천연이든 합성이든 분명 모르핀과 외인성 오피오이드들은 중등도 이상의 통증 치료에 강력한 작용을 한다. 이들은 통증이라는 시끄러운 경보 신호를 잠시 꺼버리는 효과적인 스위치와 같다. 현대 의학에서 이들은 없어서는 안 될 중요한 진통제로 자리잡았다.

하지만 오피오이드 위기Opioid Crisis로 불릴 만큼 그 부작용은 심각하다. 특히 미국에서는 처방 진통제의 과도한 사용이 사회적 문제로 대두되었다. 1996년 퍼듀 파마의 옥시코돈(옥시콘틴) 승인과 '통증을 5번째 생체징후'로 규정한 캠페인이 전환점이었다. 1990년대부터 시작된 이 위기는 제약회사들의 공격적인 마케팅과 의사들의 무분별한 처방, 그리고 규제 기관의 관리 소홀이 복합적으로 작용한 결과였다. 오피오이드 진통제의 남용과 과다복용은 통증이라는 불쾌한 경험에서 탈출하는 것 외에 중독을 유발하고 사망에 이르게도 한다. 그리고 깊은 사회적 상처를 양산한다. 우리는 이를 마약이라 부른다. 두 번째 물결은 2010년 헤로인으로 전환됐고, 2013년 이후 불법 합성 오피오이드(펜타닐) 유통으로 미국에서만 사망자 수가 2017년 4만 7천 명으로 급증했다. 2023년 10만 명이 넘었고, 여전히 하루 평균 220명이 사망하고 있다.

인체와 아편의 관계는 신비롭고도 역설적이다. 자연은 우리에게 통증을 완화시키는 내인성 시스템을 선물했고, 우리는 그것을 모방한 더 강력한 물질을 만들어냈다. 그러나 그 과정에서 자연의 섬세한 균형을 무너뜨리고 말았다. 이는 자연이 우리에게 파도타기를 가르쳐 주었는데, 그 지식을 가지고 쓰나미를 일으키는 법을 배운 것과 같다. 내인성 오피오이드 시스템의 기능적 재구성Functional Plasticity이 필요해진 것이다. 인체의 오피오이드 시스템 연구는 현대 의학의 가장 중요한 업적 중 하나다. 통증의 본질과 그것을 어떻게 다룰 것인가에 대한 깊은 통찰을 제공했다. 우리는 뇌의 지도에서 '통증 중추'라는 미지의 대륙을 발견했고, 이제 그 영토를 탐험하고 있다. 하지만 동시에 우리가 얼마나 쉽게 중독될 수 있는지, 쾌락과 고통 사이의 경계가 얼마나 모호한지를 보여주기도 했다. 아편 수용체는 뇌의 행복과 고통을 조절하는 미세한 다이얼과 같다. 그리고 우리는 그 다이얼을 최대치로 올리는 법을 발견했다.

우리의 뇌는 수백만 년의 진화를 거쳐 특정한 방식으로 작동하도록 설계되었다. 마치 오랜 시간 동안 세심하게 조율된 정교한 오케스트라와 같다. 하지만 불과 200년 만에 우리는 그 시스템을 조작하고 왜곡하는 방법을 발견했다. 오케스트라의 지휘자를 갑자기 교체한 것과 같은 급격한 변화다. 이것이 바로 과학의 힘이자 위험이다. 우리가 자연을 이해하면 할수록, 그것을 변화시킬 수 있는 능력도 갖게 된다.

인체가 아편을 받아들인다는 사실은 단순한 화학적 상호작용 이상의 의미를 갖는다. 우리가 어떻게 고통과 쾌락을 경험하는지, 그리고 그 경험이 어떻게 우리의 행동과 선택을 형성하는지에 대한 근본적인 질문을 던진다. 몸은 통증이라는 신호를 통해 우리를 보호하지만, 또한 그 신호를 무시할 수 있는 방법도 제공한다. 이 역설적인 시스템은 자동차에 액셀과 브레이크를 동시에 장착한 것과 같다. 결국 인체와 아편의 이야기는 인간의 본성과 취약성, 그리고 쾌락을 추구하면서도 생존해야 하는 영원한 딜레마에 대한 이야기이다.

6. 인류 역사와 함께한 마약

어제까지만 해도 병실의 침상에서 바라본 세상은 고통 그 자체였다. 나는 제법 큰 복부 절개 부위의 통증으로 간호사 호출 버튼을 다섯 번째 누르고 있었다. "통증 조절이 잘 안 되시나요?" 담당 의사가 미안한 표정으로 물었다. 그리고는 이내 업무용 차트에 뭔가를 기록하며 작은 목소리로 말했다. "옥시코돈으로 바꿔볼게요." 30분도 채 지나지 않아 모든 통증이 마치 안개처럼 흩어졌다. 놀라운 경험이었다. 그런데 왜 처음부터 이 약을 주지 않았을까? 의사의 설명은 간단했다. "이 약은 마약입니다. 필요할 때만 신중하게 사용해야 하죠." 작은 알약 하나가 내 신경계를 완전히 속여넘긴 그 순간, 나는 인류가 수천 년간 감춰온 이중적 관계의 복잡성을 병실에서 직접 체험하고 있었다.

얼핏 들으면 마약은 인류 사회에 존재해서는 안 될 물질이다. 하지만 어쩔 수 없이 마약을 사용할 수밖에 없는 영역이 있다. 바로 의학이다. 의학적 관점에서는 필요악이지만, 사회적으로는 골칫거리다. 인간이 경험하는 가장 원초적인 감각인 통증과 마약은 뗄 수 없는 관계다. 통증은 위험 신호지만, 그 신호가 너무 강력하면 오히려 생존을 위협한다. 이것이 고통의 역설이다.

외과 수술은 치유를 위해 상처를 낸다. 메스는 인체라는 섬세한 풍경에 의도적인 균열을 내고 생체 조직을 가르고 떼고 봉합한다. 온몸 구석구석에 뻗은 신경망은 마치 집에 침입자가 들어왔을 때 요란하게 울리는 경보 시스템처럼 이 침입을 감지하고 경고음을 울린다. 마취는 일시적으로 경보 시스템의 전원을 꺼버리지만, 수술이 끝나면 다시 켜질 수밖에 없다. 그때 통증이란 거대한 파도가 밀려온다면, 누구도 그 앞에서 무사하지 못할 것이다.

통증은 피부의 감각수용체에서 시작해 말초신경을 통해 중추신경으로 전달된다. 척수, 시상, 그리고 대뇌로 이어지는 상향성 통증 경로가 이 고통의 고속도로이다. 여기서 마약성 진통제는 신경망의 교통경찰 역할을 한다. 녹색 신호등이 켜져 있어도, 일부 통행―통증 신호―을 막는 것이다.

인류 최초의 마약

인류 문명의 새벽부터 마약과의 관계는 시작되었다. 기원전 4세기 메소포타미아의 점토판에는 아편 채취법과 함께 '기쁨의 식물(hul gil)'이라는 표현이 등장한다. 인류 최초의 기록된 마약인 아편에 대한 언급은 치료용 식물이었다. 고대 수메르인들은 양귀비에서 얻은 이 물질이 통증을 완화시킬 뿐만 아니라 마음의 평화를 가져다주는 진정 효과가 있음을 알았다. 기원전 3400년경 메소포타미아의 재배지에 양귀비가 자라고 있었다.

아편은 문명의 지도를 따라 여행했다. 이집트의 에버스 파피루스Papyrus Ebers에는 '통증을 없애는 신비한 물질'로 기록되어 있고, 실크로드를 따라 중국 한나라(기원전 2세기)에 도착했다. 기록에 따르면 당시 아편은 약이었지, 지금처럼 사회 문제의 대상은 아니었다. 의학적 지식과 사회적 맥락에서 아편은 통증 완화와 치료를 위한 필수적인 자원이었다. 주로 통증을 완화하고 설사를 멈추고 기침을 가라앉히는 데 사용됐다. 지금 우리가 편의점에서 두통약을 사는 것처럼 자연스러운 일이었다.

근대에 들어서기까지 아편은 사회적 문제가 되지 않았다. 약제로만 사용했기 때문이다. 아편이 용도를 벗어나 사회적 부담이 된 것은, 마약으로 사용되기 시작하면서부터다. 19세기 아편전쟁은 무역적자에 시달리던 영국이 중국인의 약점을 파고든 경제 전쟁이었다. 영국은 인도에서 재배한 아편을 중국에 팔았고, 그 대가로 차와 비단, 도자기를 가져가며 막대한 이익을 얻었다. 영국 동인도회사는 벵골 지역에서 아편 재배를 독점하며 생산비의 1,200%에 달하는 막대한 이익을 올렸고 1830년대 흑자 전환을 한다. 이 거래는 단순한 상업적 교환을 넘어, 한 제국이 다른 제국의 인구를 화학적으로 길들이는 사회공학에 가까웠다. 1839년 당시 중국 내 아편 중독 인구는 400만 명에 달했고, 중국 정부는 1839년 임칙서林則徐를 광둥에 파견하여 아편 무역을 단속했다. 광둥에서 몰수한 아편은 1,400톤(2만여 상자)에 달했다. 대량의 아편을 몰수·소각하는 강경 조치를 취하며 아편 무역을 금지하자, 영국은 '자유무역 원칙'에 위배된다며 전쟁을 선포했다. 그러나 이 '자유'는 누구의 자유였을까? 아편 중독으로 사회적 기능을 상실한 중국인들의 자유였을까, 아니면 이윤을 추구하는 영국 상인들의 자유였을까? 이 질문은 오늘날까지도 약물 정책의 핵심에 있는 윤리적 딜레마다.

판도라의 상자, 그리고 모르핀의 발견

역사의 변곡점은 1804년 한 젊은 독일 약사의 실험실에서 시작된다. 21세의 제르튀르너가 양귀비에서 추출한 아편의 핵심 성분을 분리해내는 데 성공한 것이다. 그는 이 물질이 사람과 동물에게 모두 강력한 진정 효과를 보인다는 것을 발견했다. 실험 과정에서 그는 개와 쥐에게 이 물질을 투여했을 뿐만 아니라, 자신과 세 명의 젊은 조수들도 실험 대상으로 삼았다. 모두가 심한 구토와 현기증을 경험했지만, 동시에 통증이 완전히 사라지는 놀라운 효과도 경험했다.

그리스 신화에 나오는 꿈의 신 모르페우스Morpheus에서 이름을 따온 '모르핀'의 탄생이었다. 제르튀르너의 발견은 초기에 무시되었으나, 프랑스 생리학자 프랑수와 마장디가 1818년에 뇌동맥류 환자에게 투여하며 의학계에 알려졌다. 그리고 1827년 독일 머크사Merk가 상업적 생산을 한다. 제르튀르너는 자신이 판도라의 상자를 연 것임을 알지 못했다. 그 발견이 수백만 명의 환자에게 축복을 가져다줄 것이라는 사실과 함께, 수많은 사람을 중독과 사망에 이르게 할 것이라는 사실도 말이다. 모르핀의 발견은 과학자들에게 영감을 주었다. 만약 식물에서 이런 강력한 물질을 뽑아낼 수 있다면, 다른 식물은 어떨까? 독일 제약회사들은 이 아이디어를 착실하게 따랐다. 1855년 화학자 프리드리히 개드케Friedrich Gaedcke가 코카잎에서 코카인을 추출했다. 1874년 영국의 C.R. 알더 라이트C.R. Alder Wright가 모르핀을 아세틸화해 헤로인을 합성했고 상업적 개발은 독일 제약회사 바이엘Bayer이 1898년에 시작했다. 그리고 실험실에서 완전히 새로운 물질인 메스암페타민을 합성했다. 메스암페타민은 1893년 일본 화학자 나가이 나가요시長井長義가 에페드린Ephedrine의 유도체로 합성해 이후 독일 화학자 프리츠 하우슈일트Fritz Hauschild가 1919년에 메스암페타민을 대량 생산할 수 있는 방법을 개발했다.

일상의 약에서 군대의 비밀 무기로

1930년대 독일에서는 놀라운 현상이 일어났다. 메스암페타민을 주성분으로 하는 페르비틴Pervitin이 마약이 아닌 일상적인 피로회복제로 팔렸다. 템펠호프 제약회사의 화학자 프리츠 하우샤일트는 1937년에 메스암페타민을 합성하는 데 성공했고, 이를 기반으로 1년 후 페르비틴을 시장에 출시했다. 곧 독일 전역에서 선풍적인 인기를 끌었다. 우리나라의 박카스와 비슷하게 인식됐을 거라 짐작된다.

상상해보라. 약국에 들어가 처방전 없이 메스암페타민을 살 수 있는 세상을. 1930년대 독일인들에게 페르비틴은 오늘날의 에너지 드링크나 비타민제와 같은 존재였다. 회사원은 업무 효율을 높이기 위해, 주부는 집안일을 위해, 학생은 시험 공부를 위해 페르비틴을 복용했다. 세계 전쟁에 돌입한 상황에서 페르비틴은 그야말로 필수 의약품이었다. 독일의 유명한 작가 하인리히 뵐이 군 복무 중 가족에게 보낸 편지에서 페르비틴을 보내달라고 간절히 요청한 것이 날짜와 함께 기록으로 남아 있다. 머크, 뵈링거Boehringer, 크놀Knoll 같은 독일 제약회사들은 이 '마법의 약'으로 엄청난 수익을 올렸다. 제2차 세계대전이 시작되자, 페르비틴은 독일 군인들의 비밀 무기가 되었다. 전쟁은 결국 인간 신체의 한계와 싸우는 일이다. 병사들이 얼마나 오래 깨어 있고 얼마나 빠르게 행군할 수 있는지가 승패를 좌우했다. 페르비틴은 이 공식을 완전히 바꿔버렸다.

1940년 5월, 독일군은 벨기에와 네덜란드를 통과해 프랑스로 진격했다. 군사 역사상 가장 빠른 진격 중 하나였다. 독일 국방군 전원이 페르비틴을 지급받았다. 독일 정부는 프랑스 침공 당시 약 3,500만 정의 페르비틴을 군인에게 배포했으며 '탱크 초콜릿Panzerschokolade'이나 '파일럿 소금Pilot's Salt'이라는 별명으로 불렸다. 초콜릿 형태의 메스암페타민 알약을 복용한 병사들은 몇 주 동안 잠도 자지 않은 채 광적인 흥분과 악몽 같은 혼수를 오가는 정신착란 상태에서 싸웠다. 가령, 에르빈 로멜이 이끄는 7기갑사단은 단 24시간 만에 240km를 진군하며 '유령 사단'이라는 별명을 얻었다. 많은 병사들은 쓴맛 나는 페르비틴 알약을 혀에 녹여 맛보다가 정신병 발작을 일으켰지만, 그들에게 남은 것은 걷잡을 수 없는 희열과 무적의 환상이었다. 도파민 과잉 방출로 인한 신경독성의 결과였다. 한 독일 공군 조종사는 주변이 쥐죽은 듯 고요하고 모든 것이 낯설고 무의미해지며, 자신이 조종하는 항공기 위에 떠 있는 것처럼 무게감이 전혀 느껴지지 않는다고 그 경험을 회고했다. 치열한 격전의 현장이 아니라 지복至福의 환상을 목격하는 고요한 환희를 묘사하는 듯하다. 암페타민은 독일의 파죽지세 전격전을 가능케 한 화학적 연료였고, 밤낮 없이 전진하며 망설임 없이 연합군을 향하는 군인들의 정신 상태는 그들이 지나가는 풍경만큼이나 망가져 있었다.

하지만 러시아의 겨울에 탱크의 무한궤도 바퀴가 얼어붙고, 연합군 폭격기의 불바람이 전격전Blitzkrieg의 번개를 꺼뜨렸을 때, 라이히(독일 제국) 지도부가 맛본 것은 결핍과 절망이었다. 특히 나치 지도자들의 마약 중독은 악명 높았다. 그중에서도 헤르만 괴링의 사례는 충격적이다. 뉘른베르크 전범 재판 전날 밤 건강진단에서 의사들은 괴링의 손톱과 발톱이 새빨갛게 물든 것을 발견했다. 진통제 디히드로코데인 Dihydrocodeine 을 하루에 백 알 넘게 복용하다 중독된 것이었다. 디히드로코데인의 자극성은 코카인만큼 약하지만 효능은 코데인의 두 배로 헤로인과 맞먹었다. 미국 의사들은 괴링을 법정에 세우기 전에 의존증부터 치료해야겠다고 생각했지만, 쉬운 일은 아니었다. 연합군에 체포될 당시 괴링이 가지고 있던 여행 가방에는 2만 회 넘게 투약할 수 있는 디히드로코데인이 들어 있었다. 제2차 세계대전 막바지 독일에 남아 있던 생산분의 사실상 전부였다. 디히드로코데인은 코데인의 반합성 버전으로, 코데인 역시 모르핀처럼 양귀비에서 추출한 아편의 한 종류다. 이 약물은 신경계에 직접 작용해 통증 신호가 뇌로 전달되는 것을 막는다. 히틀러는 필로폰, 모르핀, 진정제 등 74종류의 약물을 복용했으며, 이는 그의 신체적·정신적 쇠퇴에 영향을 미쳤다.

감기약 속의 작은 비밀

현대인들도 알지 못한 채 디히드로코데인의 효과를 경험한 적이 있을 것이다. 약국에서 구입할 수 있는 감기약 중 상당수가 소량의 디히드로코데인을 함유하고 있다. 이 약들이 기침을 빠르게 멈추게 하는 이유는 바로 디히드로코데인이 뇌의 기침 중추를 직접 억제하기 때문이다. 기침은 기관지 내 염증에 의한 노폐물을 신체 외부로 보내기 위해 설계된 기능이다. 하지만 감기와 같은 질병에서 동반되는 기침과 가래는 여간 힘든 게 아니다. 그래서 기침 발생을 감소시키는 약제를 처방받는다.

하지만 이런 약품에 들어 있는 마약 성분은 극소량이며, 다른 성분들과 복합적으로 구성되어 있어 '한외마약'으로 분류된다. 이는 마약 성분을 포함하고 있으나 마약으로 다시 제조하거나 정제할 수 없어 일반 의약품처럼 취급된다. 하지만 의사의 처방전으로 관리 감독이 필요한 약이다. 감기약에 들어 있는 디히드로코데인은 보통 5mg 이하지만 나치 수뇌부가 복용한 단일제 디히드로코데인은 60mg 정도였으니, 그들의 정신 상태가 어땠을지 짐작이 간다.

브레이크가 없는 자동차

대부분의 약물은 '천장 효과 Ceiling Effect'라는 한계를 가진다. 마치 방안의 온도계가 일정 온도 이상으로 올라가지 않는 것처럼, 약물의 효과도 일정 용량 이상에서는 더 이상 증가하지 않는다. 이것은 약물의 안전장치와 같다. '천장'이란 표현은 경제학에서 자주 거론되는데 측정되는 변수나 경제 지표가 상한선에 도달하여 더 이상의 개선이나 변경이 불가능한 상황을 은유적으로 표현한 용어다. 가격이나 소득, 임금 등의 상한선을 천장에 대입하며 통계학이나 심리학에서도 사용하지만, 의학과 약학에도 중요한 개념이다.

아스피린을 예로 들어보자. 두통에 아스피린 한 알을 먹으면 통증이 줄어든다. 두 알을 먹으면 효과가 조금 더 좋아질 수 있다. 하지만 열 알을 먹는다고 해서 효과가 열 배가 되지는 않는다. 오히려 위장 출혈 같은 부작용만 심해질 뿐이다. 이것이 천장 효과다. 그런데 마약성 진통제에는 이 안전장치가 없다. 용량을 늘리면 늘릴수록 효과도 계속 증가한다. 이는 마치 브레이크 없는 자동차를 운전하는 것과 같다. 시속 100km로 달리다가 200km, 300km로 속도를 올릴 수 있지만, 멈추고 싶을 때 멈출 수 없다. 이것이 마약 중독이 위험한 이유다. 더 강한 효과를 위해 계속해서 용량을 늘리게 되고, 결국 치명적인 과다복용에 이를 수 있다.

그럼에도 불구하고 의학에서 마약성 진통제를 사용하는 이유는 단순하다. 극심한 통증으로 인한 위험이 마약 사용의 위험보다 크기 때문이다. 특히 암 환자의 고통은 일반 진통제로는 감당할 수 없을 정도로 강렬하다.

현대 의학의 마약

현대 의학에서 가장 널리 사용되는 마약성 진통제 중 하나는 옥시코돈Oxycodone이다. 이 약물은 우리 뇌의 μ-오피오이드 수용체에 작용한다. 이 수용체는 특별한 형태의 자물쇠와 같아서, 특정 형태의 열쇠—모르핀이나 옥시코돈 같은 약물—만 결합할 수 있다. 이 결합이 일어나면 신경세포는 통증 신호 전달을 중단한다.

옥시코돈은 1916년, 화학자 마르틴 프로이드Martin Freund와 에드문트 스펠러Edmund Speyer에 의해 테바인Thebaine*을 기반으로 반합성되었다. 이후 독일 프랑크푸르트의 제약회사 바이엘에서 생산했다. 프로이드와 스펠러는 모르핀의 분자 구조를 약간 변형시켜 더 강력하면서도 부작용은 적은 진통제를 만들고자 했다. 그는 자신의 창조물이 모르핀 중독의 대안이 될 것이라 기대했다. 그러나 역설적이게

---

* 양귀비에서 추출되는 알칼로이드로, 모르핀 및 코데인과 유사한 성분이다.

도, 옥시코돈은 오늘날 가장 남용되는 처방 약물 중 하나가 되었다.

옥시코돈은 의료계에서 마약성 진통제의 표준과 같다. 사용법과 용량 조절에 관한 지침을 알고 싶다면, 옥시코돈 설명서를 참고하면 된다는 농담이 있을 정도다. 이 약물의 가장 큰 장점은 '온셋 타임Onset Time'이 짧다는 것이다. 온셋 타임은 약물이 체내에 흡수되어 효과를 나타내기 시작하는 시간을 말하는데 전원 버튼을 누른 후 컴퓨터가 부팅되는 시간과 같다. 옥시코돈과 날록손의 복합제인 '타진Targin'의 경우, 복용 후 약 30분 이내에 효과가 나타나기 시작한다. 이런 신속성은 의사가 환자의 통증 상태를 빠르게 평가하고 용량을 조절할 수 있게 해준다.

반면, 피부에 붙이는 패치 형태의 부프레노르핀Buprenorphine은 온셋 타임이 약 72시간, 3일 정도다. 느리게 작동하는 타이머와 같아서, 급성 통증보다는 만성 통증 관리에 적합하다. 약물 전달 방식의 이런 다양성은 통증 관리의 정밀도를 높이는 데 기여한다. 옥시코돈이 마약성 진통제를 처음 사용하는 환자에게도 적합한 이유는 그 예측 가능성에 있다. 온셋 타임이 짧아 통증 반응을 빠르게 확인할 수 있고, 다양한 제형—속방정(아이알코돈), 서방정(옥시콘틴), 복합제(타진), 주사제—으로 제공되어 개인별 맞춤 치료가 가능하다. 마치 정교한 온도 조절 장치를 가진 히터처럼, 세밀한 통증 관리가 가능하다. 하지만 여전히 남용과 부작용은 주의를 해야 한다. 옥시코돈은 강력한 진통 효과와 함께 쾌락을 유발하여 남용 가능성이 높다. 이는 현재 오피오이드 위기의 주요 원인 중 하나로 지목되고 있다. 부작용 역시 만만찮다. 장기 사용시 호흡 억제, 변비, 특히 타이레놀 성분인 아세트아미노펜과 병용시 간을 손상시킨다.

안전한 악마

병원에서 사용하는 마약성 진통제의 안전성은 일반적인 인식보다 다소 높다. 길들여진 맹수와 같아서, 제대로 관리하면 위험보다 이득이 크다는 판단이다. 하지만 만성 통증 환자 중 마약성 진통제 사용과 연관된 의존성은 약 21%에 이르는 것으로 보고되었다. 이는 중독과는 다르지만, 남용 가능성을 나타낸다. 안전한 악마라는 표현이 어울린다. 이 중독률의 비밀은 통증 자체에 있다. 기이하게도, 실제로 통증을 경험하고 있는 환자는 마약성 진통제의 쾌감 효과에 덜 취약하다. 실제 연구에서도 나타나듯, 통증은 마약성 진통제의 쾌감 효과를 상쇄하는 역할을 한다. 불이 타오르는 집에서는 아무리 좋은 음악을 연주해도 감상할 수 없는 것과 같다. 급성 통증 환자에게는 약물의 진통 효과만 경험되고, 쾌감은 억제된다. 실제 의존성도 3% 미만으로 보고된다.

마약성 진통제를 장기간 사용하면 내성이 생길 수 있다. 내성은 중독Addiction과는 다르다. 마약성 진통제는 항생제와 달리, 내성 문제가 덜 중요하다. 약물에 내성이 생기면 용량을 조절하면 되기 때문이다. 통증 전문의들은 마약성 진통제는 본질적으로 용량 제한이 없다고 말한다. 내성이 생기면 용량을 올리고, 부작용이 생기면 다시 조절하는 식으로 균형을 맞출 수 있다. 하지만 남용으로 이어지지 않도록 의료진의 엄격한 관리가 필요하다. 이는 마치 고성능 자동차를 다루는 것과 같아서, 적절한 훈련과 규율이 필요하다.

필요와 중독 사이, 마약의 철학적 함의

마약의 역사는 인류의 고통과 쾌락 사이의 복잡한 관계를 보여준다. 극심한 고통에서 벗어나고자 하는 인간의 욕구는 마약이라는 위험한 탐험으로 이어졌다. 그리고 그 탐험의 결과는 양날의 검이었다. 우리는 마약을 통해 신경계의 비밀을 발견했고, 고통의 생물학적 메커니즘을 이해하게 되었다. 하지만 동시에 뇌의 쾌락 중추를 직접 자극하는 방법도 알게 되었다.

철학자 데이비드 흄David Hume은 18세기에 이미 그의 저서『인간이란 무엇인가A Treatise of Human Nature』(1739)에서 "고통은 불쾌한 감각일 뿐만 아니라, 인간이 적극적으로 회피하는 대상"이라고 지적했다. 인간은 고통을 피하기 위해 거의 모든 것을 할 준비가 되어 있다. 이것이 마약이 갖는 유혹의 근원이다. 마약은 고통의 괄호를 치는 방법, 잠시나마 괴로움의 지배로부터 벗어나는 방법을 제공한다. 그렇다고 마약으로 고통을 회피하는 것이 인간의 권리는 아니다. 19세기 독일의 철학자 니체 역시 저서『즐거운 학문The Gay Science』(1882)에서 "고통 없는 삶은 불가능할 뿐만 아니라, 바람직하지도 않다."고 중독의 역설을 주장했다. 그에게 고통은 성장과 깊이의 원천이었다. 마약이 제공하는 일시적 도피는 결국 더 큰 고통으로 돌아온다는 것이 그의 경고였다. 마약 중독자의 삶은 이러한 철학적 경고의 생생한 예시다.

현대 의학은 마약의 양면성을 이해하고, 그 이점은 최대화하면서 위험은 최소화하는 방향으로 발전해왔다. 마약성 진통제는 암 환자와 수술 후 환자, 만성 통증 환자들에게 삶의 질을 향상시키는 중요한 도구가 되었다. 특히, WHO의 암성 통증 치료 지침에 따라 적절히 사용될 경우 환자의 69-100%에서 통증이 조절된다는 연구 결과가 있다. 하지만 미국의 오피오이드 위기는 처방 진통제의 남용이 얼마나 심각한 사회적 문제가 될 수 있는지 보여주는 경고다. 퍼듀 파마Purdue Pharma라는 제약회사는 1996년 옥시코돈 서방정인 '옥시콘틴OxyContin'을 출시하면서, 이 약물의 중독성이 낮다고 허위로 광고했다. 이로 인해 많은 의사들이 이 약물을 부적절하게 처방했고, 수백만 명의 미국인이 중독되었다. 매년 수만 명이 과다복용으로 사망한다. 퍼듀 파마는 2007년 연방 법원에서 허위 광고 혐의를 인정하고 6억 3,500만 달러의 벌금을 부과받았다.

결국 마약은 쾌락과 고통, 치유와 파괴, 필요와 중독 사이에서 균형을 찾는 인류의 끝없는 노력을 상징한다. 그것은 우리가 가진 가장 강력한 도구 중 하나이며, 동시에 가장 위험한 유혹 중 하나다. 마약은 신경계를 속여 통증을 없애지만, 그 대가로 중독과 신경계 손상을 초래한다. 도파민 보상 경로를 과도하게 자극하여 뇌의 항상성을 무너뜨리는 새로운 고통을 가져올 수 있다. 마약은 뇌의 보상 회로를 비정상적으로 자극하여 도파민 분비를 증가시킨다. 이는 자연적인 자극으로는 더 이상 쾌감을 느낄 수 없게 만들고, 무쾌감증anhedonia과 우울증으로 이어질 수 있다. 쾌락-고통의 저울이 망가지면 고통의 역치를 낮추고 더 큰 불쾌감을 초래한다. 마약 중독이 악순환으로 이어지는 이유이다.

천장이 없는 효과를 가진 이 물질을 어떻게 관리하느냐는 문제는 과학자, 의사, 정책 입안자, 그리고 우리 모두에게 계속해서 도전 과제로 남아있다. 아마도 그 해답은 마약 자체가 아닌, 우리의 뇌와 마음에 대한 더 깊은 이해에 있을 것이다. 결국 인류와 마약의 관계는 복잡한 사랑과 증오의 역사이며, 그 여정은 아직 끝나지 않았다.

7. 눈에 띄지 않는 생명의 수호자

"수술은 성공적이었습니다. 왼쪽 신장을 제거했지만, 다행히 부신은 보존했어요."

의사의 말에 나는 무심코 고개를 끄덕였다. 암으로 신장을 잃은 것에 비하면 '부신 보존'은 그저 의학적 세부사항처럼 들렸다. 그러나 회복실에서 만난 내분비학 전문의는 내게 다른 시각을 제시했다. "부신이 남아있다는 건 굉장한 행운입니다. 이 작은 기관이 없었다면, 지금쯤 스테로이드 약물 없이는 일상생활조차 불가능했을 거예요." 그는 엄지와 검지로 작은 삼각형을 만들며 부신의 크기를 보여주었다. "이 조그만 기관이 스트레스 대응, 면역 조절, 염증 통제, 전해질 균형까지 책임지죠." 19세기 의학자들은 이 기관에서 추출한 물질이 통증과 염증을 기적적으로 줄인다는 사실을 발견했다. 바로 그때, 옆 침대의 환자가 통증을 호소하며 간호사를 불렀다. 간호사는 물과 함께 흰색 알약을 건네주었다. "이부프로펜이에요. 염증을 줄여줄 거예요." 그 단순한 장면을 지켜보며, 나는 문득 깨달았다. 저 작은 알약 하나에는 인류가 수세기 동안 고통과 싸워온 거대한 과학적 여정이 압축되어 있다는 것을. 우리가 무심코 삼키는 진통제 속에 담긴 인간 지성의 역사와 내 몸 안에 여전히 건재한 부신의 소중함을. 그리고 그날 밤, 나는 통증과 치유의 화학적 신비에 관한 이야기를 탐구하기 시작했다.

인류의 역사는 어떤 면에서 고통과의 전쟁의 역사라고 할 수 있다. 통증은 가장 원초적인 생존 신호지만, 동시에 우리가 가장 피하고 싶은 감각이기도 하다. 오늘날 우리가 두통이나 근육통이 있을 때 무심코 꺼내 먹는 작은 알약 하나는 수천 년에 걸친 인류의 고통을 극복하려는 노력의 결정체다. 고통의 많은 종류만큼 해결책도 많을 것 같지만 의외로 일반적인 진통제는 크게 세 종류로 구분된다. 아스피린ASPIRIN, 이부프로펜IbuProfen, 그리고 아세트아미노펜Acetaminphen이다. 이들은 마약성 진통제와 달리 중독성이 없고 비교적 안전하게 사용할 수 있어 현대인의 생활에 깊숙이 자리잡았다. 하지만 이 평범해 보이는 약 뒤에는 과학적 발견, 우연한 실수, 그리고 천재적 통찰이 얽힌 흥미로운 이야기가 숨어 있다.

버드나무의 선물

인류가 버드나무 껍질에 진통 효과가 있다는 사실을 처음 발견한 것은 기원전까지 거슬러 올라간다. 고대 그리스의 의학자 히포크라테스는 이미 버드나무 껍질을 씹거나 차로 달여 마시면 통증과 열이 내린다는 사실을 알고 있었다. 북미 원주민들 역시 버드나무 껍질 추출물을 두통과 발열 치료에 사용했다. 그들은 자연이 제공한 이 선물의 작동 원리를 몰랐지만, 그 효과는 확실히 알고 있었다.

버드나무 껍질에 들어 있는 비밀은 '살리신Salicin'이라는 물질이다. 이 물질은 우리 몸에 들어가면 살리실산^{Salicil acid}으로 변하는데, 바로 이 살리실산이 진통과 해열 효과를 나타낸다. 그러나 자연 상태의 살리실산은 강한 산성으로 위장을 자극하는 심각한 부작용이 있었다. 많은 사람들이 통증을 줄이기 위해 복용했다가 오히려 위출혈이라는 또 다른 고통을 경험해야 했다. 이 문제를 해결한 사람은 독일 바이엘사의 젊은 화학자 펠릭스 호프만^{Felix Hoffmann}이었다. 1897년, 그는 류마티스로 고통받던 자신의 아버지를 위해 살리실산의 화학구조를 변형시켜 위에 부담이 적은 새로운 형태의 물질을 합성했다. 이것이 바로 아세틸살리실산^{Acetylsalicylic acid}, 즉 우리가 아스피린이라고 부르는 약이다. 이름에서 주성분을 짐작할 수 있다. 아스피린^{Aspirin}의 A는 '아세틸^{Acetyl}'이고 spir는 '살리실산'과 유사한 조팝나무산^{Spiraeic acid}을 의미한다

아스피린은 빠르게 세계적인 성공을 거두었고, 바이엘 사의 대표적인 제품이 되었다. 그러나 아이러니하게도 아스피린이 어떤 원리로 작동하는지는 그로부터 거의 70년이 지난 1960년대까지 밝혀지지 않았다. 영국의 약리학자 존 베인^{John Vane}은 아스피린이 프로스타글란딘^{Prostaglandin}이라는 통증과 염증을 유발하는 물질의 생성을 억제함으로써 효과를 발휘한다는 사실을 발견했다. 이 발견으로 베인은 1982년 노벨생리의학상을 수상했다.

오늘날 아스피린은 단순한 진통제를 넘어 혈전 생성을 방지하는 효과 때문에 심장마비와 뇌졸중 예방에도 사용된다. 한 작은 알약이 수많은 생명을 구하는 역할을 하게 된 것이다. 그러나, 아스피린은 트롬복산 A2 생성을 막아 혈소판 응집을 방해하기 때문에 수술을 앞둔 환자들은 최소 일주일 전에는 복용을 중단해야 한다. 혈

액 응고가 제대로 이루어지지 않으면 수술 중 과도한 출혈이 발생할 수 있기 때문이다.

스테로이드 진통제의 양면성

통증 치료의 역사에서 가장 극적인 순간 중 하나는 코르티손Cortisone의 발견이었다. 20세기 초, 미국 화학자 에드워드 캘빈 켄달Edward Calvin Kendall과 해롤드 L. 메이슨Harold L. Mason은 미국의 메이오 클리닉에서 연구를 수행하며 돼지의 부신피질에서 다양한 화합물을 분리했다. 부신 피질은 모든 척추동물에서 발견되는 기관이다. 부신은 신장 근처에 위치하며, 피질(바깥층)과 수질(안쪽층)로 구성되어 있다. 특히 부신 피질은 글루코코르티코이드(코르티솔)Cortisol, 미네랄코르티코이드(알도스테론)Aldosterone, 성호르몬 등 생명 유지에 필수적인 다양한 호르몬을 분비한다. 코르티손은 켄달과 메이슨이 부신피질에서 분리한 여러 스테로이드* 화합물 중 하나로, 항염증 및 면역억제 효과가 있는 것으로 밝혀졌다. 1949년, 필립 쇼월터 헨치Philip Showalter Hench가 류머티즘 관절염 환자들에게 투여해 기적과도 같은 효과를 보였다. 코르티손을 투여 받은 환자들은 마치 마법처럼 염증과 통증에서 해방되어 걷지 못하던 사람이 갑자기 일어나 걷는 놀라운 사례가 보고되기도 했다. 켄달, 헨치, 그리고 타데우시 라이히슈타인Tadeus Reichstein은 부신피질 호르몬의 구조와 기능을 규명한 공로로 1950년 노벨생리의학상을 공동 수상했다. 코르티손의

---

* 스테레오핵이라는 특유의 화학구조(4개의 탄소고리로 3개는 6각형, 1개는 5각형)를 가진 화합물로 거의 모든 생명체가 몸에서 합성한다. 사포닌과 같은 식물성 스테로이드, 성호르몬이나 콜레스테롤 같은 동물성 스테로이드가 있다.

발견과 합성은 그 자체로 경이로운 과학적 여정이었다. 당시 가장 오래된 제약회사였던 머크는 가축의 담즙에서 출발해 수십 단계의 복잡한 화학 반응을 거쳐 코르티손을 합성해냈다.

그러나 스테로이드 진통제의 화려한 등장 이면에는 어두운 그림자가 있었다. 코르티손은 우리 몸의 부신에서 자연적으로 생성되는 호르몬인 코르티솔과 구조가 유사했다. 코르티손은 비활성 형태로 간에서 활성형인 코르티솔로 전환되기 때문에, 외부에서 인공적으로 주입하면 신체의 정교한 호르몬 균형이 깨지게 된다. 이는 정밀한 시계 내부에 외부 부품을 강제로 삽입하는 것과 같았다. 스테로이드성 진통제는 염증을 억제하는 과정에서 T세포, B세포, 대식세포와 같은 면역 체계 자체를 억제하는 부작용을 가지고 있다. 코르티손의 이러한 양면성은 의학계에 중요한 교훈을 남겼다. 모든 강력한 약물에는 그에 상응하는 위험이 따른다는 것, 그리고 자연의 체계를 모방할 때는 그 복잡성을 충분히 이해해야 한다는 것이다. 그만큼 중요한 물질이므로 스테로이드 진통제의 부작용에 대해서는 더 다룰 예정이다.

우연한 발견, 의도적인 무시

스테로이드 진통제의 부작용이 알려지면서 의학계는 더 안전한 대안을 찾기 시작했다. 1969년, 영국 화학자 스튜어트 애덤스Stewart Adams가 이끌던 연구실에서 이부프로펜ibuprofen이라는 새로운 진통제를 개발되며 처방약으로 승인됐다. 이부프로펜은 아스피린과 유사하게 프로스타글란딘 생성을 억제하지만, 위장 출혈 위험이 상대적으로 낮았다. 이부프로펜에는 L-이부프로펜과 D-이부프로펜이라는 두 성분이 같은 양으로 들어 있다. 그런데 해열과 진통 효과를 내는 물질은 D-이부프로펜뿐이다. 그렇다면 다른 하나는 무엇일까? 두 물질의 화학적 구성 원소는 같다. 흥미로운 과학적 현상 중 하나는 거울상 이성질체의 존재다. '거울상 이성질체', 혹은 '입체 이성질체'는 얼핏 보면 마치 일란성 쌍둥이처럼 비슷하다. 배열은 같지만 자세히 보면 방향이 다르다. 쉽게 말하면 거울에 비친 모습처럼 입체상에서 좌우가 바뀐 모습이다. 이 분자는 서로 겹쳐지지 않는다. 왼손 장갑에 오른손이 들어가지 않는 것과 같은 원리이다. 이를 화학에서는 카이랄성$_{Chirality}$ 분자라고 부른다. '카이랄'은 손을 의미하는 그리스어에서 유래됐다. 여기서 L과 D는 라틴어인 '레보$_{Levo}$'와 '덱스트로$_{Dextro}$'의 약자로 '왼쪽'과 '오른쪽'이라는 뜻이다. 그런데 이게 왜 중요할까?

두 이성질체 물질은 물리화학적인 성질이 아주 비슷하다. 그래서 구분도 잘 안 되고 물질별로 따로 분리하기 어렵다. 그런데 이런 물질이 약제가 되어 우리 몸에 들어오면 상황이 달라진다. L-이부프로펜의 경우, 속이 쓰리거나 간에 부담을 주는 부작용을 유발한다. 인류가 인공적으로 만든 대부분 유기화합물은 여지없이 이런 거울상 이성질체가 둘 다 만들어진다. 약제도 예외는 없다. 약물은 대부분 우리 몸의 효소와 물려 그 반응으로 약효가 나타난다. 구조가 기능을 만든다고 누차 말했듯이, 모양이 맞아야 일을 시작할 수 있다. 마치 열쇠와 자물쇠처럼 서로 잘 결합되는 구조여야 효과가 나타나는 것이다. 이부프로펜의 경우 오른쪽 거울상 이성질체가 효소 모양과 맞물려 약효가 생긴다. 그래서 불필요한 왼쪽 거울상 이성질체인 L-이부프로펜를 걸러내고 약효가 있는 D-이부프로펜만 추출해 약을 만들기도 한다. 덱시부프로펜Dexibuprofen은 이부프로펜 절반의 양으로 같은 효과를 낼 수 있고 부작용도 없다. 이제 이 책을 읽고 약국에서 진통제를 살 경우, 부작용 없는 덱시부프로펜 성분이 들어 있는 약제를 달라고 한다면 약사의 손님 대접이 달라질지 모르겠다.

아세트아미노펜의 역사는 더욱 기이하다. 이 약물은 사실 세 종류의 진통제 중 가장 먼저 합성되었다. 1878년 하몬 노스럽 모스Harmon Northrop Morse에 의해 합성되었으나, 당시에는 임상적으로 사용되지 않았고 제약업계에서도 주목받지 못했다. 바이엘 사의 페나세틴Phenacetin이라는 약물이 시장을 장악하고 있었기 때문이다. 그러나 페나세틴의 신장 독성이 밝혀지면서 대안이 필요했다. 아이러니하게도 페나세틴이 체내에서 대사될 때 간에서 아세트아미노펜으로 변한다는 사실이 밝혀졌다. 독성이 적고 안전한 아세트아미노펜이 직접적인 대안으로 떠올랐다. 합성된 지 무려 70여 년이 지난 1955년, 미국 맥닐 연구소에서 아세트아미노펜이 '타이레놀Tylenol'이라는 이름으로 처음 상업적으로 판매되었다. 페나세틴은 1970년대 이후 대부분의 국가에서 퇴출되었고, 아세트아미노펜은 소염 작용은 없지만 진통과 해열 효과가 있어 현대인들이 가장 흔하게 사용하는 진통제가 되었다. 다만 과량 복용시 간독성이 있어 유럽에서는 서방정 형태의 판매가 중지되기도 했다.

진통제가 작동하는 방식

일반 진통제들은 어떻게 통증을 멈추게 할까? 이 작동 방식을 이해하려면 먼저 통증의 발생 과정을 알아야 한다. 통증은 일반적으로 조직 손상이 있을 때 시작된다. 손상된 조직에서는 프로스타글란딘Prostaglandin, 브라디키닌Bradykinin, 히스타민Histamine 같은 화학 물질들이 방출되어 신경 말단을 자극한다. 이 자극은 전기 신호로 변환되어 척수를 통해 뇌로 전달되고, 뇌는 이를 통증으로 인식한다.

아스피린과 이부프로펜 같은 비스테로이드성 소염진통제(NSAIDs)는 사이클로옥시게나제(COX)라는 효소를 억제함으로써 프로스타글란딘의 생성을 막는다. 프로스타글란딘 생성이 줄어들면 통증과 염증 반응이 감소하게 된다. 반면 아세트아미노펜의 작용 메커니즘은 조금 다르다. 이 약물은 중추신경계에 직접 작용하여 통증 신호의 전달을 억제하는 것으로 생각된다. 그래서 염증은 줄이지 못하지만 통증과 열은 효과적으로 감소시킨다.

스테로이드 진통제는 이들보다 더 근본적으로 작용한다. 이들은 세포 내부로 들어가 염증 반응과 관련된 유전자의 발현 자체를 억제한다. 그래서 효과가 강력하지만, 동시에 면역 체계에 광범위한 영향을 미쳐 부작용이 많은 것이다.

현대 진통제의 딜레마

현대 의학은 통증 관리에 있어 놀라운 진보를 이루었지만, 완벽한 진통제는 여전히 존재하지 않는다. 모든 진통제는 효과와 안전성 사이의 균형을 맞추며 씨름하고 있다. 아스피린은 심혈관 질환 예방에 효과적이지만 위장 출혈 위험이 있다. 이부프로펜은 염증에 효과적이지만 신장 기능에 영향을 줄 수 있다. 아세트아미노펜은 위장에 부담이 적지만 간독성 위험이 있다. 스테로이드는 강력한 항염증 효과가 있지만 면역 체계 억제와 호르몬 불균형을 일으킨다.

의사들은 환자의 상태, 나이, 기저질환 등을 고려하여 최적의 진통제를 선택한다. 예를 들어, 오십견과 같은 어깨 통증에는 초기에 스테로이드 주사를 사용할 수 있지만, 장기적인 관리에는 비스테로이드성 소염진통제나 물리 치료가 선호된다. 중요한 것은 모든 약물에는 적절한 사용법과 한계가 있다는 점이다. 가장 안전해 보이는 진통제도 과량 복용하거나 장기간 사용하면 심각한 부작용을 일으킬 수 있다. 진통제는 통증의 원인을 치료하는 것이 아니라 증상을 완화시키는 것임을 기억해야 한다.

　통증은 중요한 생체 신호다. 우리에게 문제가 있음을 알리고, 더 큰 손상을 방지하기 위한 자연의 경고 시스템이다. 그러나 만성 통증과 같이 더 이상 보호 기능을 하지 않는 통증은 삶의 질을 심각하게 저하시킨다. 미래의 진통제 연구는 통증의 특정 경로만을 차단하여 부작용을 최소화하는 방향으로 나아가고 있다. 유전체학과 분자 생물학의 발전은 개인 맞춤형 통증 관리의 가능성을 열어주고 있다. 또한 자연에서 새로운 진통 물질을 찾는 노력도 계속되고 있다. 바다나리, 독화살개구리, 심지어 불가사리와 같은 생물들의 독소에서 강력한 진통 효과를 가진 물질들이 발견되고 있다. 이러한 연구는 마약성 진통제의 중독성 없이 강력한 통증 완화 효과를 가진 새로운 약물 개발의 가능성을 보여준다. 인류와 통증과의 싸움은 계속되고 있다. 일상적으로 복용하는 진통제 한 알에는 수천 년의 역사, 수많은 과학자들의 노력, 그리고 아직 풀리지 않은 미래의 도전이 담겨 있다. 그것은 단순한 화학 물질이 아니라, 인간의 끝없는 호기심과 고통을 줄이고자 하는 간절한 염원의 결정체인 것이다.

8. 구원자인가, 가면 쓴 침략자인가?

"네, 금방 나으실 겁니다." 흰색 가운을 입은 의사가 자신 있게 말했다. 병실에 누워 온몸이 쑤시는 통증에 시달리던 환자에게 주사 한 대가 투입됐다. 그리고 마법처럼 30분 만에 통증이 사라졌다. 마치 고장난 자동차에 기름을 넣어준 것 같았다. "뭐였죠, 그 주사?" 궁금해진 환자가 물었다. "스테로이드 진통제입니다. 효과는 빠르지만 장기 사용은 위험하니 주의하셔야 합니다." 의사의 답변에 궁금증이 생겼지만, 통증이 사라진 안도감에 더 이상 묻지 않았다. 병원 복도를 걸으며 그는 '그런 마법 같은 약이 왜 위험한 걸까'라는 의문을 품었다. 이것이 대부분의 환자가 스테로이드 진통제와 처음 만나는 장면이다. 이 만남은 종종 양날의 검처럼 작용한다.

스테로이드 진통제, 정확히는 코르티코스테로이드Corticosteroid라 불리는 이 약물은 인체의 복잡한 생화학 네트워크에 개입하는 교묘한 침입자와 같다. 그러나 이 침입자는 우리 몸의 초대를 받아 들어온다. 코르티코스테로이드는 우리 몸의 부신에서 자연적으로 생성되는 호르몬을 모방한다. 코르티솔과 구조가 유사한다. 이 호르몬들은 면역 반응을 포함한 다양한 신체 기능을 조절하는 화학적 메신저다. 이 약물이 체내에 들어오면 면역계를 진정시키는 일을 시작한다. 염증성 사이토카인cytokine 생성을 차단하며, 마치 격렬한 파티에 들어와 "자, 모두 조용히!" 외치는 경찰관 같은 역할을 한다. 그 결과 염증이 줄어들고 통증이 사라진다. 실제로 매우 효과적이다. 그런데 이 약물의 작용 방식은 바로 그 강력함 때문에 위험한 부작용들을 초래할 수 있다.

인체의 면역 체계는 24시간 쉬지 않고 우리를 보호하는 복잡한 방어망이다. 스테로이드는 이 방어망의 일부를 무력화시킨다. 이는 염증을 줄이는 데는 효과적이지만, 동시에 몸을 감염에 취약하게 만든다. 장기간 스테로이드를 사용한 환자들은 감염 위험이 약 60% 증가한다고 한다. 개별 연구마다 차이가 있지만, 2024년 JAMA 연구에서 90일 이상 경구 스테로이드 사용시 합병증 위험이 11% 증가하는 것으로 나타났다. 더 교묘한 문제는 감염이 발생해도 스테로이드가 그 증상을 가려서 환자가 감염 사실을 모를 수 있다는 것이다. 타이타닉호의 선원이 빙산을 보지 못했던 것처럼, 의사와 환자는 종종 감염의 진짜 심각성을 놓칠 수 있다. 더불어 상처 치유 과정도 느려진다. 피부가 찢어져 상처가 생겼을 때 정상적으로는 면역 세포들이 급히 달려와 상처를 막고 회복시킨다. 하지만 스테로이드의 영향 아래서는 이 과정이 마치 슬로 모션 영화처럼 진행된다. 스테로이드 사용은 면역 체계와의 위험한 도박일지도 모른다.

호르몬 세계의 쿠데타

우리 몸의 호르몬 체계는 정교한 오케스트라와 같다. 각 호르몬은 특정 악기와 같은 역할을 하며, 모두 함께 어우러져 아름다운 생리학적 교향곡을 만들어낸다. 스테로이드 진통제는 이 오케스트라에 갑자기 나타난 지휘자처럼 기존의 리듬을 방해한다. 장기간 코르티코스테로이드제를 사용하면 부신이 "왜 내가 고생해서 이걸 만들어야 하지? 외부에서 가져오고 있잖아!"라고 '생각'하기 시작한다. 그 결과 부신은 자체적인 코르티솔 생산을 줄이거나 아예 중단한다. 이것이 '부신 억제'라 불리는 현상이다.

문제는 스테로이드 사용을 중단해도 부신이 즉시 정상 기능으로 돌아오지 못한다는 점이다. 장기간 휴가를 다녀온 직원이 바로 100% 업무 효율을 내지 못하는 것과 같다. 이러한 상태는 부신 부전으로 이어질 수 있으며, 이는 생명을 위협할 정도로 심각할 수 있다. 또한 장기 사용은 '쿠싱 증후군Cushing's Syndrome'이라는 상태를 유발할 수 있다. 그 증상으로는 '달 얼굴'(둥근 얼굴), 등 뒤의 '버팔로 혹', 복부 비만, 자줏빛 선조(피부의 보랏빛 줄무늬)를 보이게 된다. 이는 단순한 미용상의 문제가 아니라 내분비계 전체가 혼란에 빠진 징후다.

미로에서 길 잃기

스테로이드는 우리 몸이 에너지를 저장하고 사용하는 방식에도 변화를 일으킨다. 마치 차량의 연료 시스템을 조작하는 것과 같이, 코르티코스테로이드는 말초조직의 인슐린 저항성을 증가시켜 혈당 수치를 높인다. 이는 당뇨병 환자에게는 재앙이고, 그렇지 않은 사람에게도 시간이 지나면 당뇨병을 유발할 수 있다. 또한 식욕이 증가하고 지방 분포가 변하게 된다. 팔다리는 가늘어지는 반면, 얼굴과 배는 풍성해진다. 이러한 변화는 단순히 미적인 문제가 아니라 대사 증후군, 심장병, 그리고 다른 건강 문제들의 위험을 높인다. 최근 연구에 따르면, 3개월 이상 스테로이드를 사용한 환자의 약 20%가 대사 이상을 경험한다고 한다. 20%는 꽤 높은 수치다.

뼈는 우리 몸의 가장 단단한 부분이지만, 스테로이드에 취약하다는 아이러니가 있다. 코르티코스테로이드는 뼈를 만드는 조골세포의 활동을 억제하고, 뼈를 파괴하는 파골세포의 활동을 증가시킨다. 이는 건축 현장에서 건설 인력은 줄이고 철거 인력은 늘리는 것과 같다. 이런 불균형은 골다공증으로 이어진다. 장기간 스테로이드를 사용하는 환자의 30-50%가 골절을 경험한다고 보고했다. 더 심각한 것은 '무혈성 괴사' 상태다. 고관절에서 혈액 공급이 차단되어 뼈 조직이 말 그대로 죽어버리는 것이다. 도시의 한 구역이 수도와 전기 공급 없이 방치되는 것과 같다.

코르티코스테로이드는 혈관 시스템에도 미묘한 변화를 일으킨다. 혈압이 상승하고, 콜레스테롤과 중성지방 수치가 비정상적으로 높아진다. 이는 혈관 벽에 플라크^{Plaque}가 쌓이는 위험을 증가시켜 심장마비와 뇌졸중의 가능성을 높인다. 이런 변화들은 초기에는 거의 감지되지 않지만, 시간이 지남에 따라 누적되며 위험해진다. 강둑에 서서히 쌓이는 모래주머니처럼, 어느 순간 임계점을 넘으면 강둑이 무너질 수 있다. 혈관이 터지는 것이다. 스테로이드 진통제는 위장관에도 불화의 씨앗을 뿌린다. 위산 생성은 증가하지만, 보호 메커니즘은 약화된다. 이는 소화성 궤양과 위출혈의 위험을 높인다. 특히 비스테로이드성 항염증제^{NSAID}와 함께 사용할 때 위험은 더욱 커진다. 이는 위장에 두 명의 적을 동시에 들이는 것과 같다. 한 연구는 이 두 약물을 함께 사용할 경우 위장 합병증 위험이 15배까지 증가한다고 보고했다.

정신 건강의 롤러코스터

정신적 영향은 아마도 스테로이드의 가장 불가사의한 부작용일 것이다. 투여 받은 환자들은 종종 기분 변화, 불안, 과민성을 경험한다. 어떤 사람들은 심각한 우울증에 빠지고, 의학적 용어로 '스테로이드 정신병'이라 불리는 상태까지 경험하는 경우도 있다. 한 연구는 고용량 스테로이드를 사용하는 환자의 약 5%가 심각한 정신 장애를 경험한다고 보고했다. 통증 치료를 위해 복용한 약이 정신의 평온함을 빼앗아가는 아이러니한 상황이다. 또한 장기 사용시 인지 기능에도 영향을 미친다. 환자들은 집중력 저하와 기억력 문제를 호소한다. "방금 무슨 말을 했지?"라는 질문이 일상이 되는 것이다.

이렇게 다른 진통제에 비해 위험성과 부작용은 비교할 수가 없을 정도다. 진통 효과만 제외하고는 치료제가 아닌 병원체에 가까운 물질이다. 스테로이드 진통제의 독특한 점은 그 부작용이 거의 모든 신체 시스템에 영향을 미친다는 것이다. 면역계, 내분비계, 대사 기능, 뼈 건강, 심혈관계, 정신 건강, 위장관 - 어느 것 하나 예외가 없다. 마치 한 번에 일곱 개의 서로 다른 약을 복용하는 것과 같은 위험 프로필을 가지고 있다. 스테로이드 진통제는 현대 의학의 놀라운 역설 중 하나다. 생명을 구하고 삶의 질을 극적으로 향상시킬 수 있지만, 동시에 심각한 건강 위험을 초래할 수도 있다. 구원자이자 동시에 파괴자인 약물이다. 의학계의 일반적인 접근법은 이 강력한 도구를 현명하게 사용하는 것이다. 단기간 사용, 가능한 낮은 유효 용량 사용, 그리고 면밀한 모니터링이 핵심이다. 마치 방사성 물질을 다루는 과학자처럼, 의사들은 스테로이드의 유익을 최대화하면서 위험은 최소화하려고 노력한다.

환자들도 자신의 역할이 있다. 의사의 지시를 정확히 따르고, 부작용의 징후를 주시하며, 무엇보다 스테로이드 사용을 갑자기 중단하지 않는 것이 중요하다. 스테로이드 진통제는 20세기 의학의 위대한 발견 중 하나이지만, 인간의 모든 발명품이 그렇듯 복잡하다. 우리는 자연의 힘을 빌려 통증이라는 오래된 적과 싸우고 있지만, 그 힘을 완전히 이해하거나 통제하지 못하고 있다. 이것이 바로 현대 과학의 유레카 순간인 동시에 겸손함을 배우는 순간이다. 스테로이드라는 이 양날의 검을 다룰 때, 우리는 항상 고대 그리스의 경구를 기억해야 한다. "중용이 최선이다." 아마도 이보다 더 현명한 조언은 없을 것이다.

온몸으로 마약성 진통제의 위력에 감동하며 머리로는 인간의 몸이 그저 몇 종류의 화학 물질에 의해 희노애락은 물론 고통과 환희의 감각이 작동된다는 기계론적 유물론으로 헛헛한 생각에 잠겨 있을 즈음 사달이 났다. 거의 매 시간마다 체크를 하러 온 간호사가 모니터를 보며 고개를 갸우뚱 하며 미간을 살짝 찌뿌린다.

'새트가 낮네…' 혼잣말처럼 알 수 없는 말을 남기고 서둘러 병실을 나갔다. 새트가 무엇인지 궁금해하던 것도 잠시, 나간지 얼마 되지 않아 의료진들이 들어왔다. 의사는 내 손을 만지작거리며 손가락에 끼워진 기구를 다른 손가락으로 옮기고 다시 모니터를 한참 보고 고개를 끄떡이더니 말을 꺼냈다.

'환자분, 지금 산소 포화도가 낮아서 주사를 뺄게요. 그리고 계속 지켜볼게요.'

새트(Sat.)는 포화Saturation를 말하는 그들만의 용어였다. 주렁주렁 약이 달렸던 행거에서 봉지 한 개가 제거됐다. 닥터가 말한 주사는 진통제였다. 혈중 산소 포화도에 이상이 생기자 제일 먼저 중단한 것이 진통제다. 대체 무슨 관계일까…. 궁금증도 잠시, 주사를 중지한 지 한 시간도 지나지 않아 한 번도 경험해 보지 못한 통증이 밀려왔다.

Chapter 7.
산소의 역설

배반 Betray -
산소로 살고 산소로 죽다.

1. 산소에 목마른 고요한 위험

진통이 지속되지만 억지로 잠을 청해야 했다. 통증 앞에서 잠은 망각의 영역이고 환자가 할 수 있는 가장 쉬운 방법이다. 뭉근하게 올라오는 복부 통증을 그대로 안고 심연과 각성의 중간지대에서 시간을 세고 있었다. 시간이 해결해 줄 터였지만 내가 지나고 있는 시간은 더뎠다. 한편 세상의 시간은 빨랐다. 겨울 창밖은 금새 어두워졌다. 폭설이 내리던 풍경이 어둠에 묻히자 창문은 거울로 바뀌어 흐릿한 조명으로 가득 찬 방안을 반영하고 있었다. 유독 밝은 붉은 빛이 보였다. 손가락 끝에 붙어 있는 센서에서 흘러나온 빛이다. 빛은 침대 옆 모니터의 숫자와 연결돼 있다. 모니터는 뾰족한 신호음을 보내고 있었고 85라는 숫자가 창문에 거꾸로 새겨져 28로 보였다. 숨을 크게 쉬며 호흡을 길게 이어갔다. 잠시 후 숫자는 88로 변했다. 기계는 정상이었다. 90을 넘기기 위해 폐를 더 확장하며 공기를 삼키려고 했지만, 통증은 횡경막의 움직임을 허락하지 않았다. 몇 번의 시도로 지친 나는 붉은 빛을 멍하니 쳐다보고 있었다. '90% 아래로 내려가면 심각한 문제가 생긴다고 했지. 하지만 난 전혀 숨이 가쁘다는 느낌이 없는데…' 이것이 저산소증의 가장 교활한 점이었다. 나의 몸은 이미 위험에 빠져 있는데, 의식은 그것을 인지하지 못하는 것이다.

우리 몸속에서는 매 순간 놀라운 여행이 벌어지고 있다. 산소 분자들이 폐에서 출발해 피를 타고 온몸을 누비며 세포에 생명을 불어넣는 여정이다. 이 여정의 중심에는 헤모글로빈Hemoglobin이라는 단백질이 있다. 적혈구 속에 있는 이 작은 분자는 세상에서 가장 바쁜 택배기사와 같다. 폐에서 산소를 싣고 몸 구석구석의 세포들에게 배달하고, 다시 세포가 내놓은 이산화탄소를 실어 폐로 돌아간다.

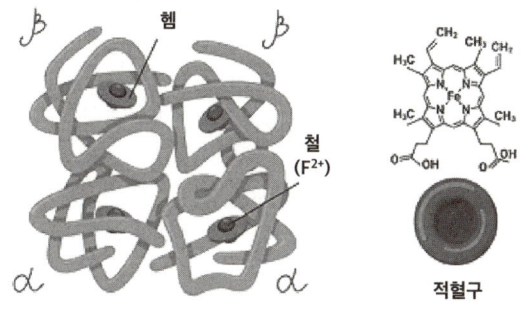

헤모글로빈 구조

1930년 노벨 화학상 수상자인 한스 피셔Hans Fischer, 1962년 수상자인 맥스 페루츠Max Perutz 에 의해 헴Heme과 헤모글로빈의 화학적 구조와 3차원 분자 구조는 완벽하게 규명됐다. 헤모글로빈은 단순한 분자가 아니라, 작은 우주였다. 실제로 헤모글로빈은 네 개의 서브유닛으로 구성됐고 각 서브유닛은 헴Heme이라는 구조를 가지고 있다. 헴 분자 중앙에는 철 원자가 자리잡고 있다. 바로 이 철 원자가 산소와 결합하는 자리다. 더욱 흥미로운 점은 철 원자가 산소와 결합할 때 헤모글로빈의 색이 변한다는 것이다. 산소와 결합한 헤모글로빈Oxyhemoglobin은 밝은 선홍색을 띠고, 산소를 잃은 헤모글로빈Deoxyhemoglobin은 짙은 자주색을 띤다. 바로 동맥과 정맥의 색깔 차이다. 이 색의 차이는 두 형태의 헤모글로빈이 빛을 흡수하는 방식에도 차이를 만든다. 이것이 혈액 내 산소의 포화도를 측정하는 핵심 요소다.

1935년, 독일의 물리학자 칼 마티슨Karl Matthes은 이런 차이를 알아차렸다. 그는 산소화된 헤모글로빈과 산소가 없는 헤모글로빈이 서로 다른 파장의 빛을 흡수한다는 사실을 발견했다. 하지만 당시 기술적 한계로 인해 실용화되지는 못했다. 펄스 옥시미터Pulse Oximeter는 놀라울 정도로 단순하면서도 정교한 장치다. 이 작은 기계는 두 가지 원리로 작동한다. 먼저 혈량Blood Volume을 측정한다. 혈액의 양적 변화로 만들어진 파동Pulse Wave이 동맥Artery과 모세혈관Capillaries에서 관찰된다. 손목을 가만히 짚어보면 심장의 박동에 따라 혈관이 확장됨을 느낄 수 있다. 맥을 짚는 건 바로 이 파동을 진단하는 일이다. 맥박이 뛰는 동안 혈류량이 증가하면 빛의 흡수율이 변한다. 이를 통해 심장의 박동을 측정할 수 있다. 그 다음 혈중 산소 포화도를

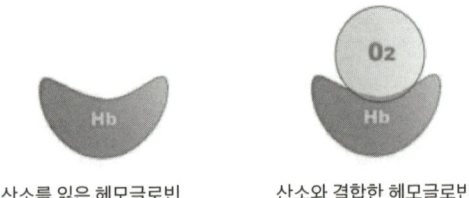

산소를 잃은 헤모글로빈   산소와 결합한 헤모글로빈

손가락 끝에서 발견한 생명의 비밀, 헤모글로빈의 산소 유무

측정하는데, 두 종류 파장의 빛을 사용한다. 하나는 우리 눈에 보이는 660나노미터nm 파장의 가시광선visible light인 붉은 빛이고, 다른 하나는 눈에 보이지 않는 940나노미터 파장의 적외선infrared light 이다. 우리 눈에는 780나노미터보다 큰 파장의 빛을 볼 수 있는 세포가 없다. 만약 볼 수 있다면 TV채널이나 음량을 조절할 때 리모콘 앞부근에서 깜빡거리며 튀어나오는 빛을 볼 수 있을 것이다(일반 카메라 센서는 이 영역의 빛을 일부 감지한다. 실리콘 이미지 센서는 900nm대역 일부를 감지한다. 휴대폰으로 리모콘에서 나오는 자외선 빛을 촬영해보라).

"빛은 거짓말을 하지 않는다."라는 말처럼 빛은 가장 정직한 측정 도구 중 하나다. 붉은 빛(660nm)은 산소가 없는 헤모글로빈에 더 잘 흡수되고, 적외선(940nm)은 산소가 있는 헤모글로빈에 더 잘 흡수된다. 펄스 옥시미터는 이 두 빛이 손가락을 통과한 후 얼마나 많이 흡수되었는지 측정한다. 그리고 이 두 흡수율의 비율과 맥박을 결합해 계산하여 혈액 속 산소화된 헤모글로빈의 비율, 즉 산소 포화도를 알아낸다. 마치 천문학자가 별빛의 스펙트럼을 분석하여 수십 광년 떨어진 별의 화학 조성을 알아내는 것처럼, 펄스 옥시미터는 빛을 통해 우리 몸속 피의 상태를 들여다본다. 혈액 검사 없이도 몸속 산소의 상태를 실시간으로 모니터링할 수 있는 혁신적인 발명품 중 하나다.

피 속의 대륙과 우주

인체 내 혈관의 총 길이는 약 12만 킬로미터에 달한다. 지구 둘레를 세 번이나 돌 수 있는 거리다. 이렇게 광대한 혈관망을 통해 헤모글로빈은 산소를 나르고 있다. 심장에서 뿜어져 나온 혈액이 손가락 끝까지 도달하는 데 걸리는 시간은 불과 15~20초에 불과하다. 광속에 비하면 느리지만, 인간이 만든 어떤 운송 시스템보다도 효율적이다. 흥미로운 것은 이 거대한 운송 시스템에서 동맥과 정맥의 위치다. 동맥은 심장에서 나오는 혈액을 운반하며, 산소가 풍부하고 압력이 높다. 이런 특성 때문에 동맥은 신체 깊숙이 자리잡고 있다. 반면 정맥은 상대적으로 표면에 가깝게 위치한다. 우리가 팔이나 손등에서 파란색 혈관을 볼 수 있는 이유다.

그런데 왜 정맥이 파란색으로 보일까? 많은 사람들이 산소가 없는 혈액이 파란색이라고 생각하지만, 이는 사실이 아니다. 산소가 없는 게 아니라 동맥보다 산소가 부족한 게 맞는 표현이다. 두 혈액은 여전히 붉은색이다. 다만 정맥의 색이 더 어둡고 짙을 뿐이다. 짙은 자주색에 가깝다. 정맥이 파란색으로 보이는 것은 일종의 착시 현상이다. 피부는 붉은 빛보다 파란 빛을 더 많이 산란시키기 때문에, 피부 아래 있는 정맥 혈관이 파란색으로 보이는 것이다.

이렇게 우리 몸속에서는 끊임없이 산소의 교환이 이루어지고 있다. 폐에서 98% 정도의 산소 포화도로 시작된 혈액은 몸을 돌며 산소를 전달하고, 최종적으로 75% 정도의 포화도로 정맥을 통해 심장으로 돌아온다. 이 과정에서 약 25%의 산소만이 사용되는데, 이는 우리 몸이 위급 상황에 대비해 여유분을 남겨두는 생리적 안전장치와 같다.

산소 포화도, 침묵의 파수꾼

정상적인 산소 포화도는 95%에서 100% 사이다. 이는 헤모글로빈 단백질 100개 중 95개 이상이 산소와 결합되어 있다는 의미다. 이 수치가 90% 아래로 떨어지면 저산소증Hypoxemia이라고 부른다. 90%에서 94% 사이는 경미한 저산소증, 85%에서 89% 사이는 중등도 저산소증, 85% 미만은 심각한 저산소증으로 간주된다. 그런데 저산소증의 가장 교활한 특성은 종종 증상을 느끼지 못한 채 진행된다는 점이다. 많은 사람들이 산소 포화도가 80%대로 떨어져도 숨이 가쁘다거나 위급한 느낌을 받지 못한다. 이런 현상을 '조용한 저산소증Silent Hypoxemia'이라고 부른다. 이 현상은 이전 코로나19 환자들에게서 두드러지게 나타났으며, 의료진들을 당혹스럽게 했다. 환자들은 겉보기에 편안해 보였지만, 그들의 산소 포화도는 위험 수준까지 떨어져 있었다. 당시 다른 말로 '행복한 저산소증Happy Hypoxia'이라고도 불렀다. 사람들이 일반적인 것보다 훨씬 낮은 수준의 산소 포화도에도 불구하고 호흡 곤란을 느끼지 못하는 현상이다. 이는 자동차의 연료 게이지가 고장났는데 운전자가 모르고 그냥 운전하는 것과 같다.

왜 이런 현상이 일어날까? 인체는 산소 부족보다 이산화탄소 축적에 더 민감하게 반응하기 때문이다. 우리가 숨이 가쁘다고 느끼는 것은 주로 혈액 내 이산화탄소 수준이 올라갔을 때다. 일부 질환에서는 산소는 감소하지만 이산화탄소는 정상적으로 배출되기 때문에, 환자는 호흡 곤란을 느끼지 못한다.

위험한 동행

수술 후 통증 관리의 핵심은 종종 마약성 진통제에 있다. 이 약물들은 통증을 효과적으로 완화시키지만, 동시에 호흡을 억제하는 부작용을 가지고 있다. 이것이 바로 산소 포화도가 갑자기 떨어지는 주요 원인이다. 마약성 진통제가 호흡을 억제하는 메커니즘은 뇌간의 호흡 중추와 관련이 있다. 뇌간(Brainstem)에는 호흡의 빈도와 깊이를 조절하는 특별한 영역이 있는데, 이 영역에는 뮤-오피오이드 수용체가 풍부하게 분포해 있다. 이 수용체는 앞서 아편을 다루며 언급한 단백질 생체분자이다. 마약성 진통제가 이 수용체와 결합하면, 호흡 중추의 활동이 억제된다. 이런 억제는 인체에 세 가지 주요 영향을 미친다. 우선 분당 호흡하는 횟수가 감소한다. 정상적으로 성인은 분당 12-20회 호흡하지만, 마약성 진통제 영향 아래에서는 8회 이하로 떨어질 수 있다. 호흡의 깊이 역시 감소해 얕아지는 것이다. 이로 인해 폐포로 들어가는 공기량이 줄어들고, 결과적으로 혈액 속으로 들어가는 산소량도 감소한다. 마지막으로 이산화탄소에 대한 반응성도 감소한다. 정상적으로 혈액 내 이산화탄소 수준이 올라가면 뇌는 이를 감지하고 호흡을 증가시킨다. 그러나 마약성 진통제는 이런 반응 역시 둔화시킨다. 이 세 가지 영향이 결합되면 혈액 내 산소 수준이 감소하고 이산화탄소 수준이 증가한다. 산소 포화도 모니터는 이런 변화를 즉각적으로 감지하여 경고음을 울린다.

병원에서 환자의 산소 포화도가 일정 수준(보통 90%) 아래로 떨어지면, 의료진은 마약성 진통제 투여를 즉시 중단한다. 의사의 지시가 아닌 표준 프로토콜이다. 진통제를 계속 투여하면 호흡 억제가 더욱 심해질 수 있기 때문이다. 중단하면 회복될까? 대부분의 마약성 진통제는 체내에서 시간이 지남에 따라 대사된다. 투여를 중단하면 몸은 점차 약물의 영향에서 벗어나 호흡 기능을 회복할 기회를 갖는다. 그러나 이는 환자에게 불편함을 줄 수 있다. 갑자기 진통제가 중단되면 통증이 다시 증가할 수 있기 때문이다. 많은 환자들이 진통제 중단에 불만을 표하는 이유다. 하지만 의학적 관점에서 볼 때, 이는 필요한 안전 조치다. 현대 의학에서는 이런 딜레마를 해결하기 위해 다중 모드 진통 multimodal analgesia이라는 접근법을 사용한다. 다양한 종류의 진통제를 병용하여 마약성 진통제의 용량을 줄이면서도 적절한 통증 완화를 제공하는 방법이다.

펄스 옥시미터의 역사는 우주 탐사와도 밀접한 관련이 있다. 1960년대, 나사는 우주비행사의 생체 신호를 모니터링할 수 있는 비침습적 방법을 개발하고자 했다. 이 노력은 최초의 실용적인 이어클립 타입 펄스 옥시미터 개발로 이어졌다. 하지만 현대적 원리의 펄스 옥시미터는 아니었다. 칼 마티슨의 연구 이후 50년이 지난 1970년대에 기존 연구를 기반으로 일본 니혼코덴의 아오야기 슈이치 Suichi Aoyagi에 의해 실용화되었다. 그들은 작고 휴대 가능한 장치를 개발했는데, 이 손가락 센서가 바로 오늘날 우리가 알고 있는 펄스 옥시미터의 원형이다. 펄스 옥시미터는 일본 니혼코덴, 미놀타를 거치며 이후 1980년대에 들어서야 서구 의학계에 소개되었고, 1981년에 들어서 미국 바이옥스 Biox에 의해 실용화 됐다. 지금까지 수술실과 중환자실에서 필수적인 모니터링 도구가 되었다.

오늘날 펄스 옥시미터는 거의 모든 의료 환경에서 표준 장비가 되었다. 팬데믹 동안에는 가정용 펄스 옥시미터의 수요가 급증했다. 사람들은 집에서도 자신의 산소 포화도를 모니터링 하길 원했기 때문이다. 최근의 발전으로는 웨어러블 기술과의 통합을 들 수 있다. 애플워치와 같은 스마트워치는 이미 혈중 산소 수준을 측정하는 기능을 갖추고 있다. 이 기술은 점점 더 정확해지고 있으며,

앞으로는 24시간 연속 모니터링이 가능해질 전망이다. 더 나아가 인공지능과 결합된 산소 포화도 모니터링은 질병의 조기 발견에도 도움을 줄 수 있다. 예를 들어, 수면 중 간헐적인 산소 포화도 감소는 수면무호흡증의 신호일 수 있다. AI는 이런 패턴을 인식하고 사용자에게 의료 상담을 권고할 수 있다. 산소 포화도를 이해하는 것은 마치 새로운 언어를 배우는 것과 같다. 그것은 우리 몸이 조용히 말하고 있는 것을 듣는 방법을 배우는 것이다. 90% 이하의 수치는 단순한 숫자가 아니라 "나는 더 많은 산소가 필요해!"라고 몸이 보내는 긴급한 메시지다.

펄스 옥시미터는 단순한 의료기기 이상의 의미를 가진다. 그것은 우리가 볼 수 없는 것을 보게 해주는 창이며, 생명의 가장 기본적인 과정을 실시간으로 모니터링 할 수 있게 해주는 도구다. 이 작은 장치는 물리학, 생물학, 의학, 그리고 공학의 경이로운 융합을 보여준다. 빛이 물질과 상호작용하는 방식에 대한 이해, 혈액의 생화학에 대한 지식, 그리고 신호 처리 기술의 발전이 어우러져 탄생한 결과물이다. 무엇보다 펄스 옥시미터는 중요한 교훈을 준다. 우리 몸의 상태는 항상 우리의 주관적 느낌과 일치하지 않는다는 것이다. 때로는 우리가 괜찮다고 느낄 때도 몸은 조용히 위험 신호를 보내고 있을 수 있다. 그리고 이러한 신호를 읽을 줄 아는 것이 현대 의학의 중요한 과제 중 하나다.

2. 숨쉬기의 과학

저산소증을 처음 겪은 나는 이런 상황이 무척 당황스러웠다. 처음에는 모니터의 숫자에 의심이 생겼다. 기계적 오류 혹은 측정 오류는 과학을 하는 사람이면 제일 먼저 점검해야 한다. 하지만 대부분 기계는 정상이다. 이해가 안되는 건 수치는 떨어져 있었지만 호흡 문제로 불편한 상태가 아니라는 점이었다. 나의 뇌와 기계는 전혀 다른 데이터를 내고 있는 것 같았다. 오히려 약기운이 빠지며 느끼는 통증으로 인해 숨을 제대로 쉴 수 없었다. 진통만 된다면 산소포화도 문제 역시 해결될 것 같았다. 흡연 이력이 있지만 만성폐쇄성 질환자도 산소 포화도는 88% 이상이니 분명 뭔가 잘못된 게 틀림없었다. 혹시 일부가 사라진 나의 장기가 문제일까. 나는 근거도 없는 상상의 시간을 보내고 있었다.

그래도 나는 내 몸에서 일어나는 여러 현상들을 이해하는 바탕에 단절을 두지 않았다. 현상들은 일련의 어떤 관계가 있었고 포괄적인 이해를 하려고 했다. 모든 일은 그렇다. 세상에서 일어나는 각각의 현상들은 원인과 결과가 마디처럼 분절된 게 아니라 입체적으로 연결돼 있었다. 어떤 질문이나 문제에서 단 하나의 답을 끌어내려는 노력이 얼마나 의미없는지 알기 때문이다. 아무튼 내가 미처 인지하지 못하고 있는 또 다른 연결고리 탓일 것이다. 무식이 아니라 무지였다. 학창시절 90점을 넘어야 하는데 도무지 넘어가지 않던 과목이 역사였다. 꼭 한 두 문제에서 실수를 했었다. 이번에도 그런 실수를 한 모양이다.

1774년 조지프 프리스틀리Joseph Priestley가 산소 기체를 발견하고 라부아지에가 그 이름을 정했을 때만 해도 이 보이지 않는 기체가 생명의 근간임을 완전히 이해하지 못했다. 그로부터 250년이 지난 지금, 우리는 산소가 세포의 에너지 생산에 필수적임을 알고 있다. 그 산소를 받아들이는 폐에 대한 과학은 늘 화학과 생물학이었다. 산소와 이산화탄소의 교환, 운반체인 헤모글로빈 분자 등이다. 하지만 병원 침대에 누운 환자가 마주한 88이라는 숫자의 의미를 이해하기 위해서는 먼저 폐의 구조와 기능을 이해해야 한다.

수술실의 마취는 환자의 의식뿐만 아니라 호흡도 멈추게 한다. 마취는 잠과 확실히 다르다. 자발적 호흡이 멈춘 폐는 바람 빠진 고무풍선처럼 짜부라진다. 마취과 의사는 기관내 삽관을 통해 인공 호흡을 시키며 폐에 산소를 공급한다. 그러나 수술, 특히 복부 수술 중에는 폐의 상태가 더욱 악화된다. 해부학적으로 보면 동물의 복부는 자연의 가장 정교한 패킹 작업물이라고 표현할 정도다. 각 장기는 마치 퍼즐 조각처럼 정확히 자신의 위치에 맞추어져 있다. 복부 수술 중에는 이 퍼즐을 일시적으로 재배치해야 한다. 수술 부위에 접근하기 위해 다른 장기들을 한쪽으로 밀어내게 되는데, 많은 경우 횡경막 쪽으로 밀려난 장기들이 폐를 더욱 압박한다.

또한 마취약은 호흡에 필요한 근육들의 기능을 느슨하게 만든다. 이로 인해 횡경막과 늑간근의 작용이 약화되고, 폐의 확장 능력이 저하된다. 수술이 끝나고 마취에서 깨어난 후에도 이 '찌그러진 폐'는 즉시 원상태로 돌아오지 않는다. 마치 오랫동안 접혀 있던 종이가 즉시 펴지지 않는 것과 같다.

숨쉬기의 물리학

우리는 하루에 약 2만 번, 일생 동안 무려 7억 번 이상 숨을 쉰다. 이 무의식적인 행위 뒤에는 물리학의 놀라운 원리가 숨어 있다. 만약 폐가 우리가 생각하는 대로 단순히 작동한다면, 우리는 아마도 첫 숨을 내쉰 직후 숨이 막혀 생을 마감했을 것이다. 물리학이 생명을 유지하는 방식은 때로는 역설적이고, 경이롭다.

폐의 구조를 이해하려면 그 기본 단위인 폐포Alveoli를 살펴봐야 한다. 기관지는 기도에서부터 나무의 가지처럼 점점 가늘게 펼쳐지다가 마지막에 지름 약 0.2~0.5밀리미터의 작은 주머니인 폐포로 끝난다. 성인의 폐에는 약 3-4.8억 개의 폐포가 있으며, 이들의 총 표면적은 최대 100제곱미터에 달한다. 테니스 코트 반 정도의 면적이 가슴 속에 접혀 있는 셈이다. 이 엄청난 표면적이 산소와 이산화탄소의 교환을 가능하게 한다. 이처럼 거대한 표면적을 가진 폐포가 물리학적으로 직면한 문제는 놀랍게도 단순한 물방울과 관련이 있다. 몸의 내부 장기이니만큼 폐포의 내부 표면이 물로 덮여 있을 것 같지만, 만약 정말 그렇다면 우리는 숨쉬기가 불가능했을 것이다.

왜 물방울은 구형일까? 액체의 표면은 스스로 수축하여 가능한 한 작은 면적을 유지하려는 힘, 즉 표면장력Surface Tension을 가지고 있다. 19세기 물리학자 토머스 영Thomas Young은 액체 분자들이 서로를 당기는 응집력cohesive force 때문에 표면적을 최소화하려는 경향이 있다고 설명했다. 마치 고무줄이 늘어났다가 수축하는 것처럼, 물의 표면은 항상 최소 면적을 유지하려 한다. 그런데 이런 표면장력이 폐포에서는 치명적인 문제를 일으킬 수 있다. 비눗방울을 생각해보자. 비눗방울은 크기에 따라 내부 압력이 변하는데, 작은 비눗방울일수록 내부 압력이 더 높고, 큰 비눗방울일수록 내부 압력이 낮다. 이는 고무풍선과는 정반대다. 고무풍선은 크게 부풀수록 고무의 장력이 증가하여 내부 압력도 높아진다.

만약 폐포가 비눗방울과 같은 성질을 가진다면, 숨을 들이마실 때 이미 약간 팽창된 폐포는 계속 팽창하고, 덜 팽창된 폐포는 더욱 수축하게 될 것이다. 결국 폐의 수억 개 폐포 중 극소수만 과도하게 팽창하고 나머지는 완전히 쪼그라들어, 효율적인 가스 교환이 불가능해진다. 마치 한 사람이 파티의 모든 음식을 독차지하는 상황과 비슷하다. 자연은 이 문제를 '폐계면활성제surfactant'라는 기적적인 물질로 해결했다. 폐포 내부를 덮고 있는 이 물질은 표면장력을 감소시켜 폐포가 안정적으로, 균일하게 팽창하고 수축할 수 있게 한다.

폐포 내부와 외부의 압력 차이는 다음과 같은 영-라플라스 방정식으로 표현된다.

$$\Delta P = \gamma \left(\frac{1}{R_1} + \frac{1}{R_2} \right)$$

여기서 ΔP는 내부와 외부의 압력차, γ는 표면장력, R_1과 R_2는 곡률 반지름이다. 이 방정식은 19세기 프랑스 물리학자 피에르-시몽

라플라스Pierre-Simon Laplace가 토머스 영의 연구를 확장하여 완성했다. 단순한 방정식이지만, 우리가 살아있는 이유를 설명한다. 폐계면활성제가 표면장력(γ)을 낮춤으로써 압력 차이(ΔP)를 줄이고, 모든 폐포가 균일하게 팽창할 수 있게 하는 것이다. 자연은 복잡한 물리 방정식으로 작동하는 폐포의 문제를 해결하는 간단하고도 우아한 방법을 찾아낸 것이다.

폐계면활성제의 발견은 과학사에서 종종 간과되는 중요한 순간이다. 1959년, 미국의 생리학자 존 클레멘츠John Clements는 성인의 폐에서 추출한 물질이 표면장력을 극적으로 낮춘다는 사실을 발견했다. 그러나 이 발견의 진정한 영웅은 메리 엘렌 애버리Mary Ellen Avery라는 젊은 소아과 의사였다. 당시 28세였던 애버리는 1959년 하버드 의대에서 연구하며, 미숙아의 폐를 분석했다. 그녀는 호흡곤란으로 사망한 조산아의 폐에서 이 중요한 물질이 부족하다는 사실을 발견했다. 이 발견은 의학계에 충격을 주었다. 애버리의 논문은 처음에 많은 저널에서 거부당했지만, 결국 그녀의 연구는 인공 폐계면활성제의 개발로 이어졌고, 이후 수백만 조산아의 생명을 구했다. 그렇다 해도 결국 승리자는 자연이다. 자연은 라플라스의 방정식이 만들어낼 수 있는 치명적 문제를 폐계면활성제라는 간단한 해결책으로 극복했다. 우리는 매 순간 물리학의 법칙을 따르며 살아간다. 숨을 들이마실 때마다, 우리 몸속에서는 표면장력과 압력의 미묘한 균형이 유지되고 있다. 우리가 인식하지 못하는 사이에도, 폐의 수억 개 작은 주머니들은 물리학의 법칙을 따르며 생명을 유지하는 데 필요한 산소를 공급하고 있다.

물리학은 이렇게 중요하다. 영국의 물리학자 어니스트 러더퍼드는 "모든 과학은 물리학 아니면 우표수집일 뿐이다. All science is either physics or stamp collecting"라는 말을 남겼다. 하지만, 화학 역시 과학이다. 수술 후 환자의 폐에서는 이 폐계면활성제의 분포가 불균일해지고, 일부 폐포는 완전히 허탈Atelectasis되어 가스 교환에 참여하지 못한다. 이것이 산소 포화도가 떨어지는 주요 원인 중 하나다. 폐포에 있는 계면활성제는 주로 인지질Phospholipids과 특정 단백질로 이루어져 있다. 인지질은 주로 디팔미토일포스파티딜콜린Dipalmitoylphosphatidylcholine 으로, 실제로는 폐포를 덮은 단일층의 폐계면활성제가 물 분자 간 응집력을 감소시키며 표면장력을 조절해 균일하게 유지하는 핵심적인 역할을 한다. 이후에 산소를 취득하는 철 원자의 역할까지 언급하지 않아도 이미 화학적 역할이 호흡의 해결책을 제시한다. 그러니까 호흡에는 우표수집보다는 좀 나은 화학을 포함한 과학 분야가 총 동원된 셈이다.

인스파이로메타, 폐를 깨우는 도구

수술 전, 의료진은 환자에게 종종 작은 플라스틱 장치를 건넨다. 인스파이로메타Inspirometer라 불리는 이 간단한 도구는 폐 기능 회복의 열쇠다. 환자가 이 장치를 통해 숨을 들이마시면 내부의 구슬이나 피스톤이 상승하여 폐활량을 시각적으로 보여준다. 19세기 초, 영국의 의사 존 허친슨John Hutchinson은 최초의 폐활량계를 발명했다. 그는 물이 담긴 통에 거꾸로 세운 종을 두고, 환자가 불어넣은 공기의 양을 측정했다. 200년이 지난 지금, 인스파이로메타는 훨씬 간편해졌지만 그 원리는 동일하다.

수술 후 환자들이 인스파이로메타를 사용하는 이유는 깊은 호흡을 통해 폐의 모든 부분, 특히 하부 폐엽을 팽창시켜 허탈된 폐포를 열어주고 심호흡 훈련을 통해 정상적인 호흡 패턴을 회복하기 위해서다. 그러나 수술 후 통증 때문에 환자들은 깊은 호흡을 꺼리게 된다. 복부 수술 환자의 경우, 횡경막의 움직임이 복부 통증을 유발하기 때문에 자연스럽게 얕은 호흡을 하게 된다. 이것이 바로 함정이다. 통증을 피하기 위한 얕은 호흡이 폐 허탈을 악화시키고, 결과적으로 산소 포화도를 더욱 떨어뜨리는 악순환이 발생한다.

의학은 통계의 학문이다. 수술 후 환자의 산소 포화도 감소는 통계적으로 예측 가능한 현상이다. 동화 『어린 왕자』에 등장하는, 코끼리를 삼킨 보아뱀처럼 가운데가 불룩한 정규분포 곡선을 생각해 보자. 이 곡선의 가운데 부분은 대다수의 환자들이 경험하는 평균적인 현상이다. 만약 이 정규분포에 '수술 후 산소 포화도 감소 발생 빈도'라는 명칭이 주어진다면 나 역시 그 구간에서 자유로울 수 없다. 대부분의 환자들은 중간 정도의 산소 포화도 감소를 경험하고, 일부는 심각한 감소를, 또 일부는 거의 감소를 경험하지 않는다.

환자들은 종종 자신이 정규분포의 양 끝, 즉 평균에서 벗어난 '예외적인 경우'일 것이라고 기대한다. 하지만 통계는 냉정하다. 인스파이로메타를 열심히 사용하지 않은 채, 산소 포화도 감소를 경험하지 않을 확률은 매우 낮다. 정규분포의 꼬리 부분에 위치하기를 바라는 것은 단순한 희망사항일 뿐이다. 벗어나기 위해 아무것도 하지 않은 채 나는 보아뱀의 머리와 꼬리에 해당하는 운이 좋은 환자일지 모른다는 근거없는 우연을 생각했는지 모른다. 사실 모호한 통계에 초점을 맞추는 것도 부질없다. 회복을 위해 실제로 무엇을 할 수 있는지, 정확하게 살펴보는 게 더 유익하다.

3. 산소의 역설

생명체, 특히 동물의 경우 누구나 청춘의 시기를 보낸다. 청춘은 말 그대로 삶에서 가장 찬란한 시기이다. 모든 것이 싱그럽고 풋풋했으며 생명력이 넘치는 이 때가 죽음과 가장 멀리 떨어져 있는 시기일 수 있다. 신체적, 정신적으로 죽음의 반대편에 있는 셈이다. 흔히 탄생을 죽음의 반대라 여기지만, 완성된 생명체에게 필요한 건 탄생뿐만 아니다. 세상에 적응하는 과정이 필요하다. 외부로부터의 공격에 방어하는 능력을 갖춰야 한다. 우리는 그 과정을 통틀어 면역이라 부른다. 청춘은 그 과정의 절정에서 완성된다. 영원한 것은 없다. 청춘 역시 시간을 가역할 수 없다. 모든 생명체는 절정을 찍은 후 하산해야 한다. 면역이라는 방어력은 점점 떨어진다. 이제 생명을 공급하던 산소는 다른 임무를 가진다. 생명체를 살려야 하는 게 아니라 소멸되게 만드는 것이 목표가 된다.

우리는 산소 때문에 살아 있고, 산소 때문에 죽음을 맞이한다. 이 문장은 모순처럼 들리지만, 현대 생물학의 가장 근본적인 진실 중 하나다. 영국의 저명한 생화학자 닉 레인Nick Lane은 그의 저서 『산소

OXYGEN』에서 "산소는 생명과 죽음이라는 동전의 양면과 같다."고 표현했다. 이 역설적인 관계를 이해하기 위해 먼저 산소 발견의 역사로 거슬러 올라가야 한다.

1774년 8월 1일, 영국의 성직자이자 자연철학자였던 조지프 프리스틀리는 그의 작은 실험실에서 역사적인 발견을 했다. 그는 수은 산화물(HgO)을 가열했을 때 나오는 기체를 모아 실험했다. 프리스틀리는 이 기체 속에서 촛불이 평소보다 밝게 타오르는 것을 보았고, 더 놀랍게도 그 기체를 마신 생쥐가 보통의 공기보다 더 오래 살아남는 것을 발견했다. 그는 이 기체를 '탈플로지스톤 공기 dephlogisticated air'라고 불렀다. 프리스틀리는 이 발견을 프랑스의 화학자 앙투안 라부아지에와 공유했고, 1775년 라부아지에는 이 기체를 그리스어로 '산을 만드는 것'이라는 뜻의 'oxygène'(산소)라고 명명했다. 라부아지에는 산소가 연소와 호흡의 근본 원리임을 증명했고, 생명 현상을 "매우 느린 연소"라고 묘사했다. 놀라울 정도로 정확한 관찰이었다. 여기까지가 지금의 화학이 말해주는 산소이다.

그러나 라부아지에도 알지 못했던 사실은 이 '느린 연소'가 생명체를 서서히 산화시키며 노화로 이끈다는 점이었다. 산소의 이중성이 완전히 이해되기까지는 거의 200년이 더 걸렸다. 1956년, 미국의 생화학자 덴햄 하먼은 '자유라디칼 노화 이론'을 발표했다. 그는 산소가 세포 내에서 반응성이 높은 분자인 활성산소종(ROS) Reactive Oxygen Species을 생성하고, 이것이 세포 구성요소를 손상시켜 노화를 촉진한다고 제안했다. 그는 원래 방사선에 의한 손상을 연구하던 중, 방사선과 노화가 유사한 분자 메커니즘으로 세포에 영향을 미친다는 사실을 발견한 것이다. 이 메커니즘은 앞서 방사선과

물의 관계에서 다뤘다.

의학 분야에서 자주 언급되는 '항산화Antioxidant라는 단어의 뜻을 생각해보자. 항산화라는 말 자체가 산소에 저항한다는 의미다. 항(Anti-)은 대적하고 겨룬다는 의미로, 결과적으로 대상을 적으로 취급한다. 항생제로 세균과 싸우듯, 항산화제로 산소의 파괴적 영향에 대항한다는 개념이다. 생명체는 산소를 적으로 취급하면서도 없어서는 안 되는 동지로 의지하는 아이러니한 관계를 맺고 있다.

시간의 흐름 속에서, 세포의 생과 사

청춘의 시기를 지나면 모든 생명체는 노화의 길을 걷는다. 노화는 세포가 죽어가는 과정이며, 그 과정에서 가장 큰 영향을 미치는 것이 바로 산소다. 인간의 신체에서 세포들은 각자 다른 수명을 가지고 있다. 이 세포들의 생사 주기를 이해하는 것은 노화의 본질을 이해하는 첫걸음이다.

피부 세포는 2~4주마다 교체된다. 피부의 가장 바깥층인 표피는 끊임없이 탈락하고 재생된다. 그렇다고 영원한 것은 없다. 1961년 미국의 세포생물학자 레너드 헤이플릭Leonard Hayflick은 우연히 피부 세포가 40~60회 분열 후에 증식을 멈추는 현상을 발견했다. 이는 후에 '헤이플릭 한계Hayflick Limit'라고 불리게 되었다. 원인은 텔로미어Telomere의 점진적 단축으로 DNA 복제 과정에서 발생한다. 적혈구는 약 120일 동안 혈액 속을 순환한 후 비장과 간에서 제거된다. 인체는 매 초마다 약 200만 개의 적혈구를 골수에서 생산하는데, 이는 매일 1,730억 개에 해당한다. 적혈구의 주요 구성 요소인 헤모글로빈은 산소 분자와 결합하여 온몸의 세포로 산소를 운반한다. 19세기 중반, 독일의 생리학자 펠릭스 호페-자일러Ernst Felix Hoppe-Seyler는 헤모글로빈의 특성을 연구하며, 산소와 결합했을 때 색상이 변한다는 사실을 발견했다. 이 발견은 산소 운반 메커니즘과 관련된 많은 생리학적 이해를 가능하게 했고 현대 호흡 생리학의 기초가 되었다. 간은 놀라운 재생 능력을 갖고 있어, 최대 75%가 제거되어 혈관 구조나 세포 배열이 원형과 차이가 생겨도, 원래 질량은 거의 회복할 수 있다. 이 특성은 그리스 신화의 프로메테우스 이야기에 반영되어 있다. 프로메테우스는 인간에게 불을 가져다 준 죄로 제우스에 의해 산에 묶여, 매일 독수리가 그의 간을 쪼아 먹는 형벌을 받았다. 그러나 그의 간은 밤마다 재생되어 고통은 영원히 계속된다.

사람은 호흡만으로 살 수 없고 음식을 통해 영양분을 공급받아야 한다. 음식물을 소화하는 장기는 사실 늘 가혹한 환경에 노출돼 있다. 외부로부터 어떤 물질이 들어올지 모른다. 그렇기에 위는 음식물을 녹여내기 위해 강력한 화학 물질을 준비하고 있다. 위에서 분비되는 위산은 산성도로만 보면 염산에 가깝다. 염산이 피부에 닿는다고 상상해보라. 얼마나 끔찍한가. 자신이 분비하는 화학 물질에 자신의 세포도 보호해야 한다. 그래도 부상을 입는다. 위벽 세포는 2~3일에 한번씩 재생되는데, 위는 끊임없이 강한 산성 환경에 노출되어 있지만 세포가 빠르게 손상된다. 20세기 후반 의학계에서는 "위 속의 강한 산성 환경에서는 어떤 세균도 생존할 수 없다."는 것이 정설로 받아들여졌다. 그러나 1982년 마셜Barry Marshall과 워렌Robin Warren은 위 조직 검사에서 특정한 굽은 형태의 박테리아를 발견했고 이 헬리코박터 파일로리균이 위염, 위궤양, 십이지장궤양의 주요 원인임을 밝혀냈다. 마셜은 이 이론을 증명하기 위해 직접

Chapter 7. 산소의 역설

박테리아 배양액을 마셔 위염을 유발했고, 항생제로 치료했다. 이 용기 있는 자기 실험으로 그들은 2005년 노벨생리의학상을 수상했다. 장은 길이가 긴 소장과 상대적으로 짧은 길이의 대장이 있는데, 음식물의 소화 속도는 소장이 훨씬 빠르다. 대장은 상대적으로 음식물이 오래 머물고 대장에 여러 미생물이 살게 된다. 유해균과 유익균이 동시에 공존하는 전쟁터로 염증도 잘 생긴다. 여러 이유로 유전적 변이도 잘 발생한다. 소장암은 흔치 않지만 대장암이 흔한 이유다. 대장 세포는 대략 4~5일마다 교체된다. 그렇다고 모든 세포가 새로 생성되는 것은 아니다.

뇌의 뉴런은 대부분 태어날 때부터 죽을 때까지 같은 세포를 유지한다. 1873년 이탈리아의 해부학자 카밀로 골지 Camillo Golgi가 질산은($AgNO_3$)을 사용하여 신경세포를 염색하는 골지 염색법을 개발했고 신경이 하나의 거대한 그물로 연결되어 있다는 '망상 이론'을 주장했다. 스페인의 신경과학자 산티아고 라몬 이 카할 Santiago Ramón y Cajal은 골지 염색법을 개선하여 급속 골지법을 만든다. 복잡한 신경망 속에서 개별 뉴런을 식별할 수 있는 혁신적인 염색 기법이었다. 당시 골지가 제안한 주장과 대립했고 염색은 뇌세포를 정밀하게 묘사하여 뉴런 간의 구조적 분리를 시각적으로 증명했다. 이를 통해 신경세포의 구조를 더 정밀하게 관찰할 수 있게 되었고, '뉴런 이론 Neuron Doctrine'을 확립하며 현대 신경과학의 기초가 되었다.

심장의 근육 세포도 마찬가지로 평생 지속된다. 2009년, 스웨덴 카롤린스카 의과대학의 요나스 프리센 Jonas Frisén 박사와 연구팀은 핵폭발 실험으로 인한 대기 중 탄소-14 농도 변화를 이용해 심장 근육 세포의 나이를 측정했다. 그들은 25세 이후 심장 세포의 교체율이 매년 1% 미만이라는 것을 발견했다. 75세가 되면 약 0.45%에 불과하다. 이는 65세 성인의 경우 심장 세포의 약 40%만이 평생 동안 교체된다는 의미다. 많은 사람들이 지방 세포를 궁금할 것이다. 우리는 건강과 미용을 이유로 지방을 몸밖으로 빼기 위해 안간힘을 쓰고 있다. 불행하게도 지방 세포의 평균 수명은 8~10년이다. 주기가 더 짧았다면 다이어트가 수월할 수 있지 않을까 생각하겠지만, 지방 세포는 수가 줄어도 새로운 세포가 곧 생성된다. 지방은 생명체에게 탄수화물 다음으로 중요한 연료이다. 몸에 오랫동안 저장하는 게 유리하다.

세포의 사멸에 가장 기여를 많이 하는 것이 산소이다. 아이러니하게도, 가장 산소를 많이 소비하는 뇌와 심장이 산소의 파괴적 영향에 가장 취약하다. 이 두 기관은 우리 몸에서 가장 많은 미토콘드리아를 포함하고 있는데, 미토콘드리아는 세포의 '발전소'이자 활성산소종의 주요 생성지다. 산소의 역설이다.

산소 21%의 비밀

우리가 숨쉬는 공기 중 산소는 약 21%를 차지한다. 이 비율이 조금이라도 낮아지면 고산병과 같은 증상을 경험하게 된다. 왜 하필 21%일까? 이 질문에 답하기 위해서는 지구의 초기 역사로 거슬러 올라가야 한다. 놀랍게도, 태초의 지구에는 산소가 거의 존재하지 않았다. 지구가 형성된 약 45억 년 전, 원시 대기는 수소, 질소, 이산화탄소, 메탄, 수증기와 같은 기체로 구성되어 있었다. 자유 산소는 거의 존재하지 않았다. 이 시기를 '환원 지구 Reduced Earth'라고 부른다. 이 표현은 초기 지구의 화학적 상태를 설명한다. 산화적 환경이 형성되기 이전의 환원적 대기와 해양을 나타내는 상태이며, 생명체가 산소를 이용하지 않고 생존했던 환경을 뜻한다.

이런 환경에서 최초의 생명체들은 발효나 혐기성 호흡과 같은 과정으로 에너지를 얻었다. 1862년, 프랑스 생화학자인 루이 파스퇴르Louis Pasteur는 그의 유명한 실험에서 산소 없이도 생명이 존재할 수 있음을 증명했다. 그는 끓여서 살균한 육수에 미생물이 자라는 것을 관찰했는데, 이 미생물들은 산소가 없는 환경에서도 생존했다. 파스퇴르는 이 과정을 '발효'라고 불렀고, 이는 '산소 없는 생명 활동'의 증거였다. 실제 우리의 대장 속 미생물들이 산소 없이 살고 있고, 눈 밝은 유산균 업계가 그의 이름을 차용해 상품을 만든 건 이런 이유가 있다.

대기 중 산소는 현대 생물학자들이 말하는 "지구 역사상 유례없는 오염 사건"의 결과물이다. 약 27억 년 전, 청록색 조류라 불리는 시아노박테리아Cyanobacteria가 등장했다. 이들은 혁명적인 에너지 획득 방법을 개발했다. 바로 광합성이다. 시아노박테리아는 햇빛과 물, 이산화탄소를 이용해 유기물질을 만들고, 그 부산물로 산소를 방출했다.

1960년대 캘리포니아 대학의 미생물학자 린 마굴리스Lynn Margulis는 세포 내 미토콘드리아가 원래 자유 생활을 하던 박테리아였으나, 약 20억 년 전 다른 세포에 포식된 후 공생 관계를 형성했다는 '세포 내 공생설Endosymbiotic Theory'을 제안했다. 처음에는 과학계에서 거부당했지만, 이 이론은 현재 널리 받아들여지고 있으며, 산소 호흡이 가능한 복잡한 세포의 출현을 설명한다. 진핵세포 내의 미토콘드리아와 엽록체 같은 세포소기관은 독립적인 원핵생물에서 유래했다. 처음에는 시아노박테리아가 생산한 산소가 바다에 녹아있는 철과 같은 무기물질과 반응하여 철 산화물(Fe_2O_3)로 무해하게 묶여 있었다. 이 시기에 형성된 줄무늬 철광석(BIF)Banded Iron Formation은 오늘날 호주나 남아프리카의 광산에서 발견된다. 이 지질학적 증거는 산소가 점차 대기에 축적되었음을 보여준다.

그러나 결국 이러한 천연 방패가 포화상태에 이르자, 산소는 대기와 해양에 축적되기 시작했다. 이 사건은 지질학적 기록에서 '대산소화 사건Great Oxygenation Event' 또는 '산소 재앙Oxygen Catastrophe'이라고 불린다. 약 24억 년 전에 일어난 일이다. 이 산소 증가는 원시 생물계에 치명적인 대학살을 초래했다. 산소는 혐기성 생물에게 독이었다. 그들의 효소와 세포막은 산소의 파괴적인 영향에 대비할 준비가 되어 있지 않았다. 영국의 진화생물학자 닉 레인은 그의 저서『생명은 어떻게 탄생했는가Life Ascending』에서 이 사건을 "생물학적 체르노빌Biological Chernobyl"이라고 묘사했다. 산소에 적응하지 못한 생물들은 멸종했고, 새로운 생물들은 산소를 이용하는 방향으로 진화했다. 산소 농도가 현재와 같은 약 21% 수준에 도달한 시기는 약 5억 년 전(캄브리아기 이후)부터로 추정된다.

광합성 생물들이 방출하는 산소와 생물들이 호흡으로 소비하는 산소 사이에는 미세한 불균형이 있다. 이 현상은 일종의 산화와 환원 불균형이다. 광합성으로 생산된 산소의 99.99%는 생물들의 호흡으로 소비되지만, 나머지 0.01%는 대기에 축적된다. 30억 년 동안 이 작은 불균형이 쌓이고 쌓여 화산활동과 같은 지질학적 과정이 누적되며, 오늘날 우리가 호흡하는 21%의 산소 농도를 만들어냈다. 이 21%라는 수치는 결코 우연이 아니다. 생명체가 살 수 있는 미묘한 균형점인 셈이다. 만약 산소 농도가 25% 이상으로 높아진 다면 습한 열대 우림조차 자연발화할 것이다. 미국 국립해양대기 청NOAA의 연구에 따르면, 산불의 빈도와 강도는 대기 중 산소 농도 에 직접적으로 영향을 받는다. 반대로 15% 이하로 떨어진다면 대 부분의 동물은 질식할 것이다. 또한 더 낮은 농도에서는, 마른 나뭇 가지조차 불타기 어려워진다.

흥미롭게도, 지질학적 증거에 따르면 약 3억 년 전 석탄기 동안 산소 농도는 일시적으로 35%에 달했다. 이 시기의 높은 산소 농도 는 거대 곤충의 진화를 가능하게 했다. 날개 폭이 약 70센티미터에 달하는 거대 잠자리 메가네우라Meganeura가 하늘을 날아다니던 시대 였다. 이 거대 곤충들은 혈액이 아닌 기관계tracheal system를 통해 호흡 하는데, 높은 산소 농도는 산소가 더 멀리 확산될 수 있게 하여 더 큰 몸집을 지원할 수 있었던 것이다. 석탄기 이후 대기 중 산소 농 도가 감소하면서 이러한 거대 곤충들은 멸종하거나 작은 크기로 진화했다. 그러니까 21%가 아니라면 지금의 인류 대신 다른 생명 체가 적응해 살았을 것이다. 인간 때문에 21%가 생겨난 것이 아니 라 21%였기 때문에 인간이 있게 되었다. 오늘날과 같은 산소 농도 는 최근 5억 년 동안에만 유지된 '특별한 순간'이다.

고산병과 인체의 적응

21%가 아니라면 어떤 일이 벌어질까? 사실 21%는 지표면 근처 의 대기층 분포다. 산소의 농도를 체감하려면, 산소가 부족한 고산 지대로 가보면 된다. 해발 2,500미터 이상의 고도에서도 산소 농도 는 21%로 같다. 하지만 대기압이 낮아져 실제 호흡으로 받아들이

는 산소량이 감소한다. 이로 인해 고산병이 발생한다. 콜롬비아의 수도 보고타는 해발 2,640미터에 위치해 있어, 방문객들은 종종 고산병을 경험한다. 두통과 호흡곤란으로 시작하여 식욕부진, 구토, 극심한 경우 의식저하까지 이어질 수 있다. 고산병의 원인은 혈중 산소 포화도의 감소다. 정상적인 산소 포화도는 95~100%이지만, 고산지대에서는 이 수치가 크게 떨어질 수 있다. 그러나 보고타 주민들은 이러한 환경에 적응해 살아간다. 이것이 바로 다윈이 말한 자연선택의 증거다. 강한 자가 살아남는 것이 아니라, 변화에 적응하는 자가 생존한다. 우리가 본 것은 자연의 전쟁터가 아니라, 변화하는 조건에 적응하는 생명체의 능력이다.

갈라파고스 핀치의 부리가 환경에 따라 진화하듯, 인간의 폐와 혈액도 고산지대에 적응한다. 페루 안데스의 원주민들은 평지 거주자들보다 폐활량이 25% 더 크다. 또한 그들의 혈액은 리터당 적혈구 수가 평지 거주자들보다 더 많은 수치를 보인다. 고산지대 원주민들의 뇌 혈관은 확장되어 더 많은 혈액을 공급받으며, 뇌 혈류량이 평지 거주자들보다 더 많다. 이는 낮은 산소 환경에서도 정상적인 뇌 기능을 유지할 수 있게 한다. 이러한 생리적 적응은 16% 정도의 산소 농도까지 효과적이지만, 그 이하에서는 한계에 부딪힌다. 산소 농도가 10% 이하로 떨어지면 가장 적응된 원주민들조차 심각한 건강 문제를 겪는다. 이는 인간 적응의 생물학적 한계를 보여준다.

영생의 환상과 산소의 현실

인류는 오랫동안 노화와 죽음을 거부하려 했다. 중국의 진시황은 불로장생을 위해 수은을 섭취했다. 그의 무덤에서 발견된 높은 수은 농도는 이 역사적 사실을 뒷받침한다. 2003년 중국 시안의 고고학자들이 분석한 결과, 진시황의 무덤 주변 토양에서 정상보다 100배 높은 수은 농도가 발견되었다. 유럽의 귀족들은 납 화장품을 얼굴에 발랐다. 16세기 영국의 엘리자베스 1세 여왕은 '베네치아 세럼'이라 불리는 백납을 사용했다. 이 화장품은 피부를 창백하게 만들어 당시 귀족의 상징으로 여겨졌다. 그러나 역설적이게도, 이런 시도는 오히려 중금속 중독으로 죽음을 앞당겼다.

현대에도 '안티에이징'이라는 이름으로 노화를 거부하려는 시도는 계속된다. 전 세계 항산화제 시장은 매년 급증한다. 하지만 생물학적 현실은 냉정하다. 노화는 세포가 산소에 의해 점진적으로 손상되는 불가피한 과정이다. 영국의 생물학자 토마스 키르크우드 Thomas Kirkwood 는 실제로 '처분가능한 체세포 이론 Disposable Soma Theory'을 제안했다. 이 이론은 생명체가 자원을 생식과 유지(체세포의 복구 및 보호) 사이에서 효율적으로 분배해야 한다고 설명한다. 체세포 유지보수에 제한된 자원을 투자하기 때문에, 시간이 지나면서 손상이 축적되고 노화가 진행된다는 개념이다. 노화는 마치 숲속에 홀로 선 나무와 같다. 비바람과 곤충, 균류의 공격에 대항하지만, 결국에는 외부 요인들이 나무를 쓰러뜨린다. 생명체도 마찬가지로, 산소와 자외선, 화학 물질과 같은 외부 공격에 대항하지만, 결국에는 무너짐을 받아들여야 한다.

우리가 잡지에서 보는 화려한 항산화제 광고는 이 현실 앞에서 얼마나 무력한지 깨닫게 된다. 게다가 항산화제에는 딜레마가 있다. 항산화 보충제가 일부 암세포의 성장을 촉진할 수 있다는 연구가 여러 학자들을 통해 보고된다. 이는 항산화제가 정상 세포뿐만 아니라 암세포도 산화 스트레스로부터 보호할 수 있기 때문이다.

암은 이러한 세포 노화 과정의 이상 현상 중 하나다. 암세포는 죽어가는 세포가 아니라, 정상적인 소멸 주기를 거부하고 무한히 증식하는 세포다. 이들은 원래 있어야 할 자리에서 벗어나 주변 장기의 기능을 방해한다. 1971년 '헤이플릭 한계'를 발견한 미국의 생화학자 레너드 헤이플릭은 정상 세포가 약 50회 분열 후 멈추는 데에 반해 암세포는 이 한계를 무시하고 계속 분열한다는 것을 발견했다. 이 한계는 세포 노화의 중요한 개념으로, 세포 분열시 염색체 끝에 위치한 텔로미어가 점차 짧아지는 현상과 관련있다. 그는 노화 연구의 패러다임을 바꾼 인물로 '세포 노화의 아버지'로 불리기도 한다. 2009년, 노벨생리학상과 의학상 수상자인 엘리자베스 블랙번Elizabeth Blackburn과 캐럴 그라이더Carol Greider, 잭 슈스택Jack Szostak은 텔로머라제Telomerase라는 효소가 이 과정에 중요한 역할을 한다는 것을 발견했다. 암세포는 텔로머라제라는 효소를 활성화시켜 텔로미어를 복구하고, 헤이플릭 한계를 무시하며 무한히 분열할 수 있었다. 이는 암세포의 '불멸성'을 설명하는 중요한 메커니즘이다.

생명의 역설을 받아들이기

우리는 산소 없이 몇 분도 살 수 없으면서, 동시에 산소 때문에 서서히 죽어간다. 이 역설은 생명 자체의 본질을 담고 있다. 생명과 관련해서 유독 역설을 흔하게 접한다. 다소 엉뚱하지만, 고양이와 양자역학을 떠올리게 하는 에르빈 슈뢰딩거는 저서『생명이란 무엇인가What is Life? The Physical Aspect of the Living Cell』(1944)에서 "생명이 엔트로피 증가를 지연시킨다"는 주장을 제시했다. 우리는 열역학 제2법칙에서 엔트로피는 증가한다고 배웠다. 그는 생명을 열역학적 관점에서 설명하며, 생명이 엔트로피 증가를 지연시키는 현상이라고 주장했다. 생명 현상을 전자 이동과 에너지 흐름의 관점에서 설명하며, 열역학 제2법칙(엔트로피 증가 법칙)에 따라 무질서도가 증가하는 우주에서 생명체가 에너지를 흡수하고 이를 통해 엔트로피 증가를 일시적으로 지연시킨다는 것이다. 이를 생명의 본질적 특징 중 하나로 간주했다. 그의 주장을 들여다보면 마치 생명은 전자가 들뜬 상태에서 바닥 상태로 돌아가려는 욕구를 지연시키는 역설처럼 느껴진다.

수십억 년의 지구 역사에서 볼 때, 오늘날의 산소가 풍부한 대기는 특이한 사건이다. 지구의 약 45억 년 역사 중, 현재와 같은 산소 농도(21%)는 최근 5억 년 동안만 유지되었다. 우리는 이 특별한 순간에 살고 있다. 생명체는 어쩌다가 이 산소라는 원소를 생명력의 근간으로 사용하게 되었을까? 왜 78%나 풍부한 질소를 사용하지 않았을까? 이 질문에 대한 답은 생명의 우연성과 필연성 사이에 있다. 생명의 화학은 우연한 사고가 아니라 열역학의 필연성에 대한 과학적 합의가 아닐까. 산소는 탄소 화합물의 산화를 통해 가장 많은 에너지를 방출하는 원소 중 하나이며, 이는 생명체가 산소를 선택한 이유일 수 있다. 동시에 우리 문명이 탄소를 통해 에너지를 얻은 것 역시 무관하지 않다.

산소는 우리에게 생명을 주지만, 그 과정에서 우리를 서서히 산화시킨다. 이 사실을 알면서도 우리는 숨을 쉰다. 그것이 생명이다. 존재하기 위해, 우리는 우리를 파괴하는 것을 받아들여야 한다. 산소와 생명의 관계를 통해 겸손해질 필요가 있다. 산소의 역설은 생명의 깊은 본질을 가르쳐준다. 우리는 산소라는 바다에서 헤엄치는 물고기와 같다. 그것이 없으면 죽지만, 그것이 있기 때문에 늙고 결국 죽는다. 이 역설을 이해하고 받아들이는 것은 단순히 과학적 지식의 문제가 아니라, 우리 존재의 본질에 대한 깊은 통찰을 제공한다. 생명이란 무엇인가? 아마도 그것은 필연적인 소멸을 알면서도 잠시 동안 빛나는 용기일 것이다.

프로메테우스는 진보적인 신이었다. 제우스를 독재자로 여겼고 끝까지 굴복을 거부했다. 결국 제우스는 독수리가 그의 간을 파먹는 형벌을 내렸다. 하지만 간은 금방 재생됐다. 결국 그에게 영벌이 내려진 것이다. 실제 인간의 간은 4분의 3을 제거하더라도 다시 재생한다. 물론 나머지 간이 정상적일 경우에 한한다. 사람마다 다를 수 있지만 간이 원래의 질량만큼 완전히 재생되는 데는 몇 주에서 몇 달이면 온전히 만들어진다고 한다. 더도 덜도 아닌 딱 그만큼만. 세포의 생명이 정해진 데에는 이유가 있는 법이다. 세포는 각자의 위치에서 주기적 소멸과 생성, 그리고 지속을 반복한다. 하지만 이 규칙을 어기고 제때 소멸되지 않거나 불필요하게 생성돼 무럭무럭 자라나는 세포가 있다. 소멸되어야 할 것을 거부한 생명, 우리는 이를 암$_{Cancer}$이라고 부른다.

Chapter 8.
모호함의 경계

숙명 Destiny -
암은 다세포 생명체의
어쩔 수 없는 숙명,
진화의 불가피한 부산물이다.

1. 암의 진화적 역설

밤 늦은 시간, 대학병원 병리과 현미경실. 병리과 전문의는 유방 조직 검체의 현미경 슬라이드를 들여다보며 한숨을 내쉰다. 푸른빛 세포핵들이 무질서하게 늘어서 있고, 분열 중인 세포들이 정상보다 훨씬 많다. '침윤성 유방암, 악성도 3등급' 의사는 진단을 내린다. 며칠 뒤, 한 여성은 그 결과를 듣고 얼어붙는다. 그녀의 몸 안에서 무언가 통제를 벗어나 제멋대로 자라고 있었다. 자신의 일부이면서 자신을 배신한 세포들. 인체를 구성하는 37조 개의 세포 중 일부가 갑자기 반란을 일으켰다. 이유는 무엇일까? 흡연이었을까? 스트레스? 정리되지 않은 온갖 생각이 그녀의 머리속을 떠돌았다. 사실 암은 누구에게나 일어날 수 있는 일이다. 왜 우리 몸의 세포들은 가끔 광기에 사로잡혀 끝없이 증식하는 괴물로 변모하는 것일까? 그 답은 수십억 년 생명의 역사 속에 숨겨져 있다.

1951년 1월, 볼티모어 존스 홉킨스 병원에 31세의 흑인 여성 헨리에타 랙스Henrietta Lacks가 자궁경부의 이상을 호소하며 찾아왔다. 이상 출혈과 체중의 감소였다. 당시 이 병원은 흑인 환자들에게 최소한의 의료 서비스를 제공하는 몇 안 되는 곳 중 하나였다. 자궁경부암 진단을 받고 방사선 치료를 받았으나 암이 빠르게 전이되었다. 그녀의 담당의였던 하워드 존스 박사는 검사 중 이상한 점을 발견했다. 그가 본 종양 조직은 단순한 암이 아니었다. 그것은 놀라운 속도로 자라고 있었다. 존스는 훗날 "제가 본 어떤 종양과도 달랐습니다. 마치 살아있는 생물처럼 보였죠."라고 회상했다.

존스 박사는 치료 과정에서 조직 일부를 채취해 병원의 세포배양 전문가인 조지 가이 George Otto Gey 박사에게 보냈다. 가이 박사는 지난 30년간 인간 세포를 실험실에서 배양하려 시도했지만 실패했다. 그러나 헨리에타의 세포는 달랐다. 그것들은 멈추지 않고 분열했다. 다른 세포들이 며칠 내에 죽어가는 동안, 헨리에타의 세포는 계속해서 증식했다. 이렇게 '헬라 HeLa 세포'가 탄생했고, 이는 최초의 불멸 인간 세포주가 되었다. 헨리에타는 같은 해 10월 암으로 사망했지만, 그녀의 세포는 지금도 전 세계 실험실에서 살아 분열하고 있다.

암의 가장 중요한 특성이 바로 이것이다. 멈추지 않는 증식. 신체의 다른 조직이 노화하고 죽어가는 동안, 암세포는 불멸성을 획득한다. 실험실에서 배양된 헬라 세포의 총 질량은 현재까지 수십 톤에 달하며, 백신과 유전자 지도 작성에 기여했다. 이는 헨리에타 몸무게의 수천 배에 이른다. 이 과정에서 윤리적 논란도 있었다. 헨리에타와 그녀의 가족은 세포 채취와 연구 사용에 대해 동의를 받은 적이 없었으며, 이로 인해 개인 정보 보호와 의료 윤리에 대한 논쟁이 시작되었다. 최근까지도 윤리적 문제를 재조명하기 위한 논의가 이루어지고 있다. 헨리에타 랙스는 생명과학 발전에 기여한 상징적인 인물이 되었으며, 그녀의 삶과 유산은 레베카 스클루트가 쓴 책『헨리에타 랙스의 불멸의 삶 The Immortal Life of Henrietta Lacks』(2010)을 통해 대중에게 알려졌다.

규칙의 지배

생명의 역사는 약 38억 년 전, 단순한 단세포 생물의 출현으로 시작되었다. 이 초기 생명체들에게 성공의 열쇠는 간단했다. 가능한 한 빨리, 많이 복제하는 것이었다. 그러나 다세포 생물이 등장하면서 상황은 달라졌다. 다세포성은 협력의 진화적 혁명이었다. 개별 세포들이 전체를 위해 자신의 복제 욕구를 포기했기 때문이다. 케임브리지 대학의 진화생물학자 닉 레인은 다세포 생물이 진화하는 과정에서 세포 간 협력이 필수적이었다고 설명한다. 이는 개별 세포들이 자신의 이익(복제)보다 전체 유기체의 생존과 번영을 우선시하도록 진화했음을 의미한다.

인간 몸의 세포들은 엄격한 규칙 아래 작동한다. 마치 잘 조율된 오케스트라처럼, 각 세포는 정확한 시점에 정확한 역할을 수행해야 한다. 이러한 세포 생존과 분열의 정교한 제어 시스템이 암의 열쇠를 쥐고 있다. 1855년 독일의 병리학자 루돌프 비르코프 Rudolf Virchow 는 현미경으로 세포 병리학을 정립하며 '세포는 세포로부터 나온다 Omnis cellula e cellula'라는 프랑스 과학자 프랑수아-빈센트 라스파이 François-Vincent Raspail의 개념을 재정립했다. 이 명제는 현대 생물학의 핵심 원리 중 하나인 세포 이론 Cell Theory 의 중요한 확장으로, 새로운 세포는 반드시 기존 세포에서 유래한다는 개념을 강조한다. 세포 분열은 DNA 복제로 시작하여 세포질 분열로 끝나는 정교한 생산 과정이다. 각 세포는 이 과정을 수행할지 여부를 결정하는 복잡한 검문소 시스템을 갖추고 있다. 가장 중요한 검문소는 'G1 검문소'로, 세포가 분열을 시작할지 결정하는 지점이다. G1기는 세포가 분열 직후 처음 진입하는 단계로, 세포 크기를 키우고 필요한 단백질과 세포 소기관을 합성하는 시기이다. 이 진입은 외부 신호(성장인자, 호르몬)와 내부 상태(크기, DNA 손상 여부)에 기반한다. 이 지점이 세포가 자신의 미래를 결정하는 운명의 순간이다. 세포가 분열을 시작할지, 휴지 상태(G0)에 머물지, 혹은 세포사를 유도할지를 결정하는 중요한 단계이다.

정상 세포는 '접촉 억제 Contact Inhibition'라는 놀라운 특성을 가지고 있다. 세포가 다른 세포와 접촉하면 분열을 멈추는 현상이다. 이 현상은 세포들이 자신의 영역을 인식하고 경계를 존중한다는 것을 보여준다. 이는 세포가 과도한 증식을 방지하는 중요한 메커니즘이다. 암세포는 이 능력을 잃어버린다. 정교한 규칙에 지배되어 있던 세포는 규칙에서 벗어나는 이탈을 하기 시작한다.

분자 수준의 반란: 암의 발생 기전

암은 유전자 수준의 이상으로 시작된다. 1976년 마이클 비숍 John Michael Bishop 과 해럴드 바머스 Harold Varmus 는 정상 세포에도 암을 일으킬 수 있는 유전자가 존재한다는 충격적인 사실을 발견했다. 이들은 '원발암유전자 Proto-oncogene'라 불리며, 평소에는 세포 성장과 분열을 조절하는 정상 유전자다. 그러나 이 유전자들이 돌연변이를 겪으면 '발암유전자 Oncogene'로 변하여 통제 불능의 성장 신호를 보낸다. 이것은 암이 단순히 외부 요인에 의해 발생하는 것이 아니라, 정상 세포 내에 암 발생 가능성을 가진 유전적 요소가 존재한다는 점을 보여주어 암 연구의 패러다임을 크게 바꾸었다. 이 업적으로 두 사람은 1989년 노벨생리학·의학상을 공동 수상했다.

RAS 유전자는 세포 성장, 분열, 생존을 조절하는 중요한 역할을 하는 유전자 그룹으로, 암 발생과 밀접한 관련이 있고 가장 흔히 변이되는 발암유전자다. 정상적으로 RAS는 세포에 "지금 분열하세요"라는 신호를 전달하고, 임무가 완료되면 꺼지는 '분자 스위치Molecular Switch' 역할을 한다. 그러나 변이된 RAS는 마치 고장난 전등 스위치처럼 '켜진' 상태로 고정되어, 끊임없이 분열 신호를 보낸다. 암 치료에서 RAS 유전자는 주요 표적이지만, 돌연변이된 RAS 단백질을 억제하는 약물 개발은 매우 어려운 과제다. 2024년 이후 신형 RAS 억제제 개발이 진행되고 있다는 소식이다.

동시에, 세포에는 '종양억제유전자'라는 또 다른 중요한 유전자 그룹이 있다. 이들은 DNA 손상이 발생하면 세포 주기를 G1/S 단계에서 멈추게 하여 세포 분열을 억제하고 손상을 복구할 시간을 제공한다. 손상이 복구되지 않으면 세포 자살Apoptosis을 유도해 돌연변이가 축적되지 않게 한다. 가장 유명한 종양억제유전자인 p53은 '게놈의 수호자Guardian of the Genome'라 불린다. 1979년 프린스턴 대학의 아놀드 레빈Arnold Levine과 스탠퍼드 대학의 데이비드 레인David Lane이 독립적으로 발견했다. p53은 마치 세포의 브레이크 같다. 세포가 컨트롤을 잃고 너무 빨리 질주할 때 멈추게 한다. 이 브레이크가 고장나면, 세포는 끝없이 달리게 된다. 암의 문턱은 생각보다 높은 편이다. 세포는 암으로 건너가기 전 설치된 여러 장치를 거쳐야 하며, 암은 이 모든 장치들이 제 역할을 하지 못하는 희박한 확률에서 발생한다. 우연이라고 말할 수 밖에 없는 확률에 비해 최근 암발생이 높아지는 현상은 그만큼 세포의 손상을 일으키는 외부 환경 역시 중요한 원인이라는 사실을 보여주기도 한다.

인간 세포의 보안 시스템

1950년대 초, 영국의 리처드 돌Richard Doll과 오스틴 브래드포드 힐Austin Bradford Hill은 흡연이 폐암의 주요 원인이라는 사실을 밝혀냈다. 하지만 그들은 왜 모든 흡연자가 암에 걸리지 않는지 의문을 품었다. 흡연이 폐암의 필요 조건도 충분 조건도 아니었기 때문이다. 이 수수께끼는 '다단계 발암 이론'으로 설명되었다. 단일 돌연변이만으로는 암이 발생하지 않는다. 여러 단계의 돌연변이가 축적되어야 한다. 1990년, 존스 홉킨스 대학의 버트 보겔스타인Bert Vogelstein과 케네스 킨즐러Kenneth Kinzler는 대장암의 발생 과정에서 최소 4~5단계의 유전적 변화가 필요하다는 것을 발견했다. 마치 보안 시스템이 있는 건물에 침입하기 위해 여러 개의 잠금장치를 차례로 해제해야 하는 것과 같다.

인간 세포는 놀라운 DNA 오류 수정 능력을 갖추고 있다. DNA 중합효소는 새로운 DNA를 합성할 때 약 10억 개의 뉴클레오티드 당 0.1~1개의 오류만 발생시킬 정도로 높은 정확도를 유지하며, 드물게 생기는 오류 역시 대부분 추가적인 복구 시스템에 의해 수정된다. 미스매치 복구Mismatch Repair와 같은 교정 메커니즘이 작동해 잔여 오류의 99%를 복구한다. 세포의 DNA 수리 시스템은 고도로 발달된 출판사의 교정 시스템과 같다. 한 명의 교정자가 놓친 오류를 다른 교정자가 잡아내는 식이다.

그럼에도 불구하고 실패는 일어난다. 우리 몸의 37조 개 세포 각각에는 30억 개의 DNA 염기쌍이 있다. 세포가 분열할 때마다 이 모든 정보가 복제되어야 한다. 통계적으로, 일부 오류는 불가피하다. 인간은 평생 동안 약 10^{16}(1경)번의 세포 분열을 경험한다. 이러한 엄청난 수의 분열에서, 종양억제유전자와 발암유전자에 여러 돌연변이가 축적되는 세포의 발생 확률은 매우 낮지만, 그렇다고 영(0)은 아니다. 실제로 조직별 차이가 있지만, 성인 한 명의 정상 체세포에는 평균적으로 수백~수천 개의 체세포 돌연변이가 누적되어 있다. 암 발생 확률은 낮으나 대략 세 명중 한 명이 암 진단을 받는 걸 보면, 돌연변이 축적이 불가피한 이유를 설명할 수 있다.

암은 누구의 잘못도 아니다

암은 종종 '현대 질병'으로 잘못 인식된다. 그러나 암은 모든 다세포 생물이 직면하는 문제로 고대부터 존재해왔다. 2020년, 캐나다 맥마스터 대학교와 왕립 온타리오 박물관 연구팀은 약 7,600만 년 전 살았던 초식 공룡 센트로사우루스Centrosaurus의 종아리뼈에서 골육종(뼈암)의 흔적을 발견했다. 연구팀은 고해상도 CT 스캔과 3D 재구성 기술을 사용하여 암의 진행 상태를 분석했으며, 이는 공룡에서 암이 확인된 첫 사례로 기록되었다. 약 170만 년 전 살았던 호모 에르가스터Homo ergaster의 발가락 뼈에서도 악성 종양이 발견되었다. 이는 인간 조상에게도 암이 영향을 미쳤음을 보여준다. 화석이 아닌 기록에서도 사례를 볼 수 있다. 기원전 1600년경 작성된 에드윈 스미스 파피루스에는 유방암으로 추정되는 질병에 대한 묘사가 있다. 당시에는 치료법이 없어 '치료 불가능'으로 기록되었다.

그렇다면 왜 진화는 이런 치명적인 질병을 제거하지 못했을까? 영국의 진화생물학자 조지 윌리엄스 George C. Williams는 이를 '진화적 절충 trade-off' 이론으로 설명했다. 질병이나 노화는 주로 개체가 생식 가능한 시기를 지난 후(즉, 개체의 생식 성공에 더 이상 직접적으로 기여하지 않는 시점)에 발생하는 경우가 많기 때문에 자연선택의 강한 압력을 받지 않는다는 것이다. 이는 개체의 생존과 번식에 직접적인 영향을 미치지 않는 시점이다. 이 이론은 암이 고령에서 더 흔히 발생하는 이유를 진화론적으로 설명하고 있다. 가령, 젊은 시기에 세포 성장을 촉진해 생존과 번식에 유리했던 유전자가 나이가 들면서 통제되지 않은 세포 증식을 유발해 암을 일으킬 수 있는 것이다.

더욱 근본적으로 본다면, 암은 진화의 불가피한 부산물이다. 암은 우리가 다세포 생물이 되기로 결정했을 때 지불한 대가인 셈이다. 세포 분열과 성장의 조절은 모든 복잡한 생명체의 핵심 문제이며, 이 조절 시스템은 완벽할 수 없다. 암은 단세포 생물에서는 나타나지 않는 현상이다. 다세포 생물의 세포는 개별 생존보다 조직과 개체의 생존을 우선시해야 하지만, 돌연변이가 축적되면 일부 세포가 이 협력 체계를 깨고 무한히 증식하려는 '이기적인 행동'을 보인다.

암은 개인의 건강 습관이나 환경적 요인만의 결과가 아니라, 수십억 년에 걸친 진화적 절충의 결과이다. 생명체가 더 크고 복잡해질수록, 세포 분열을 더 정교하게 조절해야 한다. 그러나 이 조절 시스템은 결코 완벽할 수 없으며, 시스템의 복잡성이 증가함에 따라 실패 가능성도 역시 증가한다. 그러니 암은 당신의 잘못이 아니다.

암은 비극이지만, 동시에 생명 그 자체에 내재된 자연스러운 과정이다. 세포 분열이라는 생명의 기본 과정 없이는 우리는 존재할 수 없다. 그러나 바로 그 과정이 때로는 우리에게 위협이 된다. 암세포의 무한 증식 능력은 인간의 한계에 대한 강력한 은유를 제공한다. 세포가 영원히 살 수 있다면, 그것은 더 이상 생명체의 일부가 아니라 독자적인 존재가 된다. 마치 헨리에타 랙스의 세포처럼. 그녀는 오래전에 세상을 떠났지만 세포는 여전히 살아있다. 한 번 생겨난 세포가 영원히 산다는 것 자체는 비극일 수 있다.

암을 이해하는 것은 생명 자체를 이해하는 것이다. 암을 치료하기 위한 우리의 노력은 단순히 질병과의 싸움이 아니라, 생명의 가장 기본적인 과정에 대한 깊은 이해를 요구한다. 암은 누구의 잘못도 아니다. 그것은 우리가 복잡한 다세포 생물이 되었을 때 직면하게 된 도전이다. 그러나 우리는 과학적 이해를 통해 이 도전에 맞서고 있다. 암 연구가 진전될수록, 생명의 근본적인 비밀에 더 가까이 다가가고 있다. 헨리에타 랙스의 불멸 세포가 수많은 의학적 발견에 기여한 것처럼, 암에 대한 연구는 생명의 본질에 대한 더 깊은 통찰력을 제공하고 있다. 결국 암은 우리 존재의 일부이며, 그것을 이해하는 것은 우리 자신을 이해하는 것이다.

2. 항암제, 독으로 독을 다스리다

제2차 세계대전 중 '질소머스타드(nitrogen mustard)' 100톤이 실린 미국 배 한 척이 이탈리아의 바리 항에서 독일군에 의해 격침됐다. 승선 중이던 병사들이 가스에 노출됐고 군인들의 림프구가 급격히 감소하는 현상이 발견돼 상부에 보고됐다. 이 보고서는 미국 화학전 연구에 참여하고 있던 예일 대학의 루이스 굿먼(Louis Goodman) 박사와 동료 알프레드 길먼(Alfred Gilman)의 관심을 끌었다. 두 의사는 이 치명적인 독가스가 빠르게 증식하는 암세포에도 효과가 있을지 궁금했다. 그들은 먼저 림프육종을 이식한 생쥐에 질소머스타드를 주사하고 종양이 사라진 것을 확인했다. 그리고 말기 림프육종을 앓고 있던 48세 환자에게 임상시험이 시작됐다. 물론 실험은 극비를 요하는 군사기밀로 분류됐다. 질소머스타드는 '화합물 X'로 불렸고, 환자도 담당의사도 어떤 약물인지 알지 못했다.

효과는 놀라웠다. 열흘간의 주사로 종양이 말끔히 사라졌다. 비록 두 달 후에 암이 재발했고, 환자는 사망했지만, 질소머스타드의 항암작용은 부인할 수 없는 사실이었다. 그들의 호기심은 현대 항암화학요법의 새벽을 열었다. '독으로 독을 다스린다'라는 고대 속담이 실현되는 순간이었다. 오늘날 우리가 흔히 접하는 항암제 치료는 이처럼 역설적인 발견에서 시작되었다. 암을 치료하기 위해 때로는 건강한 세포까지 희생시키는 이 양날의 검은 어떻게 작동하는 것일까?

암은 왜 백신이 없을까?

인류는 천연두, 소아마비, 디프테리아 같은 치명적인 감염병의 백신을 개발해 수백만 생명을 구했다. 그러나 암에 대한 백신은 왜 아직 일반화되지 않았을까? 암 백신이 있긴 한 걸까? 이 질문에 답하기 위해서는 암과 감염병의 근본적인 차이를 이해해야 한다.

1891년 뉴욕의 외과의사 윌리엄 콜리 William Coley는 암 환자에게 세균을 주입하는 대담한 실험을 시작했다. 그는 몇몇 암 환자들이 심각한 감염 후 완전 관해 Complete Remission를 보인 사례에서 영감을 얻었다. 콜리는 고름사슬알균 Streptococcus Pyogenes과 세라티아 마르센스 Serratia Marcescens 혼합물을 암 환자에게 주사했다. 수백 명의 환자 중 일부 사례에서는 종양이 완전히 사라지는 결과를 보였다. '콜리의 독소 Coley's Toxin'로 알려진 이 치료법은 면역계를 활성화시켜 암을 공격하게 만드는 세계 최초의 면역요법이었다. 그러나 당시의 과학계는 그의 접근법을 회의적으로 바라보았고, 콜리의 독소 역시 항상 일정한 효과를 보이지 않았으며 부작용도 있었다. 방사선 치료와 화학요법이 등장하면서 그의 연구는 점차 잊혀졌고, 미국 FDA는 1963년 콜리의 독소를 암 치료제로 인정하지 않게 되었다. 하지만 현대 의학에서는 그를 재평가한다. 세계 최초의 면역요법을 개발한 것이기 때문이다. 오늘날 콜리는 '면역요법의 아버지'로 불리며, 그의 업적은 면역항암치료의 역사에서 중요한 위치를 차지한다.

감염병은 바이러스나 세균과 같은 외부 침입자에 의해 발생하며, 이들은 인체에 '외래', '남'으로 인식된다. 반면, 암세포는 우리 자신의 세포가 변형된 것으로, 기본적으로 '자기(self)'의 일부다. 1957년 호주의 면역학자 프랭크 맥파레인 버넷Frank Macfarlane Burnet은 '면역 감시Immune Surveillance' 가설을 제안했다. 이 가설에 따르면, 면역계는 지속적으로 우리 몸을 감시하여 정상 세포와 비정상 세포(돌연변이, 암세포 등)를 구별하고, 비정상 세포를 제거함으로써 암 발생을 억제한다. 특히 대표적 면역 세포인 T세포와 자연 살해 세포라 부르는 NK세포Natural Killer Cells가 이러한 역할에서 중요한 기능을 수행한다. 그러나 암세포는 교묘하게 면역계의 공격을 피하기 위해 다양한 방법을 사용한다.

암세포는 표면에 '자기'를 나타내는 단백질을 유지하면서 동시에 면역 세포가 자신을 공격하지 못하도록 '면역 관문Immune Checkpoint'을 활성화한다. 이는 마치 신분증을 위조하면서 동시에 경비원에게 뇌물을 주는 것과 같다. 따라서 단순히 암세포의 일부를 주입하는 전통적인 백신 접근법은 효과적이지 않다. 면역계는 이미 이러한 세포를 '자기'로 인식하도록 '훈련'되어 있기 때문이다.

물론, HPV(인유두종바이러스) 백신과 같이 암을 유발하는 바이러스에 대한 백신은 효과적이다. 그러나 이는 암 자체가 아닌 암의 원인을 표적으로 한다는 점에서 다르다. 사실 암을 백신으로 예방하기란 쉽지 않다. 가장 큰 이유는 암은 암세포마다 모두 다르기 때문이다. 바이러스나 세균 등은 전부 비슷한 것과 다르다. 변이를 하지만 시간적으로 유행하는 병원체는 모두 같은 종류이다. 그래서 치료제든 백신이든 만들어낼 수가 있다. 하지만 암세포는 같은 암이라 해도 사람마다 전부 다르다. 결국 예방을 위한 백신은 불가능에 가깝다. 물론 재발을 위한 예방이라면 개인 맞춤형 백신은 가능하다. 비용을 고려하지 않는다면 말이다. 그래서 mRNA를 이용한 재발 예방용 암백신 연구가 진행중이다. 이 연구의 수혜는 엉뚱하게도 코로나-19 백신이 받았다. 팬데믹 당시 유독 백신이 빨리 나왔던 이유는 이미 진행 중이던 mRNA를 이용한 암백신 연구에서 파생됐기 때문이다. 안타깝게도 지금까지 암은 항암제에 의지할 수밖에 없다.

망치로 수리하다 (1940년대-1960년대)

"모든 것은 독이며, 독이 아닌 것은 없다. 독이 되느냐 약이 되느냐는 오직 용량에 달려 있다." 16세기 의사 파라셀수스의 이 명언은 항암제 발전의 역사적 여정을 완벽하게 포착한다. 이 여정은 3세대에 걸친 혁신의 이야기이며, 각 세대는 그 시대의 과학적 이해와 기술적 한계를 반영한다. 대부분의 과학 기술이 전쟁을 통해 발전하듯 의학과 약학 또한 다르지 않다. 암에 대한 화학적 공격의 역사 또한 전쟁의 과정에서 시작되었다. 1세대 항암제의 시대는 1946년 예일 대학의 두 과학자가 질소머스터드를 최초로 림프종 환자에게 투여하며 막을 올렸다. 단기간 내에 극적인 호전을 보였지만, 불행히도 몇 주 후 병이 재발했다. 그럼에도 이 순간은 화학요법의 개념적 증명이 되었다.

이 시대의 항암제들은 '세포독성 화학요법Cytotoxic Chemotherapy'이라 부른다. 암세포뿐만 아니라 빠르게 분열하는 모든 세포를 무차별적으로 공격하기 때문이다. 대표적인 약품으로 질소머스터드, 시클로포스파미드Cyclophosphamide, 멜팔란Melphalan 등이 있다. 이들은 DNA의 염기, 특히 구아닌Guanine의 특정 위치(N7)에 알킬기라는 탄화수소 분자를 결합시킨다. 이로 인해 DNA 구조가 변형되어 복제와 전사가 방해된다. 통상 알킬화제Alkylating agents 약물이라 분류한다.

1948년 보스턴 아동병원의 시드니 파버Sidney Farber는 엽산이 세포 증식을 촉진한다는 점에 주목했고, 이를 억제하는 물질이 암세포의 증식을 막을 수 있다고 가정했다. 그는 엽산 길항제인 아미노프테린Aminopterin을 소아 백혈병 환자에게 투여했고, 일부 환자에서 백혈구 수가 감소하며 병세가 호전되는 결과를 얻었다. 그의 접근법은 암에 대한 '화학적 전쟁'이었다. 그 방식은 당시 많은 의사들에게 너무 급진적으로 여겨졌다. 그는 종종 '화학요법의 아버지'로 불리지만, 공격적 태도로 인해 논란도 많았다. 아미노프테린은 암세포의 대사에 개입하므로 항대사물질Antimetabolites 약물이라 구분한다. 아미노프테린의 개선제인 메토트렉세이트Methotrexate와 1957년 개발된 5-플루오로우라실(5-FU)이 이 범주의 대표적 약물이다.

세계대전과 함께 등장한 게르하르트 도마크의 항생제 역시 질병 치료의 역사에 중요한 특이점이다. 그렇다면 항생제는 암 치료에 효과가 없었을까? 사실 일부 항생제는 암세포에도 독성을 나타냈다. 1950년대 이탈리아 제약회사 파르미탈리아Farmitalia의 연구자들은 스트렙토마이세스 페루세투스Streptomyces peucetius라는 토양 박테리아에서 루비마이신Rubimycin을 분리했다. 이후 구조를 개선해 도소루비신Doxorubicin을 개발했다. 이 약물은 처음에 '붉은 악마Red Devil'라는 별명을 얻었는데, 선명한 붉은색과 심각한 부작용 때문이었다.

물리학자들도 항암제 개발에 나섰다. 1965년 미시간 주립대학의 물리학자 바넷 로젠버그Barnett Rosenberg는 우연히 백금 전극이 대장균의 성장을 억제하는 현상을 발견했다. 그는 전기장이 이 효과의 원인이라고 생각했지만, 실제로는 전극에서 용해된 백금 화합물 때문이었다. 이 발견은 이후 항암제 시스플라틴Cisplatin과 카보플라틴Carboplatin 개발로 이어졌다.

그렇다면 사람이 개입한 인공 물질 말고 천연 물질은 없었을까? 1950년대 캐나다의 엘리 릴리Eli Lilly 연구팀에서 로버트 노블Robert Noble과 찰스 비어Charles Beer는 마다가스카르 장미Catharanthus roseus에서 당뇨병 치료제를 찾던 중 우연히 이 식물의 추출물이 백혈구 수를 감소시킨다는 것을 발견했다. 노블은 백혈구 증식을 억제하는 능력이 암 치료에 응용될 수 있음을 생각하며, 항암 화합물인 빈크리스틴Vincristine과 빈블라스틴Vinblastine을 분리했다. 이 약물들은 세포분열시 중요한 미세소관 형성을 방해한다.

1세대 항암제들은 빠르게 분열하는 세포를 표적으로 한다는 공통점이 있었다. 불행히도 암세포뿐만 아니라 모발, 소화관 내벽, 골수의 정상 세포들도 빠르게 분열한다. 이것이 화학요법의 악명 높은 부작용이다. 작가 수전 손택Susan Sontag은 저서 『은유로서의 질병Illness as Metaphor』에서 질병이 환자들에게 미치는 영향을 깊이 탐구했다. 유방암 생존자 수전 손택이 언급했듯이 "암 진단은 두 번의 충격으로 다가온다. 첫째는 질병 자체, 둘째는 그 질병이 가져오는 정체성의 변화다." 이 말은 암과 그 치료가 환자의 신체뿐만 아니라 심리적, 사회적 정체성에도 큰 영향을 미친다는 점을 강조한다. 많은 환자들에게 탈모는 투병 과정에서 가장 가시적이고 정체성을 위협하는 변화다. 특히 여성 환자들에게 외모를 포함한 정체성과 관련이 있으며, 이는 사회적 상호작용과 자아 이미지에 영향을 미칠 수 있다. 그녀는 암과 같은 질병이 단순히 신체적 상태를 넘어 사회적 낙인과 정체성의 변화를 가져올 수 있음을 지적하며, 질병을 은유적으로 표현하는 것이 환자를 소외시키고 부정적인 감정을 강화할 수 있다고 경고했다.

탈모 현상의 생물학적 메커니즘은 1960년대 하워드 스키퍼Howard Skipper가 세포 주기 특이적 약물Cell Cycle-specific Drugs에 대한 선구적인 연구를 통해 처음으로 화학요법의 작용을 체계적으로 이해하기 시작했다. 화학요법 약물은 빠르게 분열하는 세포를 표적으로 삼는데, 이는 암세포뿐만 아니라 정상 세포에도 영향을 미친다. 머리카락 모낭의 기질 세포들은 2-3일마다 분열하는 인체에서 가장 활발한 세포 중 하나로, 대장 내벽의 세포들과 거의 비슷한 속도다. 이러한 특징 때문에 화학요법은 부작용으로 탈모와 소화기 문제를 초래할 수 있다. 빠른 분열 속도가 화학요법 약물의 '표적'이 되는 이유다. 당시 화학 항암제는 거의 대부분의 조직을 망가뜨렸는데, 마치 복잡한 시계를 수리하기 위해 망치를 사용하는 것과 같았다.

더 나은 망치를 찾아서 (1970년대-1990년대)

1970년대에 들어서면서 암 연구자들은 세포독성 약물의 한계와 부작용에 좌절했다. 이 시기의 연구는 두 가지 주요 방향으로 전개되었다. 기존 약물의 개선과 새로운 접근법의 모색이다. '더 스마트한 폭탄'을 찾는 것이 목적이었다. 물고기를 잡기 위해 바다에 다이너마이트를 던지는 대신 효과적인 낚시 도구를 개발해야 했다.

이때 새로운 계열의 항암제가 등장한다. 1970년대 초, 리서치 트라이앵글 연구소Research Triangle Institute의 모니로 월Monroe Wall과 만수크 와디Mansukh Wani는 주목나무Taxus brevifolia의 껍질에서 파클리탁셀Paclitaxel(상품명: 탁솔TAXOL)을 분리해 화학 구조를 발표했다. 이는 완전히 새로운 작용 메커니즘을 가진 약물이었으며, 난소암과 유방암 치료에 중요한 역할을 했다. 물질을 다룰 수 있는 수준은 물질을 이루는 기본 단위인 분자 수준으로 정교해졌다. 이 말은 이전에 이미 존재하던 물질을 자연의 힘이 아닌 인간의 힘으로도 만들 수 있다는 것이고, 존재하지 않았던 새로운 물질도 만들 수 있다는 것을 의미한다. 화학은 자연과 인간 모두에게 유리한 학문이다.

파클리탁셀Paclitaxel이 대표적 사례다. 태평양 주목나무는 워낙 늦게 성장하기도 하지만 1밀리그램의 탁솔 성분을 얻으려면 많은 주목나무를 훼손해야 했다. 10여 그루의 나무껍질에서 추출해봐야 얼마 되지 않기 때문이다. 이는 퀴닌('키니네'라고도 부른다) 성분을 얻기 위해 기나나무 껍질을 추출했던 방식과 다르지 않다. 하지만 지금은 탁솔 분자를 인공적으로 합성해 인류는 물론 자연도 혜택을 받는다.

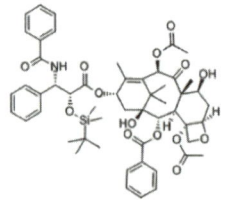

탁솔$C_{47}H_{51}NO_{14}$은 탄소 47개의 뼈대로 이뤄진 복잡한 물질이다. 주목나무 추출물에서 유래한 알칼로이드 계열의 항암제이고 유기화학은 이 복잡한 분자를 합성해낸다.

의사이자 과학자인 주다 포크먼Judah Folkman은 1971년 암의 성장이 혈관신생Angiogenesis에 의존한다는 가설을 제시했다. 암의 증식은 많은 영양분이 필요하다. 식량이 들어오는 길을 더 확보하려고 암세포 주변으로 혈관을 만드는 경향이 있는데, 이는 후에 리포좀 제형과 같은 새로운 약물 전달 시스템 개발의 영감이 되었다. 종양 혈관은 빠른 성장으로 인해 비정상적인 구조를 가진다. 내피 세포 간 간극이 넓고 혈관 구조도 불규칙하다. 직경, 모양, 밀도가 일정하지 않고, 종양 혈관의 구조적 결함으로 인해 정상 혈관보다 투과성이 높다. 그러면 거대분자나 나노입자가 혈관 밖으로 쉽게 빠져나갈 수 있게 된다. 리포좀 제형은 약물을 '스텔스'라고 부르는 지질 입자 안에 캡슐화한다. 그리고 표면을 폴리에틸렌글리콜PEG로 코팅해 혈청 단백질의 흡착을 방지하면 면역 시스템의 탐지를 피할 수 있다. 이로 인해 혈액 순환 시간이 연장되어 종양 조직에 도달할 기회가 증가한다. 이로 인해 종양 신생 혈관에서 빠져나온 스텔스 리포좀 제형은 종양 조직에 오래 머물게 된다. 이는 정상 조직으로의 약물 분포를 감소시키고 종양 부위에 집중시키는 새로운 약물 전달 시스템의 등장이었다.

ICI 제약회사의 화학자 도라 리처드슨Dora Richardson은 1962년에 타목시펜Tamoxifen을 합성했고, 1971년이 되어서야 크리스티 병원에서 첫 임상 연구가 진행되어 진행성 유방암에 효과가 있음을 보여줬다. 초기에는 불임 치료제로 개발되었던 이 약물은 에스트로겐 수용체 양성 유방암의 주요 치료제가 되었다. 호르몬 요법의 시작이었다.

병용요법도 등장했다. 1970년대 초, 미국 국립암연구소NCI의 빈

센트 드비타Vincent DeVita는 호지킨 림프종 치료를 위한 MOPP 요법(머스틴, 온코빈, 프로카바진, 프레드니손)을 개발했다. 이 접근법은 여러 약물을 조합하여 암세포가 약물 저항성을 발달시키는 것을 방지하였다. 또한 여러 약물을 조합하여 사용하는 복합화학요법의 효과를 입증했다. 실제로 MOPP 요법의 성공으로 진행성 호지킨 림프종의 치료율이 0%에서 거의 70% 이상으로 증가했다. 덕분에 치사율이 높은 질환은 치료 가능한 질환으로 전환되었다.

이 시대는 인간이 암을 완벽하게 치료할 수는 없지만, 왜 치료하지 못하는지 이해하기 시작한 시기라고 할 수 있다. 2세대 약물들은 1세대보다 분명 효과적이었지만, 여전히 정상 세포에 대한 독성을 나타냈다. 이는 마치 조금 더 날카로워진 망치를 사용하는 것과 같았다.

정밀 무기의 시대 (2000년대-현재)

21세기가 시작되면서 항암제는 극적인 변화를 겪었다. 수십 년간의 기초 분자생물학 연구가 결실을 맺기 시작했고, 인류는 마침내 망치 대신 외과용 메스를 들게 되었다. '암 게놈 지도The Cancer Genome Atlas TCGA'와 같은 대규모 프로젝트는 33개의 다양한 암 유형의 분자적 특성을 2만 개 이상 밝혀냈고, 이는 '정밀 종양학Precision Oncology'이라는 새로운 패러다임의 토대가 되었다.

치료법에도 변화가 오며 표적 치료제가 등장한다. "모든 총알이 다 똑같은 것은 아니다." 이 현대적인 격언은 표적 항암제의 철학을 완벽하게 요약한다. 2001년 미국 FDA는 이마티닙(글리벡)이라는 혁신적인 약물을 만성 골수성 백혈병CML 치료제로 승인했다. 오레곤 보건과학대학^{OHSU}의 브라이언 드러커^{Brian Druker}는 10년 이상을 이 약물 개발에 헌신했다. 처음에는 제약회사들은 물론 보스턴의 다나-파버 암 연구소에 그의 상사조차도 그 아이디어에 관심을 보이지 않았지만, 그는 포기하지 않았다. 이마티닙은 만성 골수성 백혈병에서 보이는 특이적인 유전적 결함인 필라델피아 염색체에 의해 생성되는 비정상 단백질(BCR-ABL)을 표적으로 억제해 백혈병 세포의 성장을 막는다. 표적 항암제는 세포의 특정 분자 경로나 돌연변이를 겨냥하여, 정상 세포보다 암세포에 더 선택적으로 작용한다. 이는 무차별 폭격 대신 정밀 유도 미사일을 사용하는 것과 같다. 드러커의 연구는 암세포만을 특이적으로 표적으로 하는 약물 개발의 선구자적 역할을 했다. 이로 인해 '마법의 총알'의 아버지로 불린다. 표적 항암제의 가장 큰 이점은 정상 세포에 대한 손상을 최소화하면서 암세포를 공격한다는 것이다. 이는 "모든 총알이 같지 않다."는 현대 의학의 철학을 구현한다. 그러나 이들은 만능이 아니다. 암세포는 종종 치료에 저항하는 새로운 돌연변이를 발달시킨다. 마치 적군이 지속적으로 위장 전술을 바꾸는 것과 같다.

'클론'은 유전학 용어로, 유전자가 완벽하게 일치하는 복제인간을 뜻한다. 항체를 이러한 클론으로 만드는 발상을 한 것이다. 1975년 케임브리지 대학의 세자르 밀스타인^{César Milstein}과 조지스 쾰러^{Georges Köhler}는 특한 단일 항원에 결합하는 항체를 대량으로 생산하는 방법을 개발했다. 이 발견은 1986년 FDA가 첫 번째 치료용 모노클론항체인 무로모냅-CD3^{Orthoclone OKT3}를 승인하는 길을 열었다. 그러나 항암 모노클론항체의 진정한 돌파구는 1998년 리툭시맙^{Rituxan}과 트라스투주맙^{Herceptin}의 승인이었다. 특히 허셉틴의 개발을 이끈 UCLA의 데니스 슬레이먼Dennis Slamon은 유방암 환자들이 그를 '성 데니스Saint Dennis'라고 부를 정도로 많은 생명을 구했다. 이 약물은 25년간 약 300만 여성의 생명을 구했다. 암 치료에 있어 유전자 기반 접근법의 시작을 알렸으며, 이는 현대 암 치료의 패러다임을 크게 변화시켰다.

"가장 위험한 적은 때로 우리 자신의 허락을 받은 적이다." 이 격언은 암과 면역계의 복잡한 관계를 잘 설명한다. 2018년 노벨생리의학상은 제임스 앨리슨James Allison과 다쓰쿠 혼조Tasuku Honjo에게 수여되었다. 연구팀은 T세포의 CTLA-4 단백질이 면역 시스템의 '브레이크' 역할을 한다는 것을 발견했다. 이 브레이크를 해제하여 면역세포가 종양을 공격할 수 있도록 하는 새로운 접근법을 개발했고, 이는 이필리무맙Yervoy의 개발로 이어졌다. 혼조는 또 다른 면역 관문이자 브레이크인 PD-1 단백질을 발견했으며, 이는 펨브롤리주맙Pembrolizumab과 니볼루맙Nivolumab과 같은 약물 개발로 이어졌다. 암 미세환경에서는 'T세포 탈진T-cell exhaustion'이라는 현상이 발생한다. 지속적인 항원 노출로 인해 T세포는 점차 효과를 잃고 결국 '탈진'하는 것이다. 이들은 지친 군인처럼 계속 전장에 있지만 더 이상 효과적으로 싸울 수 없다. PD-1, CTLA-4와 같은 면역 관문 단백질은 이러한 탈진 상태를 유지하는 데 중요한 역할을 한다. 암을 직접 치료하는 것이 아니라 면역계가 치료하도록 하는 방법으로 면역항암 치료의 길을 열었다.

면역항암제의 가장 인상적인 특징 중 하나는 일부 환자에서 관찰되는 '지속적 반응'이다. 전통적인 화학요법과 달리, 면역항암제는 치료를 중단한 후에도 지속되는 항암 효과를 보일 수 있다. 이는 면역계가 일종의 '암 기억'을 형성했기 때문이다. 그러나 면역항암제 역시 한계가 있다. 모든 환자가 반응하는 것은 아니며, '면역 관련 부작용'이라 불리는 특유의 부작용을 일으킬 수 있다. 이는 면역계가 지나치게 활성화되어 정상 조직을 공격할 때 발생한다.

모노클론항체의 특이성과 세포독성 화학요법의 공격력을 결합하는 하이브리드 약물도 등장한다. 일종의 항체-약물 접합체ADC이다. 이는 마치 배달주문에서 한집 배달과 유사하다. 이 약물은 항체가 암세포에 직접 결합하여 세포독성 약물을 전달함으로써 비특이적인 화학요법의 부작용을 줄이고, 효과적으로 종양을 공격할 수 있도록 설계된다. 2000년대 초, 시애틀 제네틱스(현 세이젠)의 클레이 시거Clay Siegall는 첫 번째 FDA 승인 ADC인 브렌툭시맙 베도틴Adcetris의 개발을 이끌었다. 그는 어머니가 암으로 투병하는 것을 지켜본 후 이 분야에 헌신했다.

CAR-T세포 치료Chimeric Antigen Receptor T-cell는 가장 최신의 치료법이다. 이 혁신적인 접근법은 환자의 면역 세포를 채취하여 암세포를 인식하도록 유전적으로 조작한 후 다시 체내로 주입한다. 환자의 T세포를 채취하여 특정 암 항원을 인식할 수 있도록 키메릭 항원 수용체CAR를 추가한 후, 이를 체내로 재주입하는 것이다. 수정된 T세포가 암세포를 인식해 사멸시키는 방식이다. 펜실베니아 대학의 칼 준Carl June은 이 분야의 선구자로, 제약사인 노바티스Novartis가 CAR-T세포 치료제인 킴리아Kymriah를 만들었고, 2017년 FDA로부터 최초로 승인받았다. CAR-T세포 치료는 급성 림프구성 백혈병 치료에 사용되며 암 치료의 새로운 패러다임을 제시했다. 특히 혈액암 치료에서 놀라운 효과를 보여주고 있으나 아직 고형암에서는 한계가 있다. 칼 준의 연구는 개인적인 비극에서 영감을 얻었다. 그의 아내는 1996년 난소암으로 사망했고, 그는 자신의 연구실을 '비비안을 위한 연구실Laboratory for Vivian'이라고 부른다.

암은 자연의 섭리이나 인류에게는 여전히 비극이다. 항암제 개발 분야에 헌신하는 학자들은 대부분 자연의 법칙을 잘 알고 있음에도 가족처럼 가까운 이들의 상실이라는 개인적 동기가 연구와 암 치료 혁신에 깊은 영향과 동력이 되는 경우가 많다. CAR-T세포 치료는 기존 치료법으로 효과를 보지 못했던 환자들에게 새로운 희망을 제공하며, 혈액암 뿐만 아니라 고형암 및 기타 질환으로 적용 범위를 확장하기 위한 연구가 활발히 진행되고 있다.

3세대 항암제의 발전은 계속되고 있으며, 이는 암 치료에 대한 우리의 접근 방식을 근본적으로 변화시켰다. 현재의 연구는 인공지능을 활용한 신약 개발, 개인화된 암 백신, 그리고 종양 미세환경을 표적으로 하는 새로운 전략에 초점을 맞추고 있다. 암 치료의 여정은 망치에서 정밀 레이저로 진화했다. 암과의 전쟁에서 인류는 이제 상대의 약점을 알고, 정밀한 무기를 갖추고 있다. 그러나 가장 강력한 무기는 언제나 인간의 호기심과 공감이었다.

항암제가 최선인가?

의학의 역사는 과거의 혁신적 치료법이 종종 미래에는 구식이 되는 사례로 가득하다. 오늘날의 항암제 역시 언젠가는 시대에 뒤떨어진 것으로 간주될까? 현대 항암 치료는 '맞춤 의학Precision Medicine'으로 빠르게 진화하고 있다. 이는 환자의 유전적 프로필에 기반한 치료를 의미한다. 예를 들어 2017년 FDA는 특정 유전적 특성을 가진 모든 고형 종양에 사용할 수 있는 최초의 '조직 불문Tissue-Agnostic' 약물인 펨브롤리주맙을 승인했다. 이는 종양의 위치보다 유전적 특성에 기반하여 치료 결정을 내리는 새로운 접근법을 대표한다. 동시에, 종양을 부위별로 분류하는 전통적인 방식(예를 들어 폐암, 유방암과 같은)은 점차 분자적 특성에 따른 분류로 대체되고 있다. 이는 암이 발생한 장기보다 특정 유전적 변이가 더 중요할 수 있음을 인정하는 것이다.

앞서 설명한 CAR-T세포 치료, 환자 종양의 특이적 돌연변이에 기반한 개인화 암 백신, 특별히 설계된 바이러스가 암세포를 선택적으로 감염시켜 파괴하는 오노라이틱 바이러스 요법 등 새로운 치료법도 계속 등장하고 있다. 그러나 모든 진보에도 불구하고, 가장 강력한 항암 전략은 여전히 예방이다. 금연, 건강한 식이, 운동, 과도한 햇빛 노출 피하기와 같은 생활습관 변화는 암 위험을 크게 줄일 수 있다. 또한 HPV 백신과 같은 예방 접종과 정기 검진을 통한 조기 발견은 여전히 가장 효과적인 전략이다.

역설적이게도, 암 치료의 미래는 항암제의 개선이 아니라 항암제가 필요하지 않은 세상을 만드는 데 있을 지도 모른다. 우리는 계속해서 '독으로 독을 다스리는' 미묘한 균형을 탐색중이나, 다세포가 직면한 숙명 같은 자연의 법칙을 거스르고 뒤집는 것이 정답인지는 솔직히 모르겠다. 항상 얻는 것이 있으면 잃는 것이 있다는 게 세상의 지론이기 때문이다.

3.　　　　남과 나 사이의 모호한 경계

대학 병원의 본관만큼이나 웅장하게 서 있는 건물이 암병원이다. 대부분 대학 병원은 암병원, 혹은 암센터라는 이름으로 상급종합병원 규모의 병원을 별도로 운영한다. 그만큼 암 환자가 많다는 얘기다. 학교 앞을 그렇게 많이 지나 다니면서도 암병원은 그저 내게 다른 세계였다. 나와 상관없는 다른 이야기를 지닌 사람들이었다. 이 어리석은 생각은 2023년 12월 4일까지 유효했다.

"모든 병은 제 시간이 지나면 지나간다. 그리고 그 시간을 견뎌내는 것이 환자의 역할이다." 도무지 출처가 생각나지 않는 문구가 머리에서 떠나지 않았다. 병원 창문을 통해 흐릿한 도시의 불빛을 바라보며 나는 내 몸 속에서 일어나는 작은 반란에 대해 생각했다. 의사는 이것을 '암'이라 불렀다. 그는 내 몸의 세포가 '반란'을 일으켰다고 했다. 자신의 정체성을 버리고, 통제를 벗어나, 스스로의 이익만을 추구하는 이기적인 존재가 되었다고. 그러나 과학자로서 나는 의문이 들었다. 이 세포들은 정말 '나'에게서 '남'이 된 것일까? 아니면 우리가 그동안 '나'와 '남'의 구분을 잘못 이해한 것일까?

1960년 노벨생리학상을 수상한 호주의 면역학자 프랭크 맥팔레인 버넷은 '면역학적 관용Immunological Tolerance의 발견'에 대한 연구로 자기/비자기 구분Self/nonself-Discrimination 개념의 발전에 기여한다. 면역계의 본질적 기능은 '자기'를 인식하고 보존하며, '비자기'를 식별하여 제거하는 것인데 이 단순하지만 우아한 개념은 면역학의 중심 교리가 되었다.

버넷이 말한 '자기'란 무엇일까? '자기'를 모르는 사람은 없을 것이다. 철학자 데카르트는 "나는 생각한다, 고로 존재한다."라고 했지만, 이 말은 존재에 대한 사고와 의식의 주체라는 고차원적 측면이다. 하지만 면역학에서 '나'는 더 원시적이고 분자적인 수준과 생물학적 기능에서 정의된다. 그가 제안한 '면역학적 관용' 이론은 면역 체계가 자기 항원에 대해 반응하지 않도록 하는 메커니즘을 설명하는 이론이다. 이 연구는 후에 MHC 단백질의 역할을 이해하는 데 중요한 기초가 되었다. 면역계에게 '나'는 주요 조직적합성 복합체MHC 단백질과 같은 분자적 패턴으로 인식된다. 이 패턴이 익숙하면 '나'이고, 낯설면 '남'이다.

그런데 암세포는 이 구분을 흐리게 한다. 그들은 우리의 DNA에서 비롯되었지만, 돌연변이로 인해 '변형된 자기Altered Self'가 된다. 마치 오랜 친구가 어느 날 갑자기 낯선 옷을 입고 이상한 행동을 하는 것과 같다. 여전히 같은 사람이지만, 동시에 다른 무언가가 된 것이다.

2002년 다나파버 암연구소의 로버트 슈라이버Robert Schreiber는 '암 면역감시Cancer Immunosurveillance' 이론을 확장시켜 '암 면역편집Cancer Immunoediting' 개념을 제안했다. 그는 면역계가 암을 감시하고 제거할 뿐만 아니라 암의 발달 과정에도 영향을 미친다고 했다. 우스갯소리로 T세포가 체내의 작은 경찰관들인 셈이다. 이 작은 경찰관들은 도시(신체) 전체를 순찰하며 의심스러운 행동(비정상적인 단백질 표현)을 보이는 시민(세포)들을 체포한다. 그런데 만약 암이 '나'의 일부라면, 왜 면역계는 그것을 공격할까? 이 질문은 1980년대에 체코 출신의 면역학자 얀 클라인 Jan Klein 을 괴롭혔다. 그는 면역 체계가 암을 인식하고 공격하는 방식이 단순한 자기/비자기 구별로는 설명할 수 없다는 점을 강조했다. 어쩌면 우리는 나와 남을 구분하는 문제에 대해 너무 단순하게 생각한 것이다. 실제로는 둘 사이에 연속체가 존재하며, 암은 그 어딘가에 위치한다. 결국 암은 '자기'의 변형된 형태이다.

처음 암이라는 진단을 받았을 때, 인터넷과 유튜브로 여러 정보를 찾아보았다. 어떤 인플루언서가 암을 설명하며 "침입자가 있습니다."라고 말했다. 나는 그 표현에 불편함을 느꼈다. 과학자로서 이것이 정확하지 않다는 것을 알았다. 암은 침입자가 아니다. 그것은 내 자신의 세포였다. 유튜브 채널 운영자의 말은 마치 내가 두 개의 독립적인 존재 - 나와 암 - 로 분리된 것처럼 들렸다.

역사적으로, 우리는 암을 바이러스나 박테리아와 다르게 분류해 왔다. 감염성 병원체는 명확하게 '남'이었다. 그들은 외부에서 왔고, 우리의 유전 정보를 공유하지 않았다. 반면, 암은 우리 자신의 세포에서 발생한다. 그들은 우리의 DNA를 가지고 있다. 그들은 확실히 '우리'였다. 그러나 분자 수준에서 이야기는 더 복잡해진다. 스탠퍼드 대학의 어빙 와이즈먼 Irving Weissman 은 2009년 논문에서 흥미로운 관찰을 공유했다. 그는 거의 모든 암세포가 종종 'Don't eat me' 신호인 CD47을 높은 수준으로 발현하는 현상을 발견했다. 이는 범죄자가 경찰 배지를 도용하는 것과 같다. 암세포는 면역계를 속이는 데 능숙하고 영리했다. 암은 우리의 보호 메커니즘을 역이용한다. 그들은 진짜 '나'로 위장하여 면역계의 관용을 유도한다. CD47 외에도 PD-L1, CD24를 포함해 다른 단백질도 속이는 수단으로 확보하고 있었기 때문이다. 그의 팀은 CD47을 차단하는 항체를 개발했고, 이 항체가 대식세포의 암세포 포식 능력을 회복시키고 여러 종류의 종양을 억제하거나 제거할 수 있다는 것을 보여주었다. 그들은 암세포가 면역 체계를 회피하는 메커니즘에 대한 중요한 통찰을 제공했으며, 이는 새로운 암 치료법 개발로 이어지고 있다. 이 모든 증거는 암이 단순히 '나' 또는 '남'으로 분류할 수 없는 중간적 존재임을 시사한다. 그것은 마치 유전적으로는 가족이지만 행동적으로는 적과 같은, 복잡한 존재다.

공생의 관점

병원 침대에 누워 있는 동안, 나는 우리 몸에 살고 있는 수조 개의 미생물에 대해 생각했다. 한때 우리는 이들을 모두 침입자로 간주했다. 그러나 지금은 그들이 우리 건강에 필수적이라는 것을 안다. 우리의 소화를 돕고, 면역계를 교육하며, 심지어 기분도 조절한다. 2007년, 미국 국립보건원은 인간 마이크로바이옴 프로젝트(HMP)Human Microbiome Project를 시작했다. 이 연구는 인간이 단일 유기체가 아니라 '초유기체superorganism'임을 보여주었다. 우리는 세포와 미생물의 복합 생태계다. 도시와 마찬가지로, 우리 몸은 다양한 거주자들로 구성된 복잡한 생태계였다.

뉴욕 대학 랑곤 의료센터의 마틴 블레이저Martin Blaser는 그의 저서 『인간은 왜 세균과 공존해야 하는가Missing Microbes』에서 과도한 항생제 사용이 유익한 미생물을 죽이고 이것이 현대 질병의 증가로 이어졌다고 주장한다. 블레이저는 비만, 천식, 알레르기, 당뇨병, 특정 형태의 암 등을 '현대의 역병modern plagues'이라고 부르며 이들이 항생제 과다 사용과 관련이 있다고 주장했다. 모든 박테리아가 제거되어야 할 적이라면, 왜 진화는 그들과의 공생 관계를 발전시켰을까, 라는 질문이 남는다. 어쩌면 미생물들은 잃어버린 친구들일지도 모르겠다. 이 관점은 급진적이지만, 많은 전통적인 지혜를 뒤집는 과학의 역사를 고려할 때 완전히 근거가 없는 것은 아니다. 한때 우리는 위궤양이 스트레스에 의해 발생한다고 믿었지만, 배리 마셜과 로빈 워렌은 헬리코박터 파일로리 박테리아에 의해 발생한다는 것을 증명했다. 그들은 처음에 웃음거리가 되었지만, 결국 이 발견으로 노벨상을 받았다.

암에 대해서도 이와 비슷한 질문을 할 수 있다. 암세포가 단순히 제거되어야 할 '결함 있는 세포'라면, 왜 그들은 면역 회피 메커니즘을 발전시켰을까? 왜 그들은 종종 수년 또는 수십 년 동안 휴면 상태로 존재할 수 있을까? 어쩌면 나와 남의 구분 이전에 새로운 종류의 공생체로 암을 재개념화해야 하는 건 아닐까? 분명한 것은 암이 단순한 질병이 아니라 인간 숙주와 복잡한 관계를 맺고 있는 새로운 생물학적 개체라는 것이다.

경계의 재정의, 나와 남 사이의 회색 지대

현대 면역학의 아버지로 불리는 찰스 제인웨이Charles Janeway는

1989년에 발표한 논문 「점근선에 접근하다: 면역의 진화와 혁명 Approaching the asymptote: Evolution and revolution in immunology」에서 선천 면역과 적응 면역의 연결을 설명하며, 선천 면역이 병원체의 패턴을 인식한다는 패턴 인식 이론 Pattern Recognition Theory을 제안했다. 이는 앞서 프랭크 맥팔레인 버넷의 전통적 면역계 모델인 '자기'와 '비자기' 구별 이론에서 확장한 개념으로, 감염이나 변형으로 인해 병리학적으로 변화된 세포를 식별한다는 주장이다. 쉽게 말해, '자기'를 '감염된 자기(infected self)'와 '변형된 자기(altered self)'로 식별하는 복잡한 단계가 추가된 것이다. 면역학이 지난 30년간 밟아온 패러다임의 전환이었다. 마치 지구가 우주의 중심이라는 천동설에서 지구가 태양 주위를 도는 작은 행성일 뿐이라는 지동설로의 전환처럼, 자기/비자기의 이분법은 더 복잡한 현실 앞에서 무너지기 시작했다.

1994년 폴리 마츠링거 Polly Matzinger는 이러한 변화를 더욱 가속화했다. 그녀의 '위험 모델 Danger Model'은 면역계가 단순히 '낯섦'에 반응하는 것이 아니라 조직 손상이나 스트레스로 인해 방출되는 '위험 신호'에 반응한다고 제안했다. 이는 국경 수비대가 여권을 검사하는 것이 아니라, 소방관이 화재에 출동하는 것에 가깝다는 비유였다. 마츠링거는 자신의 이론을 설명하기 위해 반려견 스키 Ski의 이야기를 들려주었다. "스키는 우리집에 들어오는 수많은 낯선 사람들—비자기—을 태연히 무시했지만, 친구가 갑자기 비명을 지르며 뛰어다니기 시작했을 때—위험 신호—는 즉시 경계 태세를 갖췄다." 이는 면역계가 '외국인'을 무조건 체포하는 것이 아니라, '사회적 혼란'에 반응한다는 것을 보여주는 적절한 비유다.

과학의 역사에서 이런 패러다임 전환은 갑작스럽게 이루어지는 경우가 드물다. 토머스 쿤이 『과학혁명의 구조』에서 설명했듯이, 새로운 패러다임은 기존 이론으로는 설명할 수 없는 변칙 사례들이 누적될 때 태동한다. 자기/비자기 이론의 경우, 임신이 그런 변칙 사례 중 하나였다. 태아는 어머니의 DNA 절반만 공유하며, 나머지 절반은 아버지로부터 유래한 '비자기' 항원을 포함한다. 따라서 면역학적으로 보면 태아는 이식된 외부 조직과 유사하다. 그러나 모체의 면역계는 일반적으로 태아를 공격하지 않고 관용을 유지한다. 이는 기존 자기/비자기 이론으로는 설명하기 어려운 변칙 사례로 간주한다. 이런 모순을 설명하기 위해 면역학자들은 점점 더 복잡한 예외 조항을 만들어야 했고, 결국 이론 자체를 재고해야 했으며 경계에 마치 DMZ처럼 회색지대를 만들어야 했다.

마음의 지도 다시 그리기

정신적으로나 물리적으로나 인간은 경계를 그리는 존재다. 우리는 국경을 정하고, 울타리를 세우며, '나'와 '남'을 구분한다. 심지어 마음 속에도 타인을 향해 경계를 만든다. 이는 생존을 위한 본능적 행동이지만, 동시에 현실의 복잡성을 지나치게 단순화하는 오류를 낳는다. 독일 철학자 루트비히 비트겐슈타인 Ludwig Josef Johann Wittgenstein 은 "언어의 한계가 곧 세계의 한계"라고 말했다. 우리가 질병을 바라보는 방식 역시 우리의 언어와 개념에 의해 제한된다. '암'을 '침략자'나 '적'으로 묘사하는 언어는 우리의 사고를 전쟁의 패러다임으로 고정시킨다. 하지만 이런 언어적 틀을 벗어난다면 새로운 이해의 가능성이 열린다.

프랑스의 철학자 질 들뢰즈 Gilles Deleuze 는 '리좀 Rhizome'이라는 개념을 제시했다. 리좀은 중심이나 위계질서 없이 모든 방향으로 뻗어나가는 식물의 뿌리 구조를 의미한다. 그는 서구 사상의 전통적인 '나무 모델'–중심줄기에서 가지가 뻗어나가는 위계적 구조–과 대비되는 개념으로 이를 제시했다. 암을 바라보는 우리의 시각도 '리좀적' 접근이 필요하다. 암은 단일한 적이 아니라, 복잡하게 상호연결된 생태계 속의 한 참여자로 볼 수 있다. 영국 화학자이자 철학자인 마이클 폴라니Michael Polanyi가 말한 "우리는 말할 수 있는 것보다 더 많은 것을 안다."라는 통찰은 여기서도 유효하다. 우리의 언어와 개념은 항상 현실의 복잡성에 뒤처진다. 암과 면역계의 관계를 이해하기 위해서는 개념적 지도를 지속적으로 업데이트해야 한다.

새로운 패러다임, 암을 바라보는 다른 시선

만약 우리가 암을 '질병'이 아닌 다른 것으로 보기 시작한다면 어떻게 될까? 암을 병원체가 아닌 '생태계의 일부'로 간주한다는 말이다. 이런 관점은 인류의 역사와 평행선을 그린다. 한때 인류는 자연재해를 신들의 분노로 해석했고, 나중에는 기계적 인과관계의 결과로 이해했다. 다음 단계는 복잡한 생태계 내의 상호작용으로 보는 것이었다. 암에 대한 우리의 이해도 비슷한 과정을 거치고 있다. 단순한 '적'에서 복잡한 '관계'로의 전환이다. 이 관점 전환은 개인적으로 위안이 된다. 내 세포들의 일부가 '반란'을 일으켰다는 생각은 마치 내 몸이 나를 배신한 것 같은 느낌을 준다. 그러나 암을 복잡한 생태계의 일부로 보는 것은 덜 적대적인 관계로 재구성한다. 이는 마치 갈릴레오가 지구를 우주의 중심에서 태양 주위를 도는 행성으로 재위치시켰을 때의 코페르니쿠스적 전환과 유사하다. 처음에는 인간의 자존심에 타격을, 하지만 결국에는 더 넓은 이해를 가져왔다. 이제는 받아들여야 한다. 왜냐면 이미 암에 대한 개념이 바뀌었다. 수많은 과학적 증가가 있기 때문이다. 과학적 발전은 점진적인 축적이 아니라, 기존 이론으로 설명할 수 없는 변칙 사례들이 누적될 때 새로운 패러다임으로의 혁명적 전환을 통해 이루어진다. 토머스 쿤은 이런 전환을 '패러다임 전환'이라 불렀다.

암에 대한 우리의 이해도 이런 패러다임 전환의 한가운데 있다. 세포 생물학자 린 마굴리스Lynn Margulis가 세포 내 미토콘드리아가 한때 자유생활을 하던 박테리아였다는 내공생설endosymbiosis theory을 제안했을 때 많은 과학자들이 그녀를 비웃었다. 그러나 오늘날 이 이론은 세포생물학의 기본 교과서에 실려 있다. 한편 암세포의 면역 회피 메커니즘이나 종양 휴면 현상은 기존 유전자 변이 중심 모델로 설명하기 어려워, 생태계 모델로의 통합을 촉진했다. 암을 바라보는 새로운 관점도 과거의 패러다임 전환 궤적을 따른다.

공존의 예술

2015년 플로리다의 모핏 암센터Moffitt Cancer Center에서 일하는 로버트 게텐비Robert Gatenby와 그의 팀은 전립선 암 환자들에게 독특한 접근법을 시도했다. '적응 요법Adaptive Therapy'이라 불리는 이 방법은 암세포를 완전히 제거하는 것을 목표로 하지 않았다. 대신, 약물 내성 세포의 과도한 성장을 방지하면서 약물 감수성 세포의 집단을 일정 수준 유지하는 데 초점을 맞췄다. 기존의 암세포 사멸이라는 고강도 치료 접근법과 달리, 암세포 집단 내의 균형을 유지하는 목표를 세웠다. 게텐비는 이를 위해 흥미로운 비유를 사용했다. "암 치료는 정원 가꾸기와 같습니다. 모든 잡초를 제거하려는 시도는 종종 토양에 해를 끼치고 더 강력한 잡초의 번성을 초래합니다. 대신, 생태계의 균형을 유지하면서 바람직한 식물이 번성할 수 있는 환경을 조성하는 것이 더 현명할 수 있습니다." 그의 접근법에 대한 아주 적절한 비유였다. 결론적으로 이 접근법은 놀라운 결과를 보였다. 적응 요법을 받은 환자들은 기존의 지속적인 치료를 받은 환자들보다 훨씬 적은 약물을 투여받으면서도 더 오래 생존했다. 게텐비는 이를 체스 게임에 비유했다. "목표는 상대방의 모든 말을 제거하는 것이 아니라, 교착 상태를 유지하는 것입니다."

실제로 일부 암 환자들이 암과 함께 수십 년을 살고 있는 경우가 있다. 그들의 면역계는 암을 제거하지는 않았지만, 위험한 수준 이상으로 성장하는 것을 막았다. 이른바 '휴면기Dormancy'라고 불리는 이 상태는 실제로 존재하며, 암세포가 장기간 비활성 상태로 유지되다가 특정 조건에서 재활성화되는 현상을 설명하는 개념이다. 숙주와 암 사이의 일종의 평화 조약으로 볼 수 있다. 아직은 만성 백혈병과 같은 특정 혈액암에서 관찰되고 고형암에서의 장기 휴면기는 연구 단계이다.

이러한 관점은 현대 생태학의 원리와 맥을 같이 한다. 암의 휴면기 상태와 이를 생태학적 균형으로 이해하려는 관점은 과학적으로 타당하며 현대 생물학 및 면역학에서 논의되고 있는 주제이다. 자연 생태계에서 균형은 특정 종의 완전한 제거가 아니라, 다양한 종 간의 동적 상호작용을 통해 유지된다. 마찬가지로, 우리 몸 안의 생태계도 단순히 '좋은' 세포와 '나쁜' 세포로 나누어질 수 없는 복잡한 상호작용의 네트워크다.

경계를 넘어선 정체성

병원 창가에 앉아 도시의 불빛이 보석처럼 반짝이는 밤하늘을 바라보며, 나는 내 몸에서 일어나는 미묘한 반란에 대해 깊이 생각한다. 과학자이자 환자로서, 이 이중 정체성은 독특한 관점을 제공한다. 현미경 아래에서 관찰하던 세포들이 이제는 나의 일부가 되어, 통제 불능의 춤을 추고 있다. "당신의 세포가 반란을 일으켰습니다." 백발의 종양학자는 그렇게 말했다. 그의 말은 마치 내 몸이 두 개의 진영—충성스러운 정상 세포들과 반역적인 암세포들—으로 나뉘었다는 것처럼 들렸다. 그러나 과학자로서, 나는 이 구분이 얼마나 인위적인지 깨달았다.

고대 그리스인들은 건강을 '균형Equilibrium' 상태로 보았다. 히포크라테스는 건강을 '체액의 조화로운 균형'이라 정의했다. 4체액설은 피, 점액, 황담즙, 흑담즙이라는 네 가지 체액이 균형을 이루어야 건강이 유지된다는 고대 그리스 의학의 핵심 이론이었으며 질병은 이 균형의 붕괴였다. 히포크라테스는 암 덩어리가 게Crab와 비슷하게 생겼다고 여겨져 암을 '카르키노스Karkinos'라 명명했는데, 그것을 단순히 체액 불균형의 다른 형태로 보았다. 암세포는 '적'이 아니라, 단지 균형을 잃은 자아의 일부였다.

철학자 하이데거Martin Heidegger는 저서 『존재와 시간』에서 인간을 '현존재Dasein'로 정의하며, '인간만이 존재에 대한 질문을 던지는 유일한 존재'라고 말했다. 우리는 경계를 긋고, 이름을 붙이고, 분류하는 유일한 생물이다. 그러나 이 분류의 행위는 종종 현실의 연속성을 인위적으로 분절시킨다. 내가 '나'로 간주하는 것과 '남'으로 간주하는 것 사이의 경계는 어디인가? 내 세포인 암세포는 '나'인가, '남'

인가? 우리의 정체성은 끊임없이 유동적이다. 매일 우리 몸의 세포는 죽고 새로운 세포로 대체된다. 장내 미생물총은 지속적으로 변화한다. 우리의 기억과 신념도 시간에 따라 진화한다. '나'라는, 동일성을 지닌 고정된 존재에 대한 믿음은 유용한 허구일 뿐일지 모르겠다.

철학자 미셸 푸코 Paul-Michel Foucault는 '몸은 정치적 장'이라고 말했다. 우리가 몸을 바라보는 방식은 단순한 생물학적 사실이 아니라, 사회적, 역사적, 정치적 구성물로 봐야 한다는 것이다. 그의 생명정치 Biopolitics 개념은 권력이 개인의 신체에 작동하는 방식을 분석하며, '질병'과 '건강'의 경계, '정상'과 '비정상'의 구분은 객관적 진리가 아니라 시대와 문화에 따라 변화하는 개념이라고 말한다. 이런 깨달음이 암에 대한 두려움을 완전히 없애주지는 않는다. 그러나 그것은 암을 대하는 다른 방식을 제시한다. 암은 더 이상 외부의 침입자가 아니며, 내 몸의 생태계가 균형을 잃은 상태다. 폭풍이 바다의 적이 아니라 바다의 또 다른 표현인 것과 같다.

현대 물리학이 가르쳐 주듯, 관찰자와 관찰 대상은 분리될 수 없다. 내가 암을 어떻게 개념화하느냐에 따라 그것을 경험하는 방식이 달라진다. 암을 '적'으로 바라보면 두려움과 분노를 느끼지만, '관계'로 바라보면 수용과 균형을 모색할 수 있다. 고대 중국 철학자 장자는 '호접몽 胡蝶之夢'에서 이렇게 물었다. "나비가 꿈꾸는 사람인지, 사람이 꿈꾸는 나비인지 어떻게 알 수 있을까?" 마찬가지로, 우리는 물어볼 수 있다. 우리가 암을 가진 것인지, 아니면 암이 우리를 가진 것인지? 그 답은 아마도 두 경우 모두이며, 동시에 어느 쪽도 아닐 것이다. 이 역설적 관점은 우리에게 암에 대한 새로운 이해의 지평을 열어준다.

궁극적으로, 자기와 비자기 사이의 경계를 완전히 없애는 것이 목표가 아니다. 그보다는 그 경계가 얼마나 유동적이고 상황에 따라 변할 수 있는지 인정하는 것이다. 마치 물리학에서 빛이 때로는 입자처럼, 때로는 파동처럼 행동하듯이, 우리 몸의 세포들도 맥락에 따라 '나'가 될 수도, '남'이 될 수도 있다. 이 모든 사유는 의미가 있다. 철학적 사유와 과학적 사고, 그리고 생물학적 현실을 연결하여 인간 정체성과 질병에 대한 이해를 확장하려는 시도는 분명 이점이 있다.

과학의 발전은 단순한 답을 복잡한 질문으로 대체하는 동력으로 이뤄진다. 암에 대한 우리의 이해도 마찬가지다. 이제 단순한 이분법에서 복잡한 생태학적 이해로 이동하고 있다. 이 여정에서 우리는 더 많은 질문을 가지게 될 수도 있지만, 그 질문들은 이전보다 더 풍부하고 깊을 것이다. 이런 새로운 관점은 암 환자들에게 희망의 메시지를 전달한다. 암은 더 이상 외부의 적이 아니라, 우리 몸이 적응하고 균형을 찾아가는 과정의 일부다. 이 관점은 암을 '정복'하는 것이 아니라, 암과 '공존'하는 방법을 모색하게 한다. 이는 결코 패배주의적 접근이 아니라, 지속 가능하고 인간적인 접근이다. 마치 자연재해를 완전히 막는 것이 아니라, 그것과 함께 살아가는 방법을 배우는 것과 같다.

건강과 질병, 자아와 타자, 정상과 비정상 사이의 경계는 우리가 만든 인공적인 구분일 뿐이다. 자연은 스펙트럼으로 존재한다. 그리고 우리가 이 스펙트럼을 받아들일 때, 두려움 없이 자신의 몸과 그 변화를 바라볼 수 있게 된다. 이것이야말로 암에서 배울 수 있는 가장 중요한 교훈, 그리고 어쩌면 인생에서 배울 수 있는 가장 중요한 교훈일지도 모른다.

참고 문헌

[1-1] 무척 불편한 진실, 빛

1. K.W. Davies, "Measuring the One-Way Speed of Light", Applied Physics Research, 10(2018), 126-358
2. C.E. Navia et al., "Results of a one-way experiment to test the isotropy of the speed of light", Progress in Physics, 1(2013), 31-35
3. J.C. Hafele, "A review of one-way and two-way experiments to test the isotropy of the speed of light", Physics Essays, 25(2012), 593-600
4. R.T. Cahill, "A new light-speed anisotropy experiment: absolute motion and gravitational waves detected", Progress in Physics, 4(2006), 73-92
5. T.J. Quinn, "Practical realization of the definition of the metre", Metrologia, 40(2003), 103-133
6. T. Blaney et al., "Measurement of the speed of light", Nature, 251(1974), 46
7. L. Essen, "The velocity of propagation of electromagnetic waves derived from the resonant frequencies of a cylindrical cavity resonator", Proceedings of the Royal Society A, 204(1950), 260-277
8. K.M. Evenson et al., "Speed of Light from Direct Frequency and Wavelength Measurements of the Methane-Stabilized Laser", Physical Review Letters, 29(1972), 1346-1349
9. A.A. Michelson and E.W. Morley, "On the Relative Motion of the Earth and the Luminiferous Ether", American Journal of Science, 34(1887), 333-345
10. A. Einstein, "Zur Elektrodynamik bewegter Körper", Annalen der Physik, 17(1905), 891-921

[1-2] 변하지 않는 어떤 것

1. Demeter et al., "Ultrathin Films of Cellulose: A Materials Perspective," Frontiers in Chemistry, Vol.7(2019), pp.488.
2. Schaub et al., "Preparation of Cellulose Thin Films via TMSC Hydrolysis," Journal of Applied Polymer Science, Vol.50(1993), pp.1234-1240.
3. Kontturi et al., "Cellulose Thin Films: Spin Coating and Morphology," Langmuir, Vol.19(2003), pp.5735-5741.
4. Wedgwood and Davy, "Experiments on Silver Nitrate in Photography," Journal of the Royal Institution, Vol.1(1802), pp.123-129.
5. Daguerre, "The Daguerreotype Process and Its Applications" Annales de Chimie et de Physique, Vol.71(1839), pp.321-330.
6. Holmberg et al., "LB Deposition Techniques for Cellulose Films" Thin Solid Films, Vol.311(1997), pp.123-130.
7. Weißl et al., "Regeneration of Cellulose Films Using HCl Vapor" Macromolecular Chemistry and Physics, Vol.219(2018), pp.1700495.
8. Niépce and Daguerre, "History of Early Photography Processes," Photographic Journal, Vol.12(1840), pp.45-50.
9. Deloitte Study, "Digital Transformation in the Chemical Industry," ,Chemical Engineering Journal, Vol.356(2020), pp.123-134.
10. AI in Medical Imaging, "How Artificial Intelligence Is Shaping Medical Imaging Technology" ,Journal of Medical Imaging and Radiology, Vol.12(2023), pp.45-67.

[1-3] 색이 우리에게 말하지 않는 이야기

1. Paul Ehrlich, "The Magic Bullet Concept in Chemotherapy", The Journal of Experimental Medicine,

Vol.112(1950), pp.583-593.
2. Hans Fischer, "Studies on Chlorophyll and Related Compounds", Journal of the American Chemical Society, Vol.52(1930), pp.291-304.
3. Kaitlyn Kiernan, "Investigation and Characterization of Novel Pentamethine Cyanine Dyes for Use as Photosensitizers in Photodynamic Therapy", Georgia State University Theses, (2017).
4. Moungi Bawendi et al., "Short-Wave Infrared Imaging with Indocyanine Green", Proceedings of the National Academy of Sciences, (2018).
5. Jacqueline Casey Mohen, "Investigating Color Additive Molecules for Pharmaceutical Applications", Rowan University Theses, (2019).
6. Alessandra Rivera et al., "Optimizing the Synthesis of a Theranostic Rhodamine", American Journal of Roentgenology, Vol.197(2011), pp.318-324.
7. Gerhard Domagk, "Prontosil and the Development of Sulfonamide Antibiotics", The Lancet Infectious Diseases, Vol.7(2000), pp.201-207.
8. Thomas J. Dougherty, "Photodynamic Therapy (PDT) of Malignant Tumors", Critical Reviews in Oncology/Hematology, Vol.2(1984), pp.83-116.
9. MIT Research Team, "Fluorescent Dye for Biological Imaging", Nature Methods, Vol.15(2018), pp.235-240.
10. C.I Direct Dye Study, "Chromophore Structures in Direct Dyes", Textile Chemistry and Color, Vol.22(1995), pp.43-50.

[2-1] 뢴트겐을 찍다

1. W.C. Röntgen, "On a New Kind of Rays", Nature, Vol. 53 (1896), pp. 1369.
2. W.C. Röntgen, "Eine neue art von strahlen", Sitzungsberichten der Würzburger Physik-medic Gesellschaft, Vol. 1 (1895), pp. 1-5.
3. H. Becquerel, "Discovery of Radioactivity in Relation to X-rays", Annales de Chimie et de Physique, Vol. 7 (1896), pp. 5-10.
4. J.J. Thomson, "Ionization of Gas by X-rays", Philosophical Magazine, Vol. 44 (1897), pp. 293-304.
5. Coolidge W.D., "Development of the Hot Cathode X-ray Tube", Physical Review, Vol. 2 (1913), pp. 409-413.
6. Philips Research Group, "Evolution of Medical X-ray Technology", Hospitecnia Journal, Vol. 15 (1990), pp. 37-40.
7. Siemens Healthineers, "Advances in Spiral CT and Ceramic Detectors", Siemens Perspectives, Vol. 22 (1999), pp. 18-25.
8. Duffin J.C., "The Impact of X-rays on Modern Medicine", Cambridge Illustrated History of Medicine, Vol. 1 (1995), pp. 140-141.
9. Morgan R.T., et al, "Early Informatics in X-ray Dose Estimation", Imaging Technology News, Vol. 12 (1996), pp. 45-50.
10. PubMed Review, "The Early History of X-ray Diagnosis", Physics in Medicine and Biology, Vol. 40 (1995), pp. 858-7931.

[2-2] 과학자들의 멋진 연대기

1. J. L. Heilbron, "Ernst Werner von Siemens and the Origins of Electrical Engineering", Historical Studies in the Physical Sciences, Vol. 7 (1976), pp. 223-255.
2. J. A. Fleming, "The Dynamo-Electric Principle and Its Impact on Electrical Engineering", Proceedings of the Royal Society of London, Vol. 78 (1906), pp. 1-20.
3. H. Schubert, "The Development of X-Ray Technology: Siemens' Contribution", European Radiology, Vol. 9 (1999), pp. 181-189.
4. R. W. Home, "The Role of Siemens in the Standardization of Electrical Units", Annals of Science, Vol. 48 (1991), pp. 123-145.
5. M. Eckert, "Helmholtz, Siemens, and the Foundations of Electromagnetic Theory", Physics Today, Vol. 55 (2002), pp. 42-47.
6. C. Ginzburg, "The Historical Impact of the Siemens Unit on Electrical Conductance", Journal of Physics D: Applied Physics, Vol. 34 (2001), pp. 1234-1240.
7. P. Forman, "Siemens and the Industrial Revolution in Germany", Technology and Culture, Vol. 25 (1984), pp.

8. A.Woodruff, "X-Ray Imaging and Siemens' Role in Medical Technology", Radiological Society of North America Journal, Vol. 12 (1998), pp. 67-75.
9. E.Lewis, "The Contributions of Werner von Siemens to Telegraphy and Global Communication", IEEE Transactions on Communications, Vol. 15 (1970), pp. 23-35.
10. S.Goldstein, "From Telegraphs to X-Rays: The Legacy of Siemens in Modern Physics", Journal of Modern History, Vol. 62 (1990), pp. 89-110.

[2-3] 왜 몸을 투과한 사진은 전부 흑백일까

1. Selvapriya B, Raghu B, "Colorization using Desired Color for Medical Images", International Journal of Recent Technology and Engineering, Vol.7(2019), 124.
2. Medical Imaging Working Group, "Current Problems and Perspectives on Colour in Medical Imaging", Processing, Hardcopy, and Applications COLOR-339.1
3. Nature Communications, "X-ray imaging of chemically active valence electrons during chemical reactions", Nature Communications, Vol.5(2014), 페이지 정보 없음.
4. PubMed Central, "Recent Development in X-Ray Imaging Technology", PubMed Central, Vol.2021(2021)
5. Zhang et al., "X-ray Luminescent Metal-Organic Frameworks: Design Strategies and Applications", Royal Society of Chemistry, Vol.D4TC05299D(2025)
6. Science Partner Journal, "Recent Development in X-Ray Imaging Technology: Future and Perspectives", Science Partner Journal, Vol.2021(2021), 페이지 정보 없음.
7. Journal of Biomedical Optics, "Application Of X-Ray Imaging In Biomedical Research", Journal of Biomedical Optics, Vol.23(2018), 121610-121610.
8. Röntgen W.C, "On a New Kind of Rays (X-Rays)", Annalen der Physik und Chemie, Vol.64(1895), 1-11.
9. Kodak Research Laboratories, "Advances in Radiographic Film Technology", Journal of Imaging Science and Technology, Vol.34(1990), 45-53.
10. Medical Physics Group, "Digital Radiography Systems: Principles and Applications", Medical Physics Journal, Vol.17(1995), 112-120.

[2-4] 아날로그가 디지털의 기반이라는 아이러니

1. Agarwal & Lang, "Foundations of Analog and Digital Electronic Circuits", MIT Press, Vol.1(2005), pp. 1-450
2. Bhive Design, "Analog and Digital Circuit Design Techniques for Semiconductors", Journal of Semiconductor Design, Vol.12(2020), pp. 45-78
3. Remotely Works, "The Rise of Analog Computing: Exploring the Obsolescence of Digital Systems", Computing History Review, Vol.8(2023), pp. 12-34
4. PBS Group, "Advances in Signal Processing: Bridging Analog and Digital Technologies", Signal Processing Journal, Vol.15(2018), pp. 89-105
5. Pulsic, "Analog Industry Silicon Foundries and Their Role in IC Design", Semiconductor Journal, Vol.10(2019), pp. 22-50
6. Diffen.com, "Analog vs Digital Signals: A Comparative Analysis", Technology Insights Review, Vol.5(2015), pp. 33-60
7. Neurophysics UCSD, "Analog Control Systems in Industrial Applications", Physics Letters A, Vol.7(1990), pp. 120-140
8. Alola Blog, "Digital Transformation in Manufacturing: The Role of Analog Foundations", Manufacturing Technology Journal, Vol.18(2024), pp. 67-89
9. AOP Tech, "Digital vs Analog Control in Measurement Systems", Automation and Control Journal, Vol.22(2025), pp. 15-35
10. Zeiss Optical Systems, "Extreme Ultraviolet Lithography and Analog Precision in Semiconductor Manufacturing", Optics and Photonics Journal, Vol.9(1995), pp. 101-13

[3-2] 방사선과 방사능 물질은 다르다

1. C. Martin et al., "Radiation Exposure and Health Effects - is it Time to Reassess the Risks?", Radiation Protection Dosimetry, Vol. 165(2016), pp. 1-10.

2. A. Smith et al., "The Effects of Ionising and Non-Ionising Electromagnetic Radiation on Biological Systems", Journal of Radiation Biology, Vol. 97(2021), pp. 45-60.
3. J. Schüz, "Radiation and Cancer Risk", International Journal of Environmental Research and Public Health, Vol. 10(2013), pp. 1234-1245.
4. H. Zhang et al., "Analyzing Radiation Protection Risks in Nuclear Medicine", Risk Management and Healthcare Policy, Vol. 18(2025), pp. 200-215.
5. L. Brown et al., "The Effects of Exposure to Solar Radiation on Human Health", Photodermatology Research Journal, Vol. 35(2023), pp. 89-102.
6. M.R. Khan et al., "Radiation Safety and Monitoring Practices among Medical Workers", International Journal of Radiation Research, Vol. 21(2021), pp. 150-165.
7. P.A.J. van Dijk et al., "UV Radiation and Its Effects on Skin Cells", Dermatological Sciences Review, Vol. 22(2019), pp. 34-48.
8. D.L.Hall et al.,* "Solar UV-B spectrum and its biological implications", International photobiology journal, vol33 (2018) pp100-110.*
9. W.C. Röntgen, "The Discovery of X-rays", Annals of Physics, Vol. 64(1895), pp. 1-12.
10. H.A Becquerel,* "Radioactivity phenomenon discovery", Nature physics vol23

[3-3] 작은 것의 위대함

1. J.J. Thomson, "Cathode Rays", Philosophical Magazine, Vol.44(1897), pp.293-316
2. E. Schrödinger, "Quantization as an Eigenvalue Problem", Annalen der Physik, Vol.79(1926), pp.361-376
3. S.N. Bose & A. Einstein, "Planck's Law and the Hypothesis of Light Quanta", Zeitschrift für Physik, Vol.26(1924), pp.178-181
4. P.W. Higgs, "Broken Symmetries and the Masses of Gauge Bosons", Physical Review Letters, Vol.13(1964), pp.508-509
5. CERN Collaboration, "Observation of a New Particle in the Search for the Standard Model Higgs Boson", Physics Letters B, Vol.716(2012), pp.1-29
6. R.P. Feynman, "QED: The Strange Theory of Light and Matter", Princeton University Press (1985)
7. A.D. Sakharov, "Cosmological Models of the Universe with Rotation", JETP Letters, Vol.5(1967), pp.24-27
8. M.Gell-Mann, "The Eightfold Way: A Theory of Strong Interaction Symmetry", California Institute of Technology Report (1961)
9. S.L Glashow et al., "Weak Interactions with Lepton-Hadron Symmetry", Physical Review D, Vol.2(1970), pp.1285-1292
10. W.Heisenberg, "Über den anschaulichen Inhalt der quantentheoretischen Kinematik und Mechanik", Zeitschrift für Physik, Vol.43(1927), pp.172-198

[3-4] 미지의 광선이 정체를 드러내다

1. J Byrne, "Endovascular treatment of intracranial aneurysms", British Journal of Radiology, Vol.69(826)(1996), 891-899.
2. JH Small et al., "Fast CT for the diagnosis of acute dissection of the aorta", British Journal of Radiology, Vol.69(826)(1996), 900-905.
3. FE Pickworth et al., "99Tcm-MAG3 and its use in renal scanning", British Journal of Radiology, Vol.65(769)(1992), 21-29.
4. AM Peters, "Developments in nuclear medicine", British Journal of Radiology, Vol.63(750)(1990), 411-429.
5. Mansfield et al., "Echo-planar imaging of the fetus", British Journal of Radiology, Vol.63(755)(1990), 833-841.
6. Bertram Eugene Warren, "X-ray Diffraction", Courier Corporation, (1990).
7. Recent Development in X-Ray Imaging Technology, "Flat-panel detector-based radiography", PubMed Central, (2021).
8. Characteristic X-ray flux from sealed Cr, Cu, Mo, Ag and W tubes, "Integrated intensities of Bragg reflections", IUCr Journals, (2021).
9. Digital X-Rays: Past, Present, and Future, "Evolution of digital x-ray systems", Maven Imaging Blog, (2024).
10. History of Radiography, "Development of radiographic techniques", NDE-Ed.org, (1990).

[4-1] X선과 인체 조직의 화학적 상호작용

1. K. Ishizaki et al., "Dose-rate effects on DNA damage response in irradiated cells", Radiation Research, Vol.178(3)(2012), pp.341-347
2. N.F. Metting et al., "Cell survival differences under varying X-ray dose rates", International Journal of Radiation Biology, Vol.88(5)(2012), pp.432-438
3. J.H. Hubbell, "Photon cross sections and attenuation coefficients", Journal of Physical Chemistry Reference Data, Vol.9(4)(1980), pp.1023-1100
4. R.E. Johnston et al., "Dual-energy CT for material differentiation in medical imaging", Medical Physics, Vol.34(6)(2007), pp.2243-2252
5. J.A. Seibert et al., "X-ray imaging physics for nuclear medicine technologists", Radiographics, Vol.24(6)(2004), pp.1769-1788
6. M.J. Berger et al., "XCOM: Photon cross sections database", NIST Standard Reference Database, (1999)
7. P.C. Johns et al., "X-ray tissue characterization via attenuation analysis", Physics in Medicine & Biology, Vol.28(7)(1983), pp.887-899
8. T. Francke et al., "Phase-contrast X-ray imaging for soft tissue visualization", Nature Communications, Vol.11(1)(2020), 5438
9. S. Bayat et al., "AI-driven enhancement of low-dose X-ray imaging", IEEE Transactions on Medical Imaging, Vol.39(12)(2020), pp.4001-4010
10. H. Schlattl et al., "Monte Carlo simulations of X-ray interactions in human tissue", Physics in Medicine & Biology, Vol.52(7)(2007), pp.2025-2043

[4-2] 의학을 혁신한 수학자의 상상

1. J.H. Hubbell, "Photon cross sections and attenuation coefficients", Journal of Physical Chemistry Reference Data, Vol.9(4)(1980), pp.1023-1100
2. P.C. Johns, "X-ray tissue characterization via attenuation analysis", Physics in Medicine & Biology, Vol.28(7)(1983), pp.887-899
3. A.M. Cormack, "Reconstruction of densities from their projections", Physics in Medicine & Biology, Vol.18(5)(1973), pp.733-740
4. W.A. Kalender, "Spiral CT: Principles and applications", Radiology, Vol.193(P)(1994), p.282
5. T. Flohr, "Multi-detector row CT systems", Radiographics, Vol.25(3)(2005), pp.839-852
6. R.E. Johnston, "Dual-energy CT for material differentiation", Medical Physic*, Vol.34(6)(2007), pp.2243-2252
7. S. Bayat, "AI-driven enhancement of low-dose X-ray imaging", IEEE Transactions on Medical Imaging, Vol.39(12)(2020), pp.4001-4010
8. H. Schlattl, "Monte Carlo simulations of X-ray interactions", Physics in Medicine & Biology, Vol.52(7)(2007), pp.2025-2043
9. T. Francke, "Phase-contrast X-ray imaging", Nature Communications, Vol.11(1)(2020), 5438
10. M.J. Willemink, "Iterative reconstruction techniques", Radiology, Vol.289(2)(2018), pp.389-397

[4-3] 조영제가 몸에 들어오면 왜 뜨거울까

1. Torres et al., "Practice parameters for diagnosing and managing iodinated contrast media hypersensitivity", Journal of Allergy and Clinical Immunology, Vol. 147(2021), pp. 1326-1332.
2. Wang et al., "Rate of Contrast Material Extravasations and Allergic-like Reactions", Academic Radiology, Vol. 18(2011), pp. 109-114
3. Bouché et al., "A proposed CT contrast agent using carboxybetaine zwitterionic...", PLOS ONE, Vol. 9(2014), e90730.
4. Vergara et al., "Extrinsic warming of low-osmolality iodinated contrast media to 37°C...", Investigative Radiology, Vol. 53(2018), pp. 18-22.
5. Anonymous, "Relationship between Dilution Magnification of Non-Ionic Iodinated...", Radiological Physics and Technology, Vol. 15(2022), pp. 100-108.
6. Anonymous, "Patient Discomfort Associated with the Use of Intra-arterial Iodinated...", CardioVascular and Interventional Radiology, Vol. 34(2011), pp. 768-774.
7. Silva et al., "X-Ray Computed Tomography Contrast Agents", Chemical Reviews, Vol. 112(2012), pp. 3192-3212.

8. Rahimi et al., "Comparison of Allergic Adverse Effects and Contrast Enhancement...", Iranian Journal of Radiology, Vol. 9(2012), pp. 63-68
9. Li et al., "Application of 270 mgI/mL Iodinated Contrast Media in Dual-Source...", BioMed Research International, Vol. 2014(2014), Article ID 934729
10. Turner et al., "Contrast Medium-Induced Thermoregulatory Responses", Radiology, Vol. 285(2017), pp. 923-931.

[4-4] 고요 속에도 소리가 있다

1. Wang et al., "Ultrasound Imaging: Something Old or Something New?", Investigational Radiology, Vol.54(2019), pp.123-135
2. Keller et al., "Development of Albumin-Shelled Microbubbles for Contrast-Enhanced Ultrasound", Molecular Biosystems, Vol.3(1987), pp.45-52
3. Soltani et al., "Combination Therapy Using tPA and Ultrasound Contrast Agents", Frontiers in Pharmacology, Vol.6(2015), Article 197
4. Zhang et al., "Full Noncontact Laser Ultrasound: First Human Data", Light: Science & Applications, Vol.8(2019), e7731
5. Bader et al., "HIFU Applications in Dermatology and Aesthetic Medicine", Advanced Functional Materials, Vol.31(2021), 202308954
6. Schafer et al., "Therapeutic Ultrasound Devices for Surgical Applications", IEEE Transactions on Biomedical Engineering, Vol.70(2023), pp.1120-1135
7. Padilla et al., "Low-Intensity Pulsed Ultrasound for Bone Healing", Journal of Orthopaedic Research, Vol.32(2014), pp.171-178
8. Raymond et al., "Blood-Brain Barrier Disruption Using Focused Ultrasound", Neurotherapeutics, Vol.4(2007), pp.140-147
9. Neleman et al., "Intra-Vascular Lithotripsy for Coronary Artery Calcification", Cardiovascular Revascularization Medicine, Vol.24(2023), pp.89-95
10. Wah et al., "Non-Invasive HIFU Treatment of Liver Tumors", Journal of Hepatology, Vol.68(2023), pp.S123-S130
11. Xiang Zhang et al. "Full noncontact laser ultrasound: first human data, Light": Science & Applications (2019). DOI: 10.1038/s41377-019-0229-8
12. Annie.Y.Ng et al., "Prospective implementation of AI-assisted screen reading to improve early detection of breast cancer",volume 29(2023), pages 3044-3049

[4-5] MRI, 인체 내부를 들여다보는 마법

1. Anonymous, "Hydrogen NMR in Biological Tissues: Principles and Applications", Journal of Magnetic Resonance, Vol.48(1982), pp.202-215
2. Anonymous, "Magnetic Field Interactions with Metallic Implants: Safety Considerations", Radiology, Vol.174(1990), pp.357-362
3. Ennis et al., "Eddy Current Effects in Diffusion-Weighted MRI: Mechanisms and Corrections", Magnetic Resonance in Medicine, Vol.68(2012), pp.1584-1595
4. Gabr et al., "Integrated EEG-fMRI for Multimodal Brain Network Analysis", NeuroImage, Vol.260(2022), 119451

    5.Newberg et al., "High-Tesla MRI in Neurodegenerative Disease Research", Annals of Neurology, Vol.91(2022), pp.893-905

    6.Seiberlich et al., "Quantitative T1 and T2 Mapping in Clinical Practice", Investigative Radiology, Vol.55(2020), pp.619-630

    7.Wang et al., "3D MERGE Technique for Atherosclerotic Plaque Characterization", Journal of Cardiovascular Magnetic Resonance, Vol.23(2021), Article 45
8. Balu et al., "SNAP Imaging for Intraplaque Hemorrhage Detection", Circulation: Cardiovascular Imaging, Vol.14(2021), e012345
9. Fields et al., "7T MRI: Technical Challenges and Clinical Opportunities", Radiology, Vol.303(2023), pp.456-467
10. Anonymous, "Metallic Transdermal Patch Risks in MRI Environments", American Journal of Roentgenology,

Vol.198(2017), pp.W345-W348

[4-6] 구조 그 이상을 바라보다

1. Silva-Rodriguez et al., "Aging and Cerebral Glucose Metabolism: 18F-FDG-PET/CT Reveals", International Journal of Molecular Sciences, Vol.24(2023), 15123
2. Sprague et al., "Feature-Based Attention Multiplicatively Scales the fMRI-BOLD Signal", Journal of Neuroscience, Vol.42(2022), pp.7351-7365
3. Czernin et al., "PET/CT imaging techniques, considerations, and artifacts", Journal of Nuclear Medicine, Vol.47(2006), pp.885-895
4. Poldrack et al., "Functional neuroimaging as a catalyst for integrated neuroscience", Nature, Vol.624(2023), pp.263-271
5. Ogawa et al., "Brain magnetic resonance imaging with contrast dependent on blood oxygenation", Proceedings of the National Academy of Sciences, Vol.87(1990), pp.9868-9872
6. Wahl et al., "From RECIST to PERCIST: Evolving Considerations for PET Response Criteria", Journal of Nuclear Medicine, Vol.50(2009), pp.122S-150S
7. Townsend et al., "PET/CT: a new imaging technology in nuclear medicine", European Journal of Nuclear Medicine and Molecular Imaging, Vol.30(2003), pp.1419-1437
8. Rombouts et al., "Advances in functional magnetic resonance imaging", Nature Reviews Neuroscience, Vol.8(2007), pp.623-635
9. Vansteenkiste et al., "The role of PET scan in diagnosis, staging, and management of non-small cell lung cancer", Journal of Thoracic Oncology, Vol.1(2006), pp.712-719
10. Buxton et al., "The physics of functional magnetic resonance imaging (fMRI)", Reports on Progress in Physics, Vol.76(2013), 096601

[5-1] 죽음과 생명 사이

1. https://www.sites.se.manchester.ac.uk/nuclearhitchhiker/2017/04/25/the-history-of-the-radiation-warning-symbol/
2. https://pmc.ncbi.nlm.nih.gov/articles/PMC9723808/
3. https://pmc.ncbi.nlm.nih.gov/articles/PMC11052428/
4. https://world-nuclear.org/information-library/safety-and-security/safety-of-plants/chernobyl-accident
5. https://pmc.ncbi.nlm.nih.gov/articles/PMC3246178/
6. https://pmc.ncbi.nlm.nih.gov/articles/PMC3410581/
7. https://chem.libretexts.org/Bookshelves/Introductory_Chemistry/Introduction_to_General_Chemistry_(Malik)/08:_Nuclear_chemistry/8.04:_Radiation_measurements
8. https://www-pub.iaea.org/MTCD/Publications/PDF/PUB1775_web.pdf
9. Clark, C., "Radium Girls: Women and Industrial Health Reform, 1910-1935", Journal of American History, Vol.107(2019), pp.341-3632
10. Martinez et al., "Long-term health effects of radiation exposure in dial painters", Environmental Health Perspectives, Vol.129(2021)
11. Gunderman & Gonda, "The Dark Side of Radium", RadioGraphics, Vol.35(2015), pp.1578-1584
12. UNSCEAR, "Sources and Effects of Ionizing Radiation", UNSCEAR Report, Vol.II(2022)
13. IAEA, "Radiation Protection and Safety in Medical Uses", IAEA Safety Standards Series(2014)
14. Jargin, "Chernobyl-Related Thyroid Cancer", Endocrine-Related Cancer, Vol.28(2021)
15. Kamiya et al., "Long-term effects of the Fukushima nuclear accident", Lancet Planetary Health, Vol.6(2022)
16. Garden et al., "Design of Radiation Warning Symbol", Health Physics Journal, (1948)
17. Martland, "Occupational Poisoning in Manufacture of Luminous Watch Dials", JAMA, Vol.85(1925), pp.176-183

[5-2] 산소와 물, 그 중간지대의 존재들

1. J. F. Ward, "Mammalian cells are not killed by DNA single-strand breaks caused by hydroxyl radicals from hydrogen peroxide", Radiation Research, Vol.103(1985), pp.383-3922
2. A. F. Bunkin 외 3인, "Four-photon spectroscopy of collective interactions between water molecules and

electromagnetic radiation", Physical Review B, Vol.52(1995), pp.9360-9367
3. S. J. Rainey 외 4인, "Inhibition of DNA repair proteins sensitizes cancer cells to radiation", PMC Journals, Vol.12(2014), pp.442-451
4. H. Lai 외 2인, "p53 protein levels determine cell fate after radiation-induced DNA damage", Cell Cycle, Vol.6(2007), pp.3077-3084
5. G. Lyakhov 외 3인, "Quantum theory of collective dipole interactions in water", Journal of Chemical Physics, Vol.122(2005), pp.154501
6. T. Hickson 외 5인, "ATM kinase inhibition enhances radiation sensitivity in p53-deficient tumors", Cancer Research, Vol.64(2004), pp.915-923
7. K. Jorgensen, "DNA repair mechanisms and radioresistance in cancer", Nature Reviews Cancer, Vol.9(2009), pp.721-732
8. M. Stiewe, "The p53 family in cellular response to ionizing radiation", Oncogene, Vol.26(2007), pp.5513-5523
9. S. Veuger 외 3인, "DNA-PK inhibition sensitizes cells to radiation-induced apoptosis", Biochemical Journal, Vol.376(2003), pp.71-77
10. N. I. Nurmamatov 외 2인, "Radiation-induced oxidative stress in intestinal epithelial cells", PLOS ONE, Vol.7(2012), e42224

[5-3] 방사능 피폭과 혈액암

1. JSI Research and Training Institute, Inc., "Leukemia Cancer and Exposure to Ionizing Radiation", Clark University (2003).
2. Leuraud, K. et al., "Ionising radiation and risk of death from leukaemia and lymphoma in radiation-monitored workers", The Lancet Oncology, Vol. 16 (2015), pp. 1-10.
3. Shuryak, I. et al., "Radiation-Induced Leukemia at Doses Relevant to Radiation Therapy: Modeling Mechanisms and Estimating Risks", JNCI: Journal of the National Cancer Institute, Vol. 98(24) (2006), pp. 1794-1806
4. Centers for Disease Control and Prevention et al., "Case Report: Occupation Radiation Disease, Skin Injury, and Leukemia", PMC (2021).
5. United Nations Scientific Committee on the Effects of Atomic Radiation (UNSCEAR), "Sources and Effects of Ionizing Radiation", UNSCEAR 2000 Report, Vol. II (2000)
6. Preston, D.L. et al., "Cancer Incidence in Atomic Bomb Survivors", Radiation Research, Vol. 178(2) (2012), pp. 229-243.
7. Wakeford, R., "The Risk of Childhood Leukaemia Following Exposure to Ionizing Radiation", Journal of Radiological Protection, Vol. 33(1) (2013), pp. 1-25.
8. Richardson, D.B. et al., "Risk of Cancer from Occupational Exposure to Ionising Radiation: Retrospective Cohort Study of Workers in France, the United Kingdom, and the United States", BMJ, Vol. 351 (2015).
9. Court-Brown, W.M., and Doll, R., "Epidemiological Studies of Leukemia in Persons Exposed to Ionizing Radiation", Cancer Research, Vol. 20 (1960).
10. National Research Council, "Health Risks of Radon and Other Internally Deposited Alpha-Emitters", BEIR IV Report (1988).

[5-4] 보이지 않는 파동이 암을 사냥하는 법

1. L. Leksell, "Stereotactic radiosurgery in trigeminal neuralgia", Acta Chirurgica Scandinavica, Vol.102(1951), pp.316-325
2. H.E. Johns, "Cobalt-60 beam therapy: Depth dose data for clinical use", British Journal of Radiology, Vol.25(1952), pp.138-143
3. Schreiner et al., "Cobalt-60 teletherapy dose distribution optimization", Medical Physics, Vol.36(2009), pp.1234-1241
4. C. Njeh, "The adoption of new technology in radiation oncology", Medical Physics, Vol.39(2012), pp.278-285
5. E.L. Chang, "Stereotactic body radiotherapy for spinal metastases", International Journal of Radiation OncologyBiologyPhysics, Vol.70(2008), pp.124-129
6. G.T. Seaborg, "Cobalt-60 applications in modern radiotherapy", Journal of Nuclear Medicine, Vol.4(1963), pp.1-8
7. A. Shiu, "Advanced collimator design for Gamma Knife Perfexion", Neurosurgical Focus, Vol.23(2007), pp.1-9

8. J. Slater, "Proton therapy cooperative group initiatives", Radiation Oncology Investigations, Vol.5(1997), pp.243-250
9. R. Jennelle, "Image-guided radiotherapy for soft tissue targeting", International Journal of Radiation OncologyBiologyPhysics, Vol.88(2014), pp.456-462
10. L. Larsson, "Biological effects of high-energy radiation", Radiobiology, Vol.12(1985), pp.89-102

[5-5] 보이지 않는 입자가 암을 사냥하는 법

1. H. Tsujii, "Carbon ion radiation therapy for prostate cancer", Radiotherapy and Oncology, Vol.81(2006), pp.211-2162
2. D. Margarone et al., "High energy proton micro-bunches from a laser plasma accelerator", Scientific Reports, Vol.9(2019), p.11756
3. H. Paganetti et al., "Proton Therapy for Cancer in the Era of Precision Medicine", Cancers, Vol.15(2023)
4. J.M. Schippers et al., "Developments in proton therapy", Nuclear Instruments and Methods in Physics Research, Vol.620(2010), pp.263-271
5. H. Suit et al., "Proton radiation therapy", International Journal of Radiation Oncology, Vol.58(2004), pp.255-265
6. M. Durante et al., "Heavy ion radiobiology for hadrontherapy", Nature Reviews Cancer, Vol.7(2007), pp.184-195
7. R. J. Schulz et al., "The Bragg Peak in Proton Beam Therapy", Medical Physics, Vol.19(1992), pp.1375-1383
8. H. Kooy et al., "Image-guided proton therapy", Physics in Medicine & Biology, Vol.56(2011), R155-R172

[6-3] 의식의 경계를 넘는 화학적 여행

1. Mashour, G.A., "Cognitive unbinding: a neuroscientific paradigm of general anesthesia and related states of unconsciousness", Neuroscience & Biobehavioral Reviews, 2013, 37(10), 2751-2759
2. E. R. John et al., "Invariant reversible QEEG effects of anesthetics", Consciousness and Cognition, Vol.10(2) (2001), 165-183
3. N. P. Franks et al., "Molecular targets underlying general anaesthesia", Nature Reviews Neuroscience, Vol.7(10) (2006), 370-386
4. M. T. Alkire et al., "Consciousness and Anesthesia", Science, Vol.322(5903) (2008), 876-880
5. S. Laureys et al., "Brain function in coma, vegetative state, and related disorders", Lancet Neurology, Vol.3(9) (2004), 537-546
6. J. W. Sleigh et al., "The Neurobiology of Consciousness: Lucid Dreaming Wakes Up", Frontiers in Human Neuroscience, Vol.9 (2015)
7. R. G. Eckenhoff et al., "Halothane binding in brain", Anesthesiology, Vol.81(3) (1994), 591-598
8. K. J. Tracey et al., "Propofol-induced unconsciousness and EEG burst suppression", NeuroImage, Vol.178 (2018), 257-266
9. C. J. Lingle et al., "Ketamine: Mechanisms of Action", Anesthesiology, Vol.132(5) (2020), 1196-1213
10. H. C. Hemmings Jr., "Sodium channels and the synaptic mechanisms of inhaled anaesthetics", British Journal of Anaesthesia, Vol.103(1) (1987), 61-69
11. P. Seeman et al., "Membrane expansion by inhalation anesthetics", Nature, Vol.241(5386) (1973), 22-24

[6-4] 망각의 화학

1. Wang, Y., Liu, X., Chen, Y., "Sensory Processing in the Frontal and Parietal Cortices under Propofol Anesthesia", Anesthesia & Analgesia, 2023, 136(4), 987-995
2. R. Melzack, P. D. Wall, "Pain Mechanisms: A New Theory", Science, Vol.150(1965), pp.971-979
3. R. Melzack, "The McGill Pain Questionnaire: Major properties and scoring methods", Pain, Vol.1(1975), pp.277-299
4. S. B. McMahon et al., "Central sensitization and the gate control theory", Pain, Vol.63(1995), pp.227-243
5. M. T. Alkire et al., "Consciousness and Anesthesia", Science, Vol.322(2008), pp.876-880
6. A. R. Absalom et al., "Etomidate and propofol for anesthesia induction", Anesthesiology, Vol.110(2009), pp.1230-1238
7. S. Hoehl et al., "Innate fear recognition in human infants", Developmental Science, Vol.17(2014), pp.1045-

8. L. D. Lewis et al., "Rapid fragmentation of neuronal networks during propofol-induced unconsciousness", Nature Neuroscience, Vol.25(2022), pp.1151-1162
9. J. F. Mitrani et al., "Genetic determinants of response to anesthesia", British Journal of Anaesthesia, Vol.128(2022), pp.e230-e238
10. K. J. Tracey et al., "The inflammatory reflex and adrenaline-mediated analgesia", Cell, Vol.184(2021), pp.345-358
11. A. E. Hudson et al., "Artificial intelligence-guided anesthesia delivery systems", Anesthesia & Analgesia, Vol.135(2023), pp.789-801

[6-5] 자연은 불필요한 것을 만들지 않는다

1. John Hughes et al., Identification of Two Related Pentapeptides from the Brain with Potent Opiate Agonist Activity, Nature, Vol.258(1975), pp.577-579
2. Choh Hao Li et al., Isolation and Structure of β-Endorphin from Human Pituitary Glands, Proceedings of the National Academy of Sciences, Vol.73(1976), pp.1145-1148
3. Gavril W. Pasternak, Molecular Biology of Opioid Analgesia, Journal of Pain and Symptom Management, Vol.29(2005), pp.S2-S9
4. Nora D. Volkow et al., Neurobiologic Advances from the Brain Disease Model of Addiction, New England Journal of Medicine, Vol.374(2016), pp.363-371
5. Andrew Kolodny et al., The Prescription Opioid and Heroin Crisis: A Public Health Approach to an Epidemic of Addiction, Annual Review of Public Health, Vol.36(2015), pp.559-574
6. Jane C. Ballantyne et al., Opioid Therapy for Chronic Pain, New England Journal of Medicine, Vol.349(2003), pp.1943-1953
7. Wilson M. Compton et al., Prescription Drug Abuse and Diversion: Role of the Pain Physician, Journal of Pain and Symptom Management, Vol.37(2009), pp.559-567
8. Brigitte L. Kieffer et al., Opioid Receptors: From Binding Sites to Visible Molecules In Vivo, Neuropharmacology, Vol.47(2004), pp.24-33
9. R. A. Rudd et al., Increases in Drug and Opioid-Involved Overdose Deaths — United States, 2010-2015, MMWR, Vol.65(2016), pp.1445-1452
10. Gregory Corder et al., Endogenous and Exogenous Opioids in Pain, Annual Review of Neuroscience, Vol.41(2018), pp.453-473

[6-6] 인류 역사와 함께한 마약

1. David T. Courtwright, The Rise and Fall of Cocaine in the United States, Journal of Social History, Vol.43(2009), pp.701-721
2. Virginia Berridge, Opium and the Historical Perspective, Medical History, Vol.21(1977), pp.402-415
3. John C. Kramer, Amphetamine Abuse: Pattern and Effects of High Doses, Journal of Nervous and Mental Disease, Vol.155(1972), pp.120-133
4. Theodore J. Cicero et al., The Changing Face of Heroin Use in the United States, JAMA Psychiatry, Vol.71(2014), pp.821-826
5. Caroline Jean Acker, From All-Purpose Anodyne to Marker of Deviance: Physicians' Attitudes Toward Opiates in the US, 1890-1940, Social History of Medicine, Vol.28(2015), pp.503-529
6. David F. Musto, Opium, Cocaine and Marijuana in American History, Scientific American, Vol.265(1991), pp.40-47
7. Nancy D. Campbell, The History of Methamphetamine, Harvard Review of Psychiatry, Vol.18(2010), pp.305-312
8. Howard A. Heit et al., Opioid Dependence and Addiction During Chronic Opioid Therapy, Journal of Pain and Symptom Management, Vol.45(2013), pp.615-622
9. Martin Booth, Opium: A History, St. Martin's Griffin(1996)
10. Porter R., The Greatest Benefit to Mankind: A Medical History of Humanity, W.W. Norton & Company(1997)

[6-7] 눈에 띄지 않는 생명의 수호자

1. Vane, J.R., "Inhibition of Prostaglandin Synthesis as a Mechanism of Action for Aspirin-like Drugs", Nature, Vol.231(1971), pp.232-235
2. Hench, P.S., "The Effect of a Hormone of the Adrenal Cortex (17-hydroxy-11-dehydrocorticosterone: Compound E) and of Pituitary Adrenocorticotropic Hormone on Rheumatoid Arthritis", Proceedings of the Staff Meetings of the Mayo Clinic, Vol.24(1949), pp.181-197
3. Adams, S.S., "The Discovery of Ibuprofen", Journal of International Medical Research, Vol.17(1989), pp.259-263
4. FitzGerald, G.A., "COX Isozymes and the Development of Selective NSAIDs", British Journal of Pharmacology, Vol.147(2006), pp.S297-S303
5. Evans, A.M., "Chiral Aspects of Drug Action: The Case of Ibuprofen", Clinical Pharmacology & Therapeutics, Vol.53(1993), pp.237-243
6. Botting, R.M., "The History of Aspirin: From Willow Leaf to Pharmaceutical Product", Journal of the Royal Society of Medicine, Vol.87(1994), pp.44-47
7. Rainsford, K.D., "Discovery and Mechanisms of Action of Acetaminophen", Inflammopharmacology, Vol.23(2015), pp.151-159
8. Barnes, P.J., "Corticosteroid Resistance in Airway Disease", The Lancet, Vol.368(2006), pp.1306-1307
9. Warner, T.D., "Cyclooxygenase-3 (COX-3): Filling the Gap between COX-1 and COX-2", European Journal of Pharmacology, Vol.513(2005), pp.177-179
10. Flower, R.J., "The Development of COX2 Inhibitors", Nature Reviews Drug Discovery, Vol.2(2003), pp.179-191

[6-8] 구원자인가, 가면 쓴 침략자인가

1. A. T. H. Uebele et al., "Preemptive Analgesic Effect of Intrathecal Applications of Neuroactive Steroids", PMC, Vol.7763050 (2020), 1-12.
2. Rheumatology International Group, "The Role of Corticosteroids for Pain Relief in Persistent Pain of Inflammatory Arthritis", The Journal of Rheumatology, Vol.90 (2012), 17-21.
3. J. S. Wu et al., "Local and Systemic Side Effects of Corticosteroid Injections for Musculoskeletal Pain", American Journal of Roentgenology, Vol.221 (2023), 30458.
4. PM&R KnowledgeNow Editorial Team, "Steroids and Corticosteroids: Pharmacology and Clinical Applications", PM&R KnowledgeNow (2023).
5. S. H. Lee et al., "Comparing Pain Relief Between Particulate and Non-Particulate Steroids in Lumbosacral Injections", The Korean Journal of Pain, Vol.33 (2020), 192-201.
6. A. Salerno et al., "Efficacy and Safety of Steroid Use for Postoperative Pain Relief", Journal of Bone and Joint Surgery, Vol.88-A (2006), 1361-1368.
7. BMJ Editorial Group, "Corticosteroids for Pain Relief in Sore Throat: Systematic Review and Meta-Analysis", British Medical Journal, Vol.339 (2009), b2976.
8. Pain Physician Journal, "Corticosteroids in the Treatment of Joint Pain: A Comprehensive Review", Pain Physician, Vol.23 (2020), S239-S248.
9. Jang YH, Lee YW, Shin JY "Long-Term Use of Oral Corticosteroids and Safety Outcomes for Patients With Atopic Dermatitis: A Nationwide Population-Based Case-Control Study", JAMA Network Open, Vol.7(7)(2024), e2423563

[7-1] 산소에 목마른 고요한 위험

1. Jubran A., "Pulse oximetry in critical care", Chest, Vol.118(4)(2000), pp.879-888
2. Sjoding M.W. et al., "Racial Bias in Pulse Oximetry Measurement", NEJM, Vol.383(25)(2020), pp.2477-2478
3. Couzin-Frankel J., "The Mystery of the Pandemic's 'Happy Hypoxia'", Science, Vol.368(6490)(2020), pp.455-456
4. Apple Watch Study Team, "Validation of Blood Oxygen Measurement in Wearable Devices", JAMA Network Open, Vol.5(3)(2022), e221344
5. Peruzzi W.T. et al., "Opioid-Induced Respiratory Depression", Anesthesiology, Vol.135(5)(2021), pp.861-875
6. Levitan R.M., "The Physiological Basis of Pulse Oximetry", Anesthesia & Analgesia, Vol.133(3)(2021), pp.685-692

7. Tobin M.J. et al., "Why COVID-19 Silent Hypoxemia Is Baffling to Physicians", American Journal of Respiratory and Critical Care Medicine, Vol.202(3)(2020), pp.356-360
8. Chung F. et al., "Home Sleep Apnea Testing Using Pulse Oximetry", Sleep Medicine Reviews, Vol.48(2020), pp.101212
9. Perutz M.F., "Structure and Function of Haemoglobin", Journal of Molecular Biology, Vol.13(2)(1965), pp.646-668
10. Aoyagi T., "Pulse Oximetry: Its Development and Application", Japanese Journal of Medical Electronics and Biological Engineering, Vol.12(1974), pp.1-4

[7-2] 숨쉬기의 과학

1. M. E. Avery, J. Mead, "Surface Properties in Relation to Atelectasis and Hyaline Membrane Disease", American Journal of Diseases of Children, Vol.97(1959), pp.517-523
2. J. A. Clements, "Pulmonary Surfactant and Respiratory Mechanics", Handbook of Physiology, Vol.2(1962), pp.1565-1580
3. B. Robertson, "Surfactant Replacement Therapy for Neonatal Respiratory Distress Syndrome", Pediatric Research, Vol.34(1993), pp.523-526
4. S. J. Lai-Fook, "Mechanics of the Lung Parenchyma: Physiologic and Clinical Implications", Journal of Applied Physiology, Vol.60(1986), pp.1581-1594
5. L. A. H. Critchley, "Postoperative Pulmonary Complications: Epidemiology and Risk Factors", Current Opinion in Anaesthesiology, Vol.25(2012), pp.123-130
6. R. G. Brower et al., "Ventilation with Lower Tidal Volumes as Compared with Traditional Tidal Volumes for Acute Lung Injury", New England Journal of Medicine, Vol.342(2000), pp.1301-1308
7. A. Güldner et al., "Comparative Effects of Volutrauma and Atelectrauma on Lung Inflammation", Anesthesiology, Vol.125(2016), pp.622-635
8. C. S. H. Sassoon, "Incentive Spirometry and Directed Cough", Chest, Vol.100(1991), pp.1536-1541
9. M. J. Tobin, "Principles and Practice of Mechanical Ventilation", McGraw-Hill Medical, Vol.3(2012), pp.245-278
10. J. B. West, "Respiratory Physiology: The Essentials", Lippincott Williams & Wilkins, Vol.9(2012), pp.89-104

[7-3] 산소의 역설

1. Nick Lane, "Oxygen: The Molecule That Made the World", Oxford University Press, (2002), 368p
2. Denham Harman, "Aging: A Theory Based on Free Radical and Radiation Chemistry", Journal of Gerontology, Vol.11(3)(1956), 298-300
3. Leonard Hayflick, "The Limited in Vitro Lifetime of Human Diploid Cell Strains", Experimental Cell Research, Vol.25(1961), 585-621
4. Bruce Ames, "Oxidants, Antioxidants, and the Degenerative Diseases of Aging", PNAS, Vol.90(17)(1993), 7915-7922
5. Elizabeth Blackburn, "Human Telomere Biology: A Contributory and Interactive Factor in Aging", Annual Review of Genetics, Vol.45(2011), 279-302
6. Guido Kroemer, "Mitochondrial Control of Apoptosis", Nature Reviews Molecular Cell Biology, Vol.8(3)(2007), 189-198
7. Thomas Kirkwood, "Understanding the Odd Science of Aging", Cell, Vol.120(4)(2005), 437-447
8. Barry Halliwell, "Free Radicals and Antioxidants: Updating a Personal View", Nutrition Reviews, Vol.70(5)(2012), 257-265
9. Lynn Margulis, "Symbiosis in Cell Evolution", W.H. Freeman, (1993), 452p
10. Gerald Weissmann, "The Oxygen Paradox and the Evolution of Aging", The FASEB Journal, Vol.9(7)(1995), 526-533

[8-1] 암의 진화적 역설

1. Bishop, J.M. and Varmus, H.E., The Molecular Genetics of Cellular Oncogenes, Annual Review of Genetics, Vol.18(1984), pp.553-612
2. Levine, A.J. and Lane, D.P., The p53 Tumor Suppressor Gene, Nature, Vol.351(1990), pp.453-456

3. Vogelstein, B. and Kinzler, K.W., The Multistep Nature of Cancer, Trends in Genetics, Vol.9(1993), pp.138-141
4. Weinberg, R.A., The Molecular Basis of Cancer, New England Journal of Medicine, Vol.332(1995), pp.303-311
5. Williams, G.C. and Nesse, R.M., The Dawn of Darwinian Medicine, The Quarterly Review of Biology, Vol.66(1991), pp.1-22
6. Hanahan, D. and Weinberg, R.A., The Hallmarks of Cancer, Cell, Vol.100(2000), pp.57-70
7. Greaves, M., Cancer: The Evolutionary Legacy, Nature Reviews Genetics, Vol.1(2000), pp.45-52
8. Rothschild, B.M. et al., First Evidence of Cancer in Dinosaurs, The Lancet Oncology, Vol.21(2020), e328
9. Aktipis, C.A. et al., Cancer Across the Tree of Life: Cooperation and Cheating in Multicellularity, Philosophical Transactions of the Royal Society B, Vol.370(2015), 20150219
10. Martincorena, I. et al., Somatic Mutation in Cancer and Normal Cells, Science, Vol.349(2015), pp.1483-1489

[8-2] 항암제, 독으로 독을 다스리다

1. Goodman, L.S., Wintrobe, M.M., Dameshek, W., "Nitrogen Mustard Therapy", JAMA, Vol.132(1946), pp.126-132.
2. Bonadonna, G., Brusamolino, E., Valagussa, P., "Combination Chemotherapy as an Adjuvant Treatment in Operable Breast Cancer", New England Journal of Medicine, Vol.294(1976), pp.405-410.
3. Chen, L., Han, X., "The history and advances in cancer immunotherapy", Nature, Vol.20(2020), pp.1-15.
4. López-Castro, J., Marabelle, A., "Chemo-Immunotherapy: A New Trend in Cancer Treatment", PMC, Vol.15(2023), pp.1-15.
5. Zhang, Y., Chen, L., "Therapeutic targets and biomarkers of tumor immunotherapy", Signal Transduction and Targeted Therapy, Vol.7(2022), pp.1-15.
6. DeVita, V.T., Chu, E., "A History of Cancer Chemotherapy", Cancer Research, Vol.68(2008), pp.8643-8653.
7. June, C.H., Sadelain, M., "CAR T cell immunotherapy for human cancer", Science, Vol.359(2018), pp.1361-1365.
8. Allison, J.P., Honjo, T., "Immune Checkpoint Blockade in Cancer Therapy", Journal of Clinical Oncology, Vol.33(2015), pp.1974-1982.
9. Folkman, J., "Tumor Angiogenesis: Therapeutic Implications", New England Journal of Medicine, Vol.285(1971), pp.1182-1186.
10. Schreiber, R.D., Old, L.J., "Cancer Immunoediting: Integrating Immunity's Roles in Cancer Suppression and Promotion", Science, Vol.331(2011), pp.1565-1570.

[8-3] 남과 나 사이의 모호한 경계

1. F. M. Burnet, "The Clonal Selection Theory of Acquired Immunity", Cambridge University Press (1959).
2. C. A. Janeway Jr, "Approaching the asymptote: Evolution and revolution in immunology", Cold Spring Harbor Symposia on Quantitative Biology, Vol.54 (1989), pp.1-13.
3. R. D. Schreiber et al., "Cancer immunoediting: integrating immunity's roles in cancer suppression and promotion", Science, Vol.331(6024) (2011), pp.1565-1570.
4. R. A. Gatenby et al., "Adaptive Therapy", Cancer Research, Vol.69(11) (2009), pp.4894-4903.
5. T. Pradeu et al., "Conceptual aspects of self and nonself discrimination", Seminars in Immunology, Vol.23(4) (2011), pp.237-244.
6. J. M. Pitt et al., "Targeting Immune-Mediated Dormancy: A Promising Treatment of Cancer", Frontiers in Oncology, Vol.9 (2019), p.498.
7. Y. Zhang et al., "PD-L1 and CD47 co-expression predicts survival and enlightens combined dual-targeting immunotherapy", Thoracic Cancer, Vol.12(8) (2021), pp.1163-1173.
8. L. Galluzzi et al., "Cancer Immune Evasion Through Loss of MHC Class I Antigen Presentation", Frontiers in Immunology, Vol.12 (2021), p.636568
9. S. B. Willingham et al., "The CD47-signal regulatory protein alpha (SIRP α) interaction is a therapeutic target for human solid tumors", Proceedings of the National Academy of Sciences, Vol.109(17) (2012), pp.6662-6667.
10. D. M. Pardoll, "The blockade of immune checkpoints in cancer immunotherapy", Nature Reviews Cancer, Vol.12(4) (2012), pp.252-264.